牛の跛行マニュアル
治療とコントロール

Sarel van Amstel & Jan Shearer

訳／田口　清（酪農学園大学獣医学部教授）

Blackwell Publishing

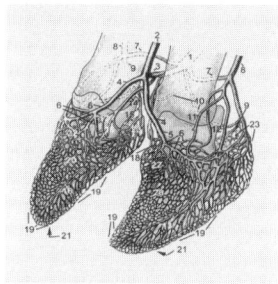
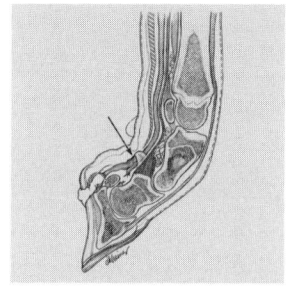
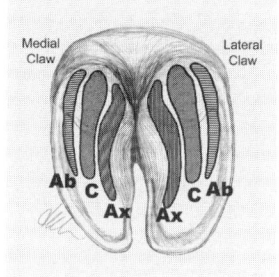
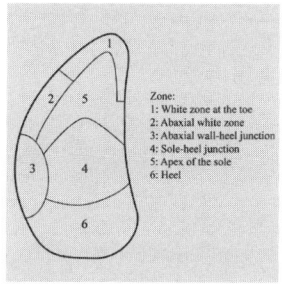
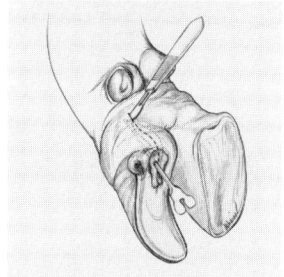
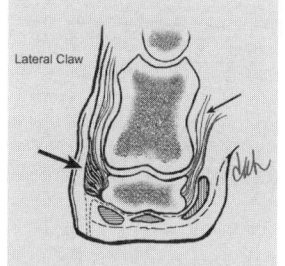
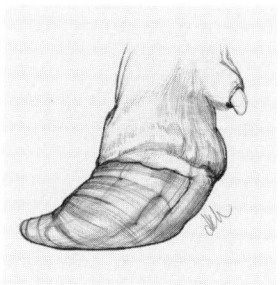
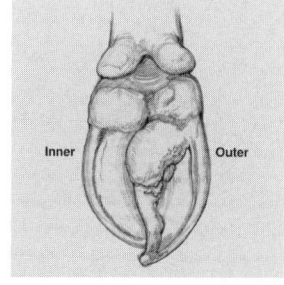
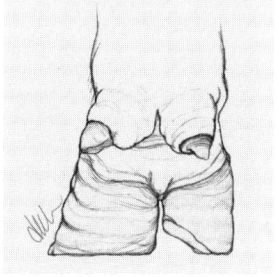

チクサン出版社

ご注意

本書中の処置法，治療法，薬用量等については，最新の獣医学的知見をもとに記載されています．実際の症例への適用には，日本の法令に基づき，特に用量や出荷制限などに細心の注意を払い，各獣医師の責任の下実施してください．

Manual for Treatment and Control of Lameness in Cattle

By

Sarel R. van Amstel
Jan Shearer

© 2006 Blackwell Publishing
All rights reserved
The University of Tennessee College of Veterinary Medicine retains copyright for all medical illustrations drawn by Deborah K. Haines, MFA, CMI, FAMI, Medical Illustrator at The University of Tennessee College of Veterinary Medicine.

Blackwell Publishing Professional
2121 State Avenue, Ames, Iowa 50014, USA

Orders: 1-800-862-6657
Office: 1-515-292-0140
Fax: 1-515-292-3348
Web site: www.blackwellprofessional.com

Blackwell Publishing Ltd
9600 Garsington Road, Oxford OX4 2DQ, UK
Tel.: +44 (0)1865 776868

Blackwell Publishing Asia
550 Swanston Street, Carlton, Victoria 3053, Australia
Tel.: +61 (0)3 8359 1011

Authorization to photocopy items for internal or personal use, or the internal or personal use of specific clients, is granted by Blackwell Publishing, provided that the base fee of $.10 per copy is paid directly to the Copyright Clearance Center, 222 Rosewood Drive, Danvers, MA 01923. For those organizations that have been granted a photocopy license by CCC, a separate system of payments has been arranged. The fee codes for users of the Transactional Reporting Service are ISBN-13: 978-0-8138-1418-6
ISBN-10: 0-8138-1418-9/2006 $.10.

First edition, 2006

Library of Congress Cataloging-in-Publication Data

van Amstel, S. R. (Sarel Rens), 1942–
  Manual for treatment and control of lameness in cattle / by Sarel R. van Amstel & Jan Shearer. — 1st ed.
    p. cm.
  Includes index.
  ISBN-13: 978-0-8138-1418-6 (alk.paper)
  ISBN-10: 0-8138-1418-9 (alk.paper)
  1. Lameness in cattle. I. Shearer, Jan K.
II. Title.
SF967.L3V36 2006
636.2′089758—dc22
                                    2006008604

The last digit is the print number: 9 8 7 6 5 4 3 2 1

This edition is published by arrangement with Blackwell Publishing Ltd.,Oxford.
Translated by Midori Shobo Co.,Ltd from the original English language version.
Responsibility of the accuracy of the translation rests solely with the Midori Shobo Co.,Ltd and is not the responsibility of Blackwell Publishing Ltd.

Japanese translation rights arranged with Blackwell Publishing Ltd.,Oxford
through Japan UNI Agency, Inc., Tokyo.

Japanese translation ©2008 copyright by Midori-shobo Co.,Ltd.
Blackwell Publishing Ltd. 発行のManual for Treatment and Control of Lameness in Cattle の
日本語に関する翻訳・出版権は、株式会社緑書房が独占的にその権利を保有する。

翻訳を終えて

　私は，あるいは多くの臨床獣医師もそうであると思うが，牛蹄とその疾病についてオランダ国のE. Toussaint Raven氏，英国のA. David Weaver氏とRoger Blowey氏らの活動や著作から多くを学んできた。彼らが考えたことは，牛蹄疾病の概念，原因論，その診断・治療技術論の原理である。そして，これらはわれわれの頭の中にほぼ定着したといってよいだろう。

　今もっとも必要なことは，この原理の新しい展開を知ること，そしてそれを実学として日本の農家に役立てることである。そのためにわれわれ自身がもっと深く考え，われわれに合ったアイデアを出して現実を改善して行かなければならない。なぜなら牛蹄疾病や跛行は減少するどころか蔓延し，多くの問題を起こしているからである。

　けれども，それはいったいなぜだろうか。牛群の大規模化と高生産が，かつてないほどのスピードで進んだことが背景にあることは間違いないだろう。また牛群の疾病制御という観点を，牛蹄疾病や跛行問題に積極的に取り入れはじめたばかりということもあるだろう。今，求められていることは牛群を健康にすること＝牛群疾病を減少させること，それは牛が快適に生産を行い，生産者も消費者もハッピーなことだろう。

　蹄病や跛行の牛はどれほど苦痛を味わっているのだろうか？牛群集団の跛行問題にはどのような曝露要因のダイナミクスが働いているのだろうか？跛行問題は農家のどのようなインセンティブに起因するのだろうか？これらの答えには論理と想像力，そして言葉が必要だろう。

　Sarel van Amstel氏とJan Shearer氏によるこの書物には，これらに答えるためのソースが書かれている。すなわち現代の牛群の跛行問題を，コントロールという観点から，その最新知識を整理している。また牛蹄疾病の具体的な治療法・削蹄法を明確に記述してある初めての本でもある。さらに現代の跛行制御のトレンドである施設問題についてもその基本的事項が記述されている。あとは私たちが「どうである」「どうする」かだ。

　書物は個々人の考えや行動を変え，ついには世の中を変える。つまり書物には人と世の中に新しいものごとを生み出す力がある。この意味においても本書は，牛蹄疾病や跛行問題に対して，どのように考え，行動するべきかが書かれているのだといえる。

　畜産業にもそれを支えるサービス業（獣医師，削蹄師，畜産技術者）にも逆風ばかり吹いているこのごろとはいえ，いつも仕事に誇りをもち，楽しく仕事をすること，そしてこの本を読むことで自分のまわりと自分を少しでもよりよくできればよいと思う。

2008年7月

田口　清

目　次

翻訳を終えて ……………………………………………………………………… 5

第1章　牛の跛行序論

- 跛行の有病割合 …………………………… 10
- 跛行の発生割合 …………………………… 11
- 跛行による経済損失 ……………………… 12
- パフォーマンスの低下と
  　　　淘汰の原因としての跛行 …… 13
- 動物福祉の考慮 …………………………… 13
- 跛行への遺伝因子の影響 ………………… 14
- 栄養と飼料給与 …………………………… 14
- 牛舎，環境，行動，管理法 ……………… 15
- 牛舎に関する考慮 ………………………… 16
- コンクリート ……………………………… 16
- フリーストールデザインと快適性 …… 18
- 環境 ………………………………………… 18
- 牛の行動 …………………………………… 19
  - 社会的相互作用 ……………………… 19
- 牛飼い（ハーズマン）の技量と管理法 … 20
  - 牛の取り扱いと牛群管理 …………… 20
  - 起立時間または横臥時間 …………… 20
- 跛行に関する知識，訓練，認識 ………… 21
- 畜主やマネージャーの監督・検査 ……… 22

第2章　蹄の形成と成長

- 構造と機能 ………………………………… 24
- 角質性状と物理的特性 …………………… 27
- 解剖 ………………………………………… 30
  - 趾 ……………………………………… 30
- 腱鞘 ………………………………………… 32
- 蹄 …………………………………………… 32
- 末節骨の懸架装置 ………………………… 34

第3章　栄養と蹄の健康

- はじめに ····· 38
- ルーメンアシドーシス ····· 39
- 栄養と飼料の考察 ····· 39
- 炭水化物 ····· 40
- タンパク ····· 40
- ビタミン ····· 40
- ミネラル（微量ミネラルを含む）····· 41
- 暑熱ストレスとルーメンアシドーシス ····· 42
- ルーメンアシドーシス，蹄葉炎，跛行の関係 ····· 42
- 真皮と表皮 ····· 42
- 蹄葉炎―細胞レベルの病変 ····· 42
- 蹄葉炎―末節骨の沈下と回転 ····· 43
- 懸架装置の損傷および/または脆弱化が生じる別のメカニズム ····· 43
- 要約 ····· 44

第4章　荷重の生体力学と削蹄

- 荷重の生体力学 ····· 48
- 後肢蹄の荷重 ····· 48
  - 蹄間の荷重 ····· 48
  - 蹄内の荷重 ····· 48
- 前肢蹄の荷重 ····· 49
- 肢蹄の特性 ····· 49
- 蹄容積 ····· 49
- 歩行面 ····· 50
- 運動 ····· 50
- 牛の快適性（カウコンフォート）····· 50
- 生体力学的ストレスを減少させるための削蹄法 ····· 50
- 跛行スコアリングシステム ····· 51
  - 後肢肢勢の後望（肢のスコアシステム）····· 51
  - 姿勢と歩様に基づく跛行スコアリング ····· 51
- 削蹄法 ····· 54
  - はじめに ····· 54
  - 機能的削蹄法：ダッチメソドの適用 ····· 57
  - 薄い蹄底（蹄底のひ薄化）····· 63
  - コルク栓抜き蹄に対する機能的削蹄法 ····· 65
- コルク栓抜き蹄に似た蹄鞘の変化 ····· 71
- 治療的削蹄 ····· 73
- 角質病変に対する治療的削蹄法 ····· 74
  - 蹄底病変 ····· 74
  - 蹄壁の病変 ····· 80
  - 白帯病変 ····· 83
  - 蹄踵の病変 ····· 87
- 手術が必要な蹄病 ····· 87
  - 手術が必要と判断される臨床症状 ····· 87
  - 臨床的病型 ····· 88
  - 診断法 ····· 89
- 手術方法 ····· 94
  - DIP関節強直を実施しない腱鞘切開術と屈腱切除術 ····· 94
  - DIP関節を強直させる手術 ····· 97
  - 断趾術 ····· 106
  - 基節骨での断趾術 ····· 107
  - 中節骨での断趾術 ····· 107
  - 趾間過形成（コーン，線維腫，趾間肉芽腫，胼胝腫）····· 110
  - 末節骨炎 ····· 113
  - 外傷性蹄皮炎 ····· 115

第5章 蹄葉炎

誘引 …………………………………… 118	表皮の分化と増殖 …………………… 125
病因 …………………………………… 120	潜在性蹄葉炎と関連する病変 ……… 126
蹄葉炎の病因：蹄構造の	蹄底出血 …………………………… 126
構成単位の変化 …… 120	その他の病変 ……………………… 126
脈管系 ……………………………… 120	蹄葉炎と関連する病理学的変化 …… 126
懸架装置と支持装置の結合組織 … 124	治療 …………………………………… 127

第6章 疼痛管理

生理学 ………………………………… 130	ペプチド ……………………………… 131
神経伝達物質 ………………………… 130	病的反応 ……………………………… 131
ナトリウムチャンネル …………… 130	無痛法 ………………………………… 131
内因性オピオイド ………………… 130	鎮痛薬 ……………………………… 131
カテコラミン	バランス無痛法 ……………………… 132
（α_2アドレナリン受容体作動薬）… 130	局所麻酔法 …………………………… 132
アミノ酸 …………………………… 130	付加的な治療 ………………………… 133

第7章 肢近位の跛行

保定による跛行 ……………………… 136	感染性関節炎の治療 ……………… 143
起立枠場保定に起因する跛行 …… 136	飛節周囲炎 …………………………… 144
傾斜台（ティルトテーブル）	変性性関節疾患（DJD），関節症，
保定に起因する跛行 … 136	骨関節炎 …… 145
末梢神経症による跛行 ……………… 137	股関節脱臼 …………………………… 146
肩甲上神経麻痺 …………………… 137	誘因 ………………………………… 146
橈骨神経麻痺 ……………………… 137	十字靱帯断裂 ………………………… 146
大腿神経麻痺 ……………………… 137	第三腓骨筋断裂 ……………………… 147
坐骨神経麻痺 ……………………… 138	内転筋断裂 …………………………… 148
腓骨神経麻痺 ……………………… 139	腓腹筋断裂 …………………………… 148
脛骨神経麻痺 ……………………… 140	治療 ………………………………… 148
ダウナー牛症候群 …………………… 140	痙攣性不全麻痺またはELSOヒール … 149
感染性関節炎 ………………………… 142	膝蓋骨上方固定 ……………………… 149

第8章 感染性の蹄病

趾間皮膚炎（蹄球びらん，
　　　　スラリーヒール）…… 152
　　趾間皮膚炎の原因病理論………… 152
　　診断と治療………………………… 152
趾間フレグモーネ（趾間ふらん）…… 153
　　治療………………………………… 154
趾皮膚炎（DD）（趾乳頭腫症，フット
ウォルツ，有毛疣，ヒールウォルツ，
ストロベリーフット，疣状皮膚炎，
　　　　モーテルロー病）…… 155

要約………………………………… 155
はじめに…………………………… 155
病因論……………………………… 156
臨床症状…………………………… 156
疫学………………………………… 160
DDのパフォーマンスに与える影響…… 160
DDの治療と制御…………………… 160
DD制御のためのワクチン投与…… 162
結論………………………………… 162

第9章 牛の行動，牛にやさしい施設，適切な取り扱い

牛の行動と知覚作用……………… 166
　　牛の視覚…………………………… 166
　　牛の聴覚…………………………… 167
　　牛の嗅覚…………………………… 167
　　フライトゾーンおよび
　　　　バランスポイント…… 167
安全性と効率を上げる
　　牛にやさしい施設…… 167

待機ペン…………………………… 168
追い込みペン……………………… 168
枠場に通じる通路………………… 168
削蹄枠場とその周辺……………… 169
牛の取り扱い……………………… 169
　　跛行とフットケア情報をコンピュータ
　　入力して記録-保存する方法…… 170

第10章 蹄浴──趾の感染性皮膚疾患の管理法──

はじめに…………………………… 176
蹄浴の適応………………………… 176
蹄浴槽の種類……………………… 176
蹄浴液を希釈する計算法………… 177
蹄浴に使用する薬物または製品…… 178
蹄浴の研究………………………… 179

蹄浴の潜在的問題………………… 179
蹄浴と環境に関する考察………… 181
蹄浴槽の管理法に関する考察…… 181
要約………………………………… 183
蹄刀の研磨法……………………… 184

索引……………………………………………………………………………………… 190

第1章　牛の跛行序論

　跛行は牛の重要な健康課題のひとつである。跛行のように多く発生し，費用のかかる疾病は乳牛ではあまりない。跛行牛は乳量が減少し，繁殖成績が落ち，耐用年数が短くなる。大規模農場では，重度の跛行牛は飼槽，パーラー，水飲み場などへの行き帰りのたびに激痛や不快感を我慢しなければならない。したがって跛行は動物の重要な福祉問題である。フィードロットでは跛行によって飼料から肉への転換率と増体量が減少する。肉牛の繁殖農場では，跛行によって母牛が草を探して，採食する能力が低下する。そのため乳量とボディコンディションが減少し，子牛を十分に育て，妊娠する能力が発揮できなくなる。これらの理由から，すべての農場において跛行牛を的確に発見し，治療することを第一に行わなければならない。

　ひとたび跛行を発見して治療を始めたならば，次に跛行の原因を確かめるべきである。ざっと調査しただけでも，牛群の跛行は複雑で複数の要因があることがわかる。飼料，栄養，牛舎，環境因子，管理法あるいはこれらの組み合わせと関連するのである。跛行とこれらの要因との関連に関する知識や理解がなければ，どのような場合でも，最も重要な因子や原因を絞り込むことはできない。

■ 跛行の有病割合

　跛行の有病割合や発生割合を測定することによって経済的損失を比較したり，評価したりすることができる。またこれらの測定によって，跛行の有病割合や発生割合の基準を設定し，跛行の経過や介入が必要となるような変化をモニターすることができる。このようなことが行えるように，この本では疫学用語や概念にも触れている。しかし，われわれの次の目的は，跛行がどれくらい起こっているか，損失はどれだけあるかを把握することである。

　有病割合はある一時点のスナップショットなので，過去や将来の跛行発生の指標や予測としては限界がある。しかし，ある研究では1回の有病割合の測定がある期間の有病割合の平均とよく合致しており，牛群の跛行程度を評価するツールとして，あるいは跛行防除法の効果を計る手段として役立つことがわかっている。診断の感度またはレベルは発生割合にも有病割合にも影響を与える。跛行発見レベルの感度が非常に高い牛群では有病割合や発生割合は極めて高いものになり，過大評価されたものになる。跛行を評価できない農場では有病割合や発生割合は過小評価されてしまう。したがって，跛行の評価基準の乏しい農場では，ある程度の誤りは

避けられない。歩様スコアリングは跛行の有病割合を測定する最もよく用いられるツールである。この方法は本書のなかで述べてあるので，読者は乳牛の跛行発見に関する情報が記載されている章（第4章）を参照されたい。

Wellsらはミネソタとウイスコンシンの酪農場17戸で跛行の有病割合の疫学調査を実施している。14戸はスタンチョンまたはタイストール方式の牛舎で，3戸はフリーストールまたはドライロット方式の牛舎のいずれかであった。彼らは夏と春に農場を訪問して牛の歩様を調査した。スコアリング方法は2人の調査者間で92.7%および91.3%と一致し，それ自体は信頼できるものであった。経験を積んだ観察者（調査研究者）が調査した臨床的跛行の有病割合は夏で13.7%（117/853），春では16.7%（134/801）であった。これらの有病割合は牛群のマネージャーが行ったものより2.5倍高かった。Cookが最近行ったウイスコンシンの30戸の酪農場の調査では有病割合はもう少し高いものであった。Wellsらの調査と同様に牛舎方式は様々で，15農場はフリーストール，13農場はスタンチョンまたはタイストール牛舎，他の2農場はフリーストールまたはタイストール牛舎にアクセスできる農場であった。この研究では，調査者は夏と冬の両方に農場を訪問して，歩様スコアリングを行った。歩様スコアを1から4まで付ける方法を用いて，3と4を臨床的跛行とした。夏および冬の訪問で，歩様スコア1（歩様の異常なし）はそれぞれ54.9%および55.9%であった。全体の牛群跛行有病割合は夏で21.1%，冬で23.9%であった。またこの研究では，跛行の有病割合と牛舎方式およびストール表面の構造との間に明らかな関連があった。フリーストール牛群では冬期間に跛行の有病割合が増加したが，タイストール牛群では季節による変化はみられなかった。しかしフリーストール牛群でも，砂を敷き料としたストールでは跛行の有病割合の季節変動はなかった。砂以外の敷き料を使用していたフリーストール牛の有病割合はさらに高いものであった。

Whayらは英国で2000年後半から跛行の防除研究を開始したが，この研究が始まってすぐに口蹄疫の発生があり，研究は中断されてしまった。このような不運にもかかわらず彼らは53戸の農場を訪問してデータを集めた。53の農場のうち49農場はフリーストール，4農場はストローヤードのルーズハウジング方式の農場であった。訪問時には酪農家にその日の跛行牛数を最初に訊ねた。この質問のあと，跛行の有病割合を含めた一連の調査を行った。経験を積んだ調査研究者が4段階の歩様スコアをつけ，跛行または重度の跛行としてスコアを付された牛を臨床的跛行牛として，跛行の有病割合を算出した。調査研究者による跛行の平均有病割合は22.11%（0～50%）であったが，酪農家の評価は5.73%（0～35%）であった。このように酪農家は常に過小評価していた。5段階の歩様スコアを用いてClarksonらが行ったイングランドとウェールズの37農場での研究でも有病割合は同様で，1年間の平均有病割合は20.6%（2.0～53.9%）で，夏と冬の平均はそれぞれ18.6%と25%であった。

■ 跛行の発生割合

跛行の発生割合は通常では牛群の治療記録から1年間のものが算出される。これらのデータ

は真のまたは実際の跛行発生割合として用いるにはよく吟味する必要がある。たとえば、ある記録は抗生物質の残留を回避する目的で抗生物質治療を施した症例だけを記録しており、他では獣医師が治療した跛行だけを記録しているからである。これでは跛行の発生割合は常に過小評価されたものである。削蹄師が取ったデータは跛行の発生割合の算出にはよりよい情報源である。しかしこれらのデータが記録されることはあまりない。それは酪農家の記録保存のやり方と合わなかったり、用いる病名が違っていたり、酪農家が容易に理解できなかったりすることが原因かもしれない。Vermuntは、跛行の発生割合には獣医師が治療した跛行から算出した2.5％程度のものから農場記録から算出した55％以上のものまであるとしている。

今述べた跛行発生割合算出の落とし穴を避けるよう計画された疫学研究が1989年から1991年に英国で実施されている。データはイングランドとウェールズの4地区37農場から収集された。全牛のデータは1頭ごとの記録簿に入力され、研究参加者（酪農家、ハーズマン、獣医師）は病変の認識法と命名法とともに正しい記録法の訓練を受けた。削蹄師は通常、記録簿をつける研究者チームのメンバーと同行している。跛行の発生割合を算出するデータは跛行牛の検査記録から得たもので、記録は維持削蹄中に取ったものである。平均年間発生割合は54.6（10.6～170.1）例/100頭/年であった。11月から4月までの冬期間の平均発生割合（31.7％）は5月から10月の夏期間（22.9％）より高かった。跛行病変の92％は後肢にあり、そのうちの65％が外蹄、20％が皮膚、14％が内蹄にあった。主要な蹄病変は蹄底潰瘍（40％）と白帯病（29％）であり、皮膚病変では趾皮膚炎（40％）が最も多かった。前趾では46％の病変は内蹄にあり、32％が外蹄、22％が皮膚にあった。最重度の跛行は縦裂蹄、異物の蹄底穿孔および趾間フレグモーネと関連していた。

■ 跛行による経済損失

疾病による経済損失とは本来的には疾病の結果として起こるものであって、治療経費によるものではない。英国の研究者によれば最大の損失が起こるのは蹄底潰瘍（1例当たり627ドル）で、次いで白帯病や蹄底膿瘍（1例当たり257ドル）であるという。趾皮膚炎や趾間フレグモーネはこれより少ないが、1例当たり128ドルである。乳生産の減少、繁殖成績の低下、非自発的淘汰率の増加、乳の廃棄、跛行牛ケアのための付加的な管理費などが主要な経済損失である。

Guardはこれよりやや少ないが同じような経済損失をニューヨークの酪農場における跛行の臨床的観察と記録から報告している。跛行の発生割合を1年間に牛100頭あたり30例、死亡率を2％、空胎日数の増加を28日、治療と付加的な管理費を1例当たり32ドルとすると、跛行の経済損失を1年間に100頭の牛群で9000ドルと見積もっている。Guardの試算によれば跛行の臨床例1例当たりの損失は300ドルであり、牛群の牛1頭当たり90ドルである。牛1頭当たりの損失はどちらの研究でも同じである。牛群内で1頭当たりの損失の違いは主として発生割合の違いによる。跛行は乳牛において最も損失を被る健康問題のひとつであることは明らかである。

■ パフォーマンスの低下と淘汰の原因としての跛行

淘汰や早期に牛群から排除される原因として，跛行は不妊と乳房炎に次いで3番目の原因である。このことは淘汰の定義によって少し混乱があるかもしれない。たとえば，牛を搾乳用として市場に出荷したり，あるいは低泌乳のために排除することを自発的淘汰（酪農家の意思で）という。不妊，疾病や怪我，死亡，乳房炎または肢蹄問題による牛群からの排除は非自発的な淘汰である。このような理由による淘汰は酪農家の意思によるものではないので非自発的と呼ばれる。厳密には，淘汰とは低泌乳牛を自発的に排除する意味に適用される。

跛行は乳生産と繁殖成績を著しく低下させる。跛行牛は放牧場に出て行かず，飼槽にはわずかな時間しかおらず，ほとんど横臥している。牛が飼料を食べないと，乳生産と体重を維持することができない。Warnickらは，跛行が診断される前の2週間および後の3週間に乳量が減少することを報告している。フロリダの研究では泌乳初期に趾間フレグモーネに罹患した牛は非罹患牛と比べて泌乳期乳量が10％少ないことを認めている。Juarezらの最近の報告では歩様スコアの増加とともに乳生産が減少することが示されている。

繁殖成績も同様に低下し，Melendezらによる最近の研究では分娩後の最初の30日間に跛行を起こした牛の受胎率は低く（17.5％ vs 42.6％），また妊娠率も低く（85.0％ vs 92.6％），卵巣のう腫の発生は高かった（25.0％ vs 11.1％）。跛行牛と非跛行牛の授精開始前（95日）の淘汰率もそれぞれ30.8％および5.4％であった。

Gabarinoらの研究では跛行が分娩後最初の60日間の卵巣活動に直接影響することが観察され，跛行牛は非跛行牛に比べて卵巣の周期性の回帰が3.5倍遅れ，最初の黄体期が延長すること（36日 vs 29日）を認めている。

米国で淘汰される牛の15％が跛行の直接的影響であると見積もられている（National Animal Health Monitoring System）。しかし跛行の乳生産と繁殖成績への影響を考えれば，あと49％の淘汰率は跛行の間接的影響によると容易に説明できる。跛行の淘汰率への影響を考えれば跛行の重大性はよく理解できるはずである。記録を取ることがいかに大切であるかを知れば，生産者は跛行の真の発生割合を認識することができ，パフォーマンスや収益性に対する跛行の影響を見直すだろう。

英国の調査では，跛行のために，と場に売却される牛のと体価格は他の理由でと場に売却される価格の半値であることが示されている。跛行牛は採食時間が短縮し，横臥時間が延長し，急速に体重が減少する。肉用として淘汰される牛の価格が下がることは重大な経済損失であるが，見逃されることが多い。跛行が重度で，合併症を有するものであれば慎重に評価し，治療する必要がある。治療の目的は疼痛と苦痛を緩和することであり，そうすれば牛を生産に復させられるか，あるいは最終的にと場に売却する用意をすることができる。これらのどちらかの目的を達成するためにも，疼痛を十分緩和できないときはいつでも安楽殺を考慮するべきである。

■ 動物福祉の考慮

跛行罹患牛は重度の疼痛と不快があり，適切

なケアと治療が行われなければ回復期間は延長する。ある研究では跛行の期間は27日である。他の研究では臨床的跛行の期間は平均8週間で，歩様は3カ月以上影響を受けたとされている。跛行はひどくなってからはじめて発見されることを考え合わせれば，跛行がいかに重要な動物福祉問題のひとつであるかを容易に理解できるだろう。

　跛行牛には速やかに対応しなければならないが，酪農場に跛行の検査や治療の設備と器具がないためケアが後手に回ってしまうことが多い。このような理由によって自分自身の安全に不安があることや経済的理由のために跛行牛の診療を断る獣医師もいる。検査や治療のために動物や蹄を安全に保定することができなければ診療は困難であるし，牛と獣医師の双方に危険でさえある。また，ある種の跛行では治療に長期間かかり，結局は酪農家が高すぎると思うような費用を獣医師が請求せざるをえないことになる。これらの問題のために，獣医師は蹄病を扱いたくないと思うようになり，生産者は獣医師の専門技術が必要な場合でさえ獣医師を呼びたくないと思うようになる。外科手術が必要な厄介な蹄病は獣医師の治療を受けないことになる。そのかわり酪農家は自分や削蹄師の経験だけを過信して治療を行う。その結果，効果のない不適切な治療が行われることになり，本来必要な獣医師の治療が遅れたり，失敗することになり，動物の苦痛が増すだけである。この本の他の章で取り上げているような合併症のある厄介な蹄病は獣医師の検査が必要である。治療するべきでない場合もあり，動物福祉の観点から，と場に出荷したり，安楽殺処分するのがよりよい選択の場合もある。

■ 跛行への遺伝因子の影響

　乳牛の蹄や肢の形状に遺伝因子は重大な影響を及ぼす。蹄角度，肢の側望および後望などの形状にはスコアが付されている。スコアはスコアを付すときの牛の肢勢に左右されるので遺伝率の値は低い傾向にある（特に肢の後望と蹄角度）。牛が数歩，前に動いただけで蹄と肢のスコアは大きく変化する。蹄の過剰成長や蹄病と関連する疼痛は姿勢と肢勢に大きな影響を与える。

　ホルスタイン種牛の蹄と肢の遺伝率は0.08から0.16の間なので，個体のただひとつのスコアがその牛の特定の形状の遺伝的メリットを表すものではない。しかし多くの子孫のスコアがあれば特定の種雄牛や雌牛の種畜価は信頼できるものである。遺伝的改良をうまく進めるには個別の個体からではなく，種雄牛の子孫集団の情報に基づく必要がある。

　一般的な言い方では，牛の肢は頑健で，繋ぎが強く，飛節が柔軟でなければならない。異常に直飛であったり，繋ぎが弱かったり，あるいは蹄尖が開いていたり，重なっていたりなどすることは跛行発生の増加と関連がある。牛蹄の理想的な形状は，長さが短く，蹄角度が大きく，蹄踵が高く，左右対称なことである。理想的な蹄角度は前肢50〜55度，後肢45〜50度であるといわれている。

■ 栄養と飼料給与

　栄養と飼料給与は牛群の蹄病，とくに蹄葉炎と関連する蹄病の発生が多い場合にはいつでも

調べなければならない事項である。実際のところ，跛行と飼料・栄養との関連があまりにも強いので，跛行の根本原因を見つけ出そうとする場合に牛舎構造や管理法などの他の重要な因子を見逃してしまうほどである。飼料給与に関する第一の目標は乾物摂取量を最大にすることによってパフォーマンスをあげ，ルーメンアシドーシスと蹄葉炎を起こすような状態を回避することである。フィードロットではルーメンアシドーシスを防ぐために牛がいつでも飼料を摂取できるようにして，一日に何回でも採食できるようにすることが重要だとされている。酪農場においても牛がいつでも採食でき，生産損失を最小限にするために同様の飼料給与戦略が取られている。

ルーメンアシドーシスと蹄葉炎のリスクを下げるには高品質の粗飼料を含んだ混合飼料を給与することが戦略のひとつである。適切に設計した飼料を混合することで最良の結果が得られる。乾草とサイレージは繊維の有効性が失われないようにするためにできるだけ長めに切り，過度に混ぜすぎないようにすることが推奨されている。けれども粗飼料が長すぎると，配合飼料と粗飼料をバランスよく入れたはずの飼料が採食されるのではなく，牛は濃厚飼料だけを選び食いしてしまう。社会的順位の問題があるので経産牛は初産牛と分離して飼養するべきである。すべての牛で泌乳用飼料は徐々に給与してゆくべきで，適切な移行期飼料を給与することが好ましい。移行期は動物にとって重要な適応期間であり，蹄葉炎の病因形成と重要な関連がある。

米国南部の栄養学者は暑熱期に飼料摂取を維持させ，飼料と関連する健康問題を回避することに苦労している。戦略のひとつは飼料の栄養濃度を上げつつ，乾物摂取量を受容できる範囲に留めることである。この方法は気をつけて行わないと問題を引き起こすことになる。その理由のひとつは暑熱ストレスを受けている牛では採食回数が少なく（1日のうち涼しい時刻にだけ食べる），これと比例して1回の採食量が増えるからである。このような飼料と採食パターンが重なるとルーメンアシドーシスのリスクが高まる。さらに暑熱ストレスを受けている牛では唾液が減少して緩衝作用が減るためにルーメンpHの低下が起こりやすいことを考え合わせれば，夏期間ではルーメンアシドーシスがどれほど大きな問題となるか容易に理解できるであろう。

■ 牛舎，環境，行動，管理法

研究や観察によって跛行が乳牛のパフォーマンスや利益性を制限する重大な因子であることが強調されているにもかかわらず，世界中の酪農場で跛行は突出した健康被害であり続けている。経済的インセンティブによって生産者に規模拡大を促してきた米国のような国々では，放牧形態から舎飼い様式に徐々に変化してきている。よくデザインされた牛舎はきびしい気候条件から動物を保護する利点がある。たとえば牛舎は暑熱時に牛を空冷したり，寒冷時に風よけとなる便利な施設である。また飼料や水への接近を容易にし，横臥して休息する心地よい場所を提供する。

牛舎環境の欠点は，牛が硬い床材上で起立したり，歩行しなければならないことである。コンクリートなどの硬い床材にはもともと蹄角質

の過剰成長を促す性質があり，蹄内および内外蹄間の負重のアンバランスを起こす。このことによってよく知られた蹄底潰瘍や白帯病などの蹄病が引き起こされる。コンクリート床が粗すぎると蹄負面が過度に摩耗する。蹄底の過度の摩耗によって蹄底角質は薄くなり，時に蹄尖部（ゾーン1と2の蹄底領域）で白帯が離開する。また牛舎環境は牛を狭い領域に閉じ込めておくことになるので，牛蹄はスラリーと湿潤環境に多く曝露されることになる。これは趾の皮膚病変（趾皮膚炎と趾間皮膚炎）や蹄踵角質のびらんを増加させることになる。

■ 牛舎に関する考慮

乳牛は土の上で生活する動物であって，蹄は硬く粗い床面に長く起立するようにはできていない。けれども牛群が大きくなるにつれて，コンクリートの床面は増えざるをえなかった。さもなければ地面は糞尿で覆われてしまい，すぐに糞尿と泥の沼地になってしまう。今日の牛舎システムでは，牛はすべてではないにしろほとんどの時間をコンクリート上で過さなければならない。休息を取れるのはフリーストールや通路などの限られた場所であり，最良の場合でもよく整備されたドライロットでしかない。乳牛産業において，跛行が主要な健康問題となったことは驚くに値しない。

■ コンクリート

コンクリートはどのように設計され，混ぜられたかによって牛蹄に顕著な摩耗を起こすものになるかどうかが決まる。新しいコンクリートは古いものより粗く，ぬれたコンクリートは乾燥したものより83％研磨性が高い。コンクリート床上での最初の1〜2カ月間では，蹄は成長するよりも摩耗する方が多い。湿潤したコンクリート上におかれた動物は二重に問題を被る：第1は湿潤したコンクリートと関連する摩耗であり，第2には湿潤によって蹄が軟化することである。これらによって摩耗速度が増加する。さらに蹄の摩耗は管理法の悪さによっても生じる。牛を過密状態で追い立てると粗い床面上で体をねじったり，方向を変えたりするために蹄の摩耗が増加する。このため牛を容易に移動させるアイデアを取り入れた牛舎では蹄の旋回による効果を減少させることになり，このことは牛舎設計上考慮すべき重要な点である。

コンクリートの仕上げ法は蹄と肢の健康にとって重大な結果をもたらす。粗い仕上げは蹄の摩耗速度を増加させ，跛行発生の増加が起こる。新しいコンクリートは固まる過程で鋭利な角と砕石の集合が自然にできてしまうので，特に研磨性が高い。これらは重いコンクリートブロックや鉄製のスクレーパーを床面上で引きずることで取り除くことができる。また床面を機械的に磨滅したり，磨いたりすることでも取り除ける。粗いコンクリート床面にしないための最良の方法はコンクリートを注いで平らにするときにコンクリート表面を適切にならすことである。牛蹄に最適な床面に仕上げるには定木づりがよいとされている。鉄製の板で仕上げると滑らかになりすぎて，スラリーで表面が覆われると滑りやすくなってしまう。一方，ブラシや箒がけをすると表面が粗くなり過ぎてしまう。

滑らかなコンクリートでは摩耗が減り，蹄の過剰成長が起こり，頻回の削蹄が必要になるか

もしれない。また滑らかなコンクリート面は滑りやすく，転倒して肢近位の損傷の原因になる。滑らかなコンクリート面に溝を切ると静止摩擦力が増加し，転倒による損傷が減少する。最もよく推奨される溝切り様式は平行パターンまたはダイアモンドパターンで，静止摩擦力が最も大きい。溝は幅3/8〜1/2インチ（0.95〜1.27cm），深さ1/2インチ（1.27cm）がよい。溝の幅が1/2インチ以上あると負面の支持が均等でなくなり床の快適性が損なわれる。同じ理由で溝の間の床面は平らで，かつ均一でなければならない。通路の溝は平衡パターンでは2〜3インチ（5.1〜7.6cm）間隔がよいが，ダイアモンドパターンではもう少し広くして中心部で4〜6インチ（10.2〜15.25cm）幅がよい。ダイアモンドパターンはとくに多くの牛が通るところで有用である。できるだけ溝の向きがスクレーパーの方向と直角になるのを避けるようにする。

　最近では飼槽に沿った通路やミルキングパーラーへの行き帰りの通路にゴムベルトを敷いている酪農場をよくみかける。牛の行動観察によって牛がゴムベルトを敷いた軟らかい床面を好むことがわかっている。事実，牛は隣にあるストールよりゴム敷きの通路の方を好む場合もある。このような場合，横臥している牛のために飼槽に近づけなくなるので邪魔になる。ゴムベルト床もぬれてしまうと滑りやすくなる。ゴムベルトにも溝を切れば（ゴムベルト中のワイヤはそのままでゴム部分だけ），滑走による損傷を減らすことができる。ゴムベルト床の溝切りも上述したコンクリート床の溝切りと基本的には同じである。ゴムベルトには糞尿の取り扱いと床への接着法と関連する根本的問題がある。たとえば，ゴムマットをきっちりと接着していないフラッシュバーンではゴムベルトの下に糞尿や泥が溜まってしまう。スクレーパーの付いた床では，ゴムベルトの床への接着のしかたによってスクレーパーがゴムマットを動かしてしまうこともよくある。ゴムベルト床はその中のワイヤのねじれや方向が変わる性質によって，あるいはスクレーパーによって動いてしまわないように設置することが必要である。ゴムベルトにはこのような難点があるもののゴムベルト床は牛と蹄を快適にするようである。しかしこのことが本当であるかさらに研究が必要である。またさらにいえば，ゴムベルト床が構造の悪いストールの代替えになることはない。ゴムベルト床がうまく機能しない牛群では他のカウコンフォートの問題（不適切なストール構造，暑熱ストレスなど）があり，これらが正しく扱われていないということである。

　ある地域の酪農場のオーナーやマネージャーは飼槽付きの土のロットを設けることでコンクリート床の欠点を補っている。たとえば，米国西部地域では屋外のロットは乾燥していてよく手入れされており，1日のうちの涼しい時間にバーンを出てそこで休息を取ることで牛は硬いコンクリート床から解放される。温かく湿潤した気候では土のロットは，そこに日陰がないこと，雨が降るとすぐに泥濘化することなどの欠点がある。さらに牛が午後や夜間に屋外に出ていると，この時間に採食パターンや相対湿度が増加し，体温上昇が起こりやすく，産乳や繁殖成績が低下する。夏の厳しい暑熱と湿度下では1日24時間，牛を涼しい環境におかなければならない。土や牧草のロットは蹄や肢への硬い床からの機械的衝撃を明らかに緩和するが，そ

の効果は地域によって季節に左右される。

■ フリーストールデザインと快適性

ストール構造が適切かどうかは牛の休息行動や横臥位置が正常かどうかで判断される。これらはKammerによって記述され，カナダのDr. Neil Andersonらはビデオを用いて説明している。彼らは牛が休息する場所には基本的に6つの自由が必要だといっている。すなわち，(1)自由に前肢を前に伸ばせる，(2)頭頸部をぶつけないで自由に横座りできる，(3)パーティションに邪魔されることなく頭部を側方において休息できる，(4)肢，乳房，尾をプラットフォーム上に置ける，(5)ネックレイル，パーティション，サポート部分などから恐怖や疼痛を受けることなく起立と横臥ができる，(6)清潔で，乾燥して，軟らかな場所で休息できる，などの自由である。現在の牛舎ではこのような自由がほとんど確保されていないことを考えれば，牛という動物には大きな適応力が備わっていることが理解できる。

フリーストール（35％）の跛行発生割合がストローヤード（8％）より非常に高いことはたったひとつの研究でしか示されていない。しかし同様のことはWardらも観察しており，フリーストール牛舎の大規模牛群ではストローヤード牛舎の大規模牛群より跛行発生が多かったと述べている。快適なストールでは牛は十分に休息を取るので，カウコンフォートやすべてのパフォーマンスが向上する。米国でも英国においてもホルスタイン種牛のフリーストール構造は，長さ8フィート（244cm）［2つの対面するストールでは7フィート6インチ（228cm）］，幅4フィート（122cm），高さ15インチ（38cm）のブリスケットボードがストール縁石から5フィート8インチ（172cm）の部分にあることが推奨されている。縁石が高すぎたり［6インチ（15cm）以上］，フリーストールに敷き料が少なかったり，頭部前方の突き出しスペースが不十分であることなどはすべて牛群の跛行が増えることと関連する。

FaullとHughesの研究では，ストールが推奨値以上に大きいことも不適当であることが明らかにされている。彼らはホルスタイン種牛が牧草地では95インチ（240cm）×47インチ（120cm）の生活スペースおよび立ち上がるために前方に24インチ（60cm）の突き出しスペースが必要なことを観察している。つまり彼らは9フィート8インチ（300cm）よりいくらか長いストールを推奨しているのである。米国ではこれらの推奨値に近い大きさのストールはわずかしか建設されてこなかった。明らかにストールが大きすぎ，コストがかかり過ぎると感じている人もいる。また推奨値は大きな牛にはよいが，米国の平均的なホルスタイン種牛には不適だと指摘する人々もいる。牛が正常に休息するために必要なスペースやフリーストール牛舎の牛の跛行発生割合が高いことを考え合わせれば，ストールデザインの研究をさらに進めることによってカウコンフォートを最大限に向上させることができるはずである。

■ 環境

跛行には季節パターンがあり，雨季あるいは他では暑熱ストレス（特に北アメリカ）に影響される。たとえば，ニュージーランドやオース

トラリアでは長雨の後に跛行の発生が増加する。湿潤環境下では蹄角質水分が増加するために角質が軟化し，摩耗速度が増加する。すると摩耗によって蹄底が薄くなり，蹄病が引き起こされる。蹄底が薄くなることは乳牛の牛舎飼養での主要な問題であり，白帯のゾーン1および2の領域（蹄尖の反軸側部分）で蹄底との離開を生じる。これらの病変は蹄尖膿瘍などの慢性跛行を生じるような重大な疾病を起こしやすい。

　北アメリカやその他の地域では高温多湿あるいは高温乾燥気候があり，暑熱ストレスが跛行を起こす主要な問題である。跛行の増加は酷暑期間と同時期および/またはそのあとに起こる傾向がある。北アメリカでは暑熱と関連する跛行のピークは晩夏から初秋である（7月から10月）。暑熱ストレスは唾液の緩衝効果を減少させ，呼吸数の増加による呼吸性アルカローシスを起こし，ルーメンアシドーシスに罹りやすくさせる。その結果，通常ではルーメンアシドーシスにならない飼料を給与しているにもかかわらず，ルーメンアシドーシスが起こる。この時期の暑熱ストレスを減少させることは牛の健康はもちろんのことパフォーマンスにとってもきわめて重要である。

■ 牛の行動

社会的相互作用

　牛は様々な理由でペンを移動させられる。多くの場合，牛の年齢や乳期に応じた飼料を給与するためである。また分娩のためにクローズアップ期のペンから分娩用のペンに移されるなどの管理目的の移動もある。牛の生理状態や健康状態によって牛を詳細にモニターしたり必要に応じて介助できるペンに置くことが必要である。しかし牛を新しいグループに移動することにリスクがないわけではない。事実，最近の研究では新しいグループへの牛の頻回の移動は重大な社会的混乱を起こすことが示唆されている。牛はペンを移動するたびに社会的順位を再調整し，再決定するために2～5日間の期間が必要なことが研究で示されている。この期間，社会的順位が低い牛は飼料摂取が25％以上減少する。その結果，パフォーマンスが落ち，病気になる牛もいる。同じことは跛行のために健康グループから移動させられて，跛行・疾病グループに入れられたときにも起こる。牛が前々から社会的順位が低いと感じている場合に，新しいグループに入れてしまうと疾病の回復は困難なものになる。このような場合特に重要なことはグループを過密状態にしないことである。また適切な施設で快適に飼養することが必要で，暑熱/寒冷ストレスを与えずに，よい構造で敷き料が十分入っているストールで管理しなければならない。

　初産牛のように最近牛群に入れられたばかりで社会的順位の低い牛は，多くの理由によってフリーストールで横臥するようになるまでに時間がかかる。経産牛の攻撃的行動の恐怖やフリーストールに慣れていないために，休息行動が減ることが理由のこともある。最も一般的な問題のひとつは使用可能なストールの数である。スペースが減ったり，頻繁にグループをいじると牛の攻撃行動が増加する。このような状況下では，初産牛は飼槽にもストールにも近づき難くなる。その結果，横臥時間が短くなり，通路や歩行路で長時間起立することになる。このよ

うな理由から牛舎デザインンと管理の観点から牛の数よりストールの数を多くすることが推奨されている。米国のほとんどの酪農場では過密すぎる問題がある。ストールの数が牛舎内の牛数と同じか少ない場合には，臆病な初産牛が休息する機会は少ないはずである。ストール数は牛数よりも少なくとも10％以上多くするように推奨されており，そうすれば当然，牛は自発的に横臥時間を長く取ることができるようになる。

■ 牛飼い（ハーズマン）の技量と管理法

牛の取り扱いと牛群管理

牛の取り扱い方法は蹄病問題を最小限にする上で重要である。Clarksonらの研究では，牛が一列になって歩く農場ではパーラーへの行き帰りに牛が追いたてられる農場に比べて跛行数が少なかった。ClarksonとWardは粗い床面を殺到して歩く牛では蹄底真皮の損傷と跛行が起こる可能性が高くなることを認めている。牛は硬く，粗い床面では自分のペースで歩かせなければならない。ハーズマンのペースで牛を歩かせると転倒や滑走によって蹄病や損傷が増加する。牛群のなかでは牛は搾乳施設の行き帰りに，馬，犬あるいは四輪車で追われて移動する。これは牛を移動させるのに便利な方法であるけれども，どうしても牛を速く歩かせてしまうことになり，蹄や肢の損傷を増やしてしまう。この問題の完全な解決にはならないかもしれないが，牛の歩行路を修繕したり，このことに注意を払うことによって，われわれは牛の跛行を最小限にできる。

ニュージーランドの獣医師であるNeilは牛の取り扱い法のビデオを作製してこれらの点を指摘している。彼は，石ころで覆われたコンクリート床を牛が歩行するとき，前肢で踏むところを注意深く見ならがいかに意識的に石を踏むのを避けているのかをはっきりと示したのである。牛が牛群のなかで同じような石ころで覆われたコンクリート路を殺到して進めば，牛は硬い床面の石ころを避けることなく踏みつけてしまう。このことは単純であるが，牛の歩行路や床に関係する牛群の管理がいかに重要なのかを示す明瞭な例である。

起立時間または横臥時間

様々な牛舎や管理法の因子が牛の起立時間と横臥・休息時間に影響を及ぼす。ストール利用機会，ストール構造，敷き料の量は明らかに影響がある（図1.1.）。Leonardは初産牛の横臥時間の影響を評価している。彼は，1日10時間以上横臥していた牛は5時間以下の牛より蹄の健康状態がよいことを明らかにした。常態では牛は1日11～14時間以上横臥して休息する。休息時間が短いことは，通常，反芻や咀嚼時間も短いことを意味する。咀嚼時間が減ると唾液によるルーメン内容の緩衝作用が減少する。

起立時間に影響する他の管理法には1日2回搾乳と3回搾乳の問題がある。牛群の牛の数，ミルキングパーラーへの移動時間によって，牛の起立時間は1時間から数時間長くなることがある。このような見かけ上重要と思われない牛群の変化によって跛行が増加する経験をすることはまれではない。牛が十分な休息時間を取らない場合には，密飼い，ストールデザインが悪いこと，敷き料の不足，敷き料管理が悪いこと，暑熱ストレスなどは少ないながらも考慮しなけ

図1.1. デザインの悪いストールは横臥時間と休息時間を短縮してしまう．

ればならない問題である．

跛行に関する知識，訓練，認識

MillとWardの研究は，酪農家の跛行に関する知識，訓練，認識が跛行発生数に影響することを明らかにしている．跛行に最も関心があり，最も訓練を受け，蹄病を獣医師に診てもらっている酪農家で跛行問題が最も少なかった．酪農家が跛行問題を理解し，それらを認識して適切

に対応することが重要なことは明らかである。

■ 畜主やマネージャーの監督・検査

　畜主やマネージャーが注意深く観察することに代わるものはない。"eye of the master（職人の目）"という成句は乳牛の飼養管理がうまくいくかどうかを決める本質であるとして引用されている。数年前，フロリダの大規模酪農場では中西部の経験豊富な酪農家を雇用して，個々のどの牛も，毎日毎日，どの日も観察することにした。この人物が病牛，跛行牛，発情牛，元気にみえない牛を発見するすべての責任を負った。彼はそれを実行し，農場は彼の努力で大いに成功を収めた。重要なことは牛群がいかに大規模になろうと，いかに技術が進歩しようと，牛は1頭1頭であり，1頭1頭のケアと管理がなされなければならないということである。どの農場においても動物を誠実にケアする人，動物とともに働く人がいて成功を収めることができるのである。

参考文献

Anderson N. Observation on cow comfort using 24-hour time lapse video. Proceedings of the 12th International Symposium on Lameness in Ruminants. Orlando, FL, January 9-13, 2002, pp.27-34.

Clarkson MJ, Downham DY, Faull WB, Hughes JW, Manson FJ, Merritt JB, Murray RD, Russell WB, Sutherst JE, Ward WR. Incidence and prevalence of lameness in dairy cattle. Vet Rec, 1996, 138：563-567.

Cook NB. Prevalence of lameness among dairy cattle in Wisconsin as a function of housing type and stall surface. JAVMA, 2003, 223（9）：1324-1328.

Esselemont RJ, Peeler EJ. The scope for raising margins in dairy herds by improving fertility and health. Br Vet J, 1993, 149：537-547.

Faull WB, Hughes JW, Clarkson MJ, Downham DY, Manson FJ, Merritt JB, Murray RD, Russell WB, Sutherst JE, Ward WR. Epidemiology of lameness in dairy cattle：The influence of cubicles and indoor and outdoor walking surfaces. Vet Rec, 1996, 139：130-136.

Gabarino JA, Hernandez J, Shearer JK, Risco CA, Thatcher WW. Effect of lameness on ovarian activity in post-partum Holstein cows. J Dairy Sci, 2004, 87：4123-4131.

Guard C. Lameness in dairy cattle：Recognition of the disorder and management of the causative factors. Proceedings of the American Association of Bovine Practitioners, January 1996, 28：71-74.

Guard C. Recognizing and managing infections cause of lameness in cattle. In：The AABP Proceedings, January 1995, No. 27, pp. 80-82.

Juarez ST, Robinson PH, DePeters EJ, Price EO. Impact of lameness on behavior and productivity of lactating Holstein cows. Appl Anim Behav Sci, 83：1-14.

Leonard FC, O'Connell JM, O'Farrell KJ. Effect of overcrowding on claw health in first-calved Friesian heifers. Br Vet J, 1996, 152：459-472.

McDaniel BT. Management and housing factors affecting feet and leg soundness in dairy cattle. Proceedings of the American Association of Bovine Practitioners, 1983, 14：41-49.

Melendez P, Bartolome J, Archbald LF, Donovan A. The association between lameness, ovarian cysts and fertility in lactating dairy cows. Theriogenology. 2003, 59：927-937.

Phillips CJC. Cattle Behavior and Welfare, 2nd edition. Blackwell Science Ltd., Osney Mead, Oxford, 2002.

Tranter WP, Morris RS. A case study of lameness in 3 dairy herds. NZ Vet J, 1991, 39：88-96.

Vermunt J. Herd lameness—A review, major causal factors, and guidelines for prevention and control. In：Proceedings of the 13th International Symposium and 5th Conference on Lameness in Ruminants, Maribor, Slovenia, 2004, pp. 3-18.

Warnick LD, Gurd CL, Grohn YT. The effect of Lameness on milk production in dairy cattle. Proceedings of the American Association of Bovine Practitioners, January 1998, 31：182.

Wells SJ, Trent AM, Marsh We Robinson RA. Prevalence and severity of lameness in lactating dairy cows in a sample of Minnesota and Wisconsin herds. JAVMA, 1993, 202（1）：78-82.

Whay HR, Main DCJ, Green LE, Webster AJF. Proceedings of the 12th International Symposium on Lameness in Ruminants. Orlando, FL, January 9-13, 2002, pp. 355-358.

第2章 蹄の形成と成長

■ 構造と機能

　表皮の角質を形成する表皮胚芽層とこれを支持する真皮層には4種類の異なった領域があり、それぞれは構造の異なる角質を形成する。蹄縁真皮上にある蹄縁角質は皮膚と角質の接合部の直下にあり、蹄の後方に広がって蹄踵の角質を形成する。蹄壁の角質は蹄冠真皮から形成され、蹄縁真皮と蹄葉真皮の間に位置する。白帯（WL）の角質（角葉層）は蹄葉真皮（真皮葉）を覆っている表皮から形成される。蹄底の角質は蹄底真皮を覆っていて、白帯の角葉層と蹄踵の蹄縁角皮の間に位置する。4つの領域の異なった真皮は図2.1.と図2.2.に示した。真皮には血管網が密に存在し、これらは真皮乳頭または血管ペッグ内に終わっている。蹄冠真皮には側面の二次乳頭があり、真皮葉の終末乳頭上には小さな二次乳頭が存在する。血管ペッグは細動脈の本管からなり、これは血管ペッグの尖端で細静脈と直接連結している（図2.3.）。

　細動脈と細静脈間には広範な毛細血管網が存在する。馬の真皮では細動脈と細静脈の間に数本の短絡路がある。蹄葉炎時にこれらの短絡路は開いており、血管ペッグの尖端には血液が供給されない。このことは角質細胞形成に悪影響を及ぼす。牛では蹄葉炎例のように脈管系の損傷が生じた後でなければ、このような短絡路はあまり存在しないことが最近の研究によって明らかにされている。

　基底膜（BM）は表皮と真皮の間にある重要な構造で、表皮基底層にあるケラチノサイトの細胞骨格と蹄骨結合織とを真皮を介してつないでいる。基底膜はコラーゲンと糖タンパク（ラミニン、フィブロネクチン、アミロイドP、エンタシン、ヘパリンサルフェイトプロテオグリカン）の両方で構成される格子状の複合体からなっている。これは基底層内でケラチノサイトをつなぎ留め、方向を定めており、基底膜が損傷を受けるとこの組織的な構造が損なわれる。ケラチノサイトの増殖と分化は基底膜からの指示によって制御されている。基底膜内の病的変化によってケラチノサイトの過剰増殖およびケラチノサイトの異常成長パターンとケラチンタンパクサブタイプの発現が起こる。

　表皮の基底層は活動的に増殖、分化するケラチノサイトからなる。隣接するケラチノサイトは細胞内デスモゾーム結合によって強く結びついており、細胞間セメント物質（ICS）として知られる脂質を多く含んだ細胞外マトリクス内に深く埋め込まれている。ケラチノサイトは多形核細胞（PMNs）に反応してメタロプロテナーゼ（MMPs）とサイトカインを産生し、創傷治癒過程で細胞外マトリクスを分解する。メタ

蹄の形成と成長……第2章

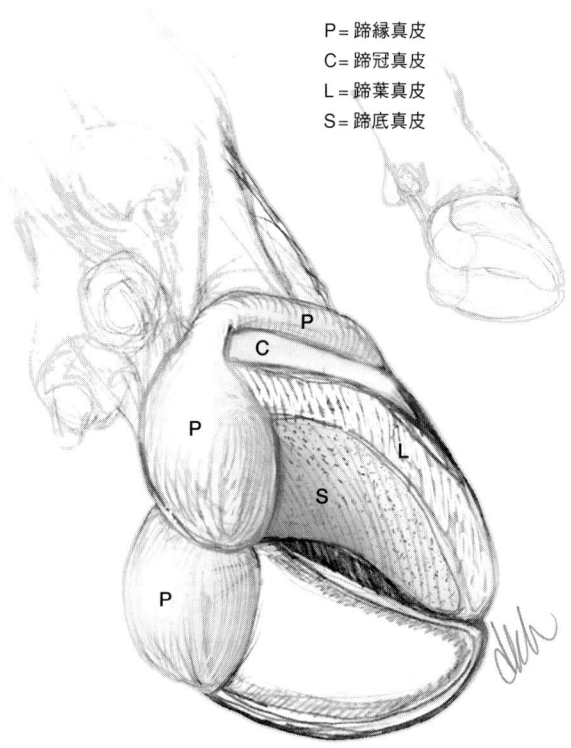

P = 蹄縁真皮
C = 蹄冠真皮
L = 蹄葉真皮
S = 蹄底真皮

©2000 The University of Tennessee College of Veterinary Medicine

図2.1. 真皮の領域．

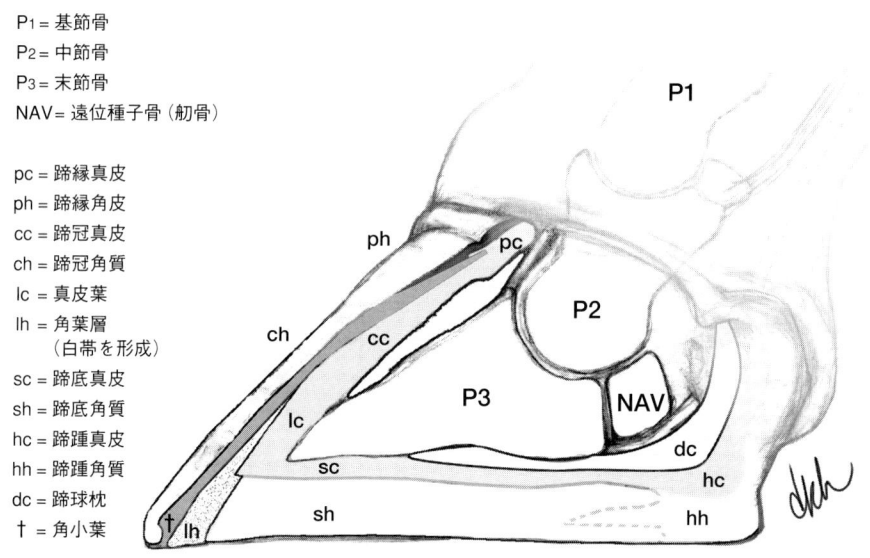

P_1 = 基節骨
P_2 = 中節骨
P_3 = 末節骨
NAV = 遠位種子骨（舟骨）

pc = 蹄縁真皮
ph = 蹄縁角皮
cc = 蹄冠真皮
ch = 蹄冠角質
lc = 真皮葉
lh = 角葉層
　　（白帯を形成）
sc = 蹄底真皮
sh = 蹄底角質
hc = 蹄踵真皮
hh = 蹄踵角質
dc = 蹄球枕
† = 角小葉

©2000 The University of Tennessee College of Veterinary Medicine

図2.2. 蹄の解剖学的構造を示す矢状断図．

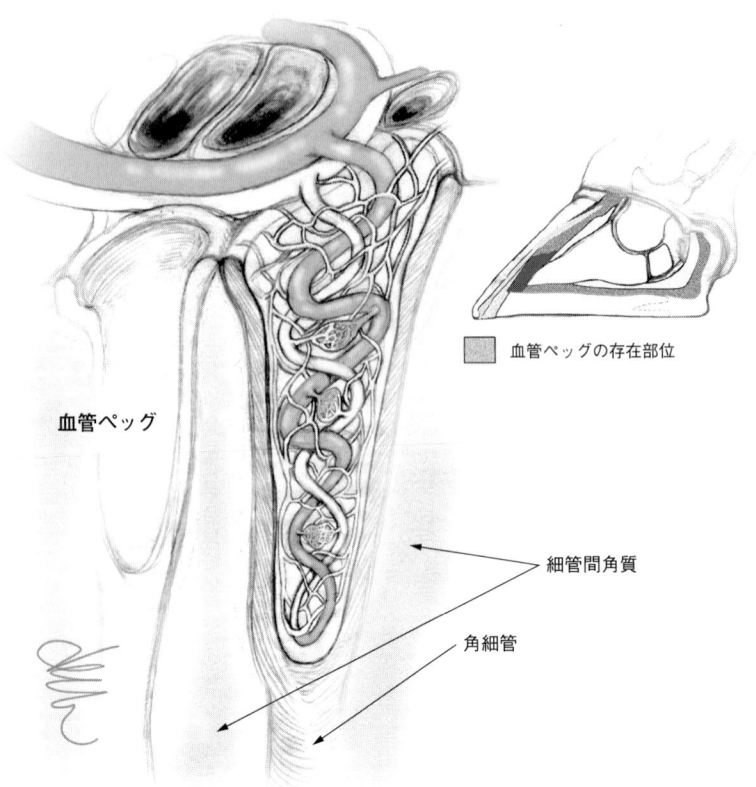

図2.3. 真皮乳頭（血管ペッグ）．

ロプロテナーゼは蹄葉炎の病因に役割を演じているかもしれない。

　ケラチノサイトは有棘層（中間層）に移動中、大きく、多角形、扁平になり、細胞内容はケラチンタンパクに置き換わる（ケラチン化）。次にこれらの細胞はケラチン化と分化（角化）の最終段階であるプログラムされた死に至る（角層）。角化細胞の細胞膜は水と溶質を透過するが、タンパクのような大きな分子は透過しない。

　ケラチンタンパク（サイトケラチン）は様々なサブタイプからなる線維強化複合材である。ケラチンタンパクは細く長い線維（トノフィラメントまたはミクロフィブリル）からなり、細胞の長軸と平行に配列している。2つのフィラメントが融合して、ロープどおしが巻きついた巻線になっている。個々の線維は安定したドメインと不安定なドメインからなっている。不安定なドメインのシステイン―システインジスルフィドは結合タンパクによって細胞内マトリクスと架橋している。細胞内の水和レベルが残りの細胞内タンパクマトリクスを安定にしている。表皮の水和状態が低いと、グリシンとチロシンを介する水素による二次性の架橋が広範に形成されるのでタンパクマトリクスは柔軟性を失い、角質は硬くなる。表皮が湿潤していると二次性の架橋の距離が遠くなり、タンパクマト

リクスは柔軟になり，角質は硬さを失う。

　ケラチン形成は表皮成長因子（EGF）のようないくつかの因子によって調節されている。牛蹄にはEGFの受容体があることが証明されている。他の調節因子にはEGFとプロラクチンを抑制するホルモンであるリラキシン，および牛蹄組織の体外移植組織中でタンパク合成を抑制するハイドロコーチゾンがある。グルココルチコイドは泌乳中増加することが示されている。インスリンはタンパク合成を刺激するが，泌乳牛のインスリン濃度は低い。

　血管ペッグ上の表皮層は管状の角質細胞（角細管）を形成する。角細管内の細胞は中心軸周囲で急勾配に螺旋状に配列している。角細管の太さ，数，形状は蹄の部位によって異なり，蹄壁の内方では円形で，蹄壁表面では楕円形である。蹄壁にはおよそ80本/mm^2，蹄底と蹄踵では20本/mm^{2}の角細管がある。角細管の間の角質は乳頭間から形成され，角細管を相互に連結している（図2.3.）。角細管の間の角質は細長い多角形細胞からなり，負面と平行に配列している。角細管によって蹄鞘構造の強度が増すので，蹄壁が構造的に最も強く，次いで蹄底と蹄踵である。

　白帯角質の80％は葉状角質からなり，以下の構造から形成される：

(a) 蹄冠真皮の直下にあり，真皮葉を覆う胚芽表皮。これは白帯の外層を産生し，軟らかい非細管性角質からなる。

(b) 真皮乳頭（真皮キャップまたは稜上乳頭と呼ばれる）を覆っている胚芽表皮で，真皮葉上で真皮襞（図2.4.）から突き出て，非細管性の稜上角質を形成する。この角質は白帯の中層を形成する。

(c) 粗く配列する大きな細管からなる終末乳頭（白帯の内層）。

　残りの白帯は蹄冠角質（角小葉）の構成物である。葉状角質（図2.2.）は非細管性角質（白帯の外層と中層）であるが，負面に向かうと大きく，短い，中空性の細管が存在する（白帯の内層）。これは構造的に軟らかく，柔軟で，ターンオーバーが速い。

　ターンオーバーが速いために細胞は概して未成熟であり，軟らかく，摩耗しやすく，環境に対して脆弱である。

角質性状と物理的特性

　角質性状は，外部因子はもちろんのこと内部因子によっても左右される。外部因子は環境からの影響と関連するが，内部因子は血液と栄養の供給を指す。角質形成には十分な血液供給が必要である。血流の障害はどのようなものであっても角質形成に負の影響を及ぼす。また角質形成はタンパク，エネルギー，脂肪，ビタミンA，D，E，カルシウム，リンなどの栄養素の供給によっても影響を受ける。システインやメチオニンなどの含硫アミノ酸などの微量栄養素はケラチンフィラメントの分子間架橋に必須である。微量ミネラルである亜鉛，銅やビタミンであるビオチンは角質細胞のケラチン化と蹄角質の細胞間セメント物質の保全に非常に重要な役割を演じている。

　外部および内部環境因子は蹄角質の水分含量に影響を与える。真皮と表皮（角質）の間には

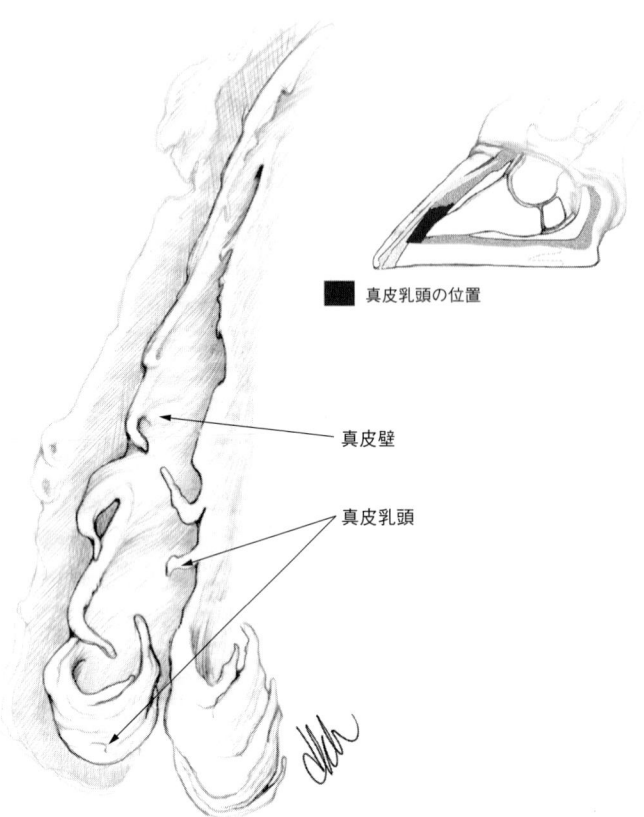

図 2.4. 真皮襞と真皮乳頭（稜上乳頭）．

静水圧が存在し，水分は外側の角質細胞に移動する．表皮の外層の角化したケラチノサイトの細胞膜は透過性が高く，水分と晶質は受動的に移動するが，タンパクのような大きな分子は透過しない．この水分の移動が勾配を形成し，角質表層では水分が少なく，真皮に近い内層には高い水分含量が維持されることになる．加えて，細胞内には溶質やケラチンタンパクによる様々な勾配が形成され，これらによってさらに角質細胞の水分調節が行われている．晶質を含まない水に蹄底角質を10日間浸漬すると，4％重量が増す．しかし，最初の48時間で最も重量が増加する．多くの酪農場では，蹄角質が長時間水分に曝される．それは酪農場では乳房を洗浄したり，糞尿を処理したり，暑熱ストレスを減じたりするためにフラッシュシステムやスプリンクラーシステムを使用しているからである．このことは蹄の健康には不利益をもたらし，跛行発生を増加させるものかもしれない．

角質の物理的特性とは一般的に剛性，硬度，破壊靱性などと表現され，これらすべては水分含量と関連する．剛性は変形に対する抵抗力と定義され，角質の柔軟性と関連する．角質細胞の水分含量が増加するとケラチンタンパクマト

リクスの二次性結合部間のスペースが広がり，結果として柔軟性が増す。角質水分量と摩耗程度には正の相関があることが報告されているが，柔軟性のある角質は伸縮性があるので，コンクリートの削磨による摩耗に対して抵抗力を有する。

　硬度は硬い物質の穿孔に対する抵抗力と定義できる。硬度と角質水分量は反比例する。単位面積当たりの角細管数もまた蹄の硬度と関連する。それは細管間の角質は角細管がわずかしかない部位と同じように多くの水分を吸収できるからである。蹄壁の外層は蹄底と比べて角細管が多く存在するので硬度が高い。角質水分量の増加は摩耗速度を増加させる。

　角質細胞と細胞間セメント物質はある種の化合物によって影響を受ける。たとえば高濃度の硫酸銅は細胞間セメント物質を破壊し，蹄角質をもろくする。同様に糞尿に持続的に曝露されると，角質と細胞間セメント物質の両方が破壊され，蹄球びらんでみられるような角質の欠損が起こる。外部因子と内部因子は相乗的に作用し，角質性状を劣化させる。たとえば，蹄葉炎でみられる血液供給の変化は劣化した角質を形成し，劣化した角質は環境から影響を受けやすくなるといったぐあいである。

　蹄壁角質は1カ月に1/4インチ（約0.63 cm）成長する。蹄底角質の成長はこれより少し遅く，1/8インチ（約0.32 cm）を少し上回る程度である。高栄養を与えられている若牛の角質の成長速度は標準の2.5倍まで増加する。角質の成長速度は，品種，発育異常，栄養，環境因子，真皮からの血液供給障害，荷重の生体力学的作用などの多くの因子から影響を受ける。たとえばフリーストール飼養牛の蹄の成長速度は放牧牛やタイストール飼養牛に比べて速いし，冬期間より夏の方が蹄角質の増殖もケラチン化も増加する。

参考文献

Baillie C, Southam C, Buxton A, Pavan P. 2000. Structure and properties of bovine hoof horn. Adv. Composites Lett, 9（2）: 101-113.

Bertram JE, Gosline JM. 1987. Functional design of horse hoof keratin: The modulation of mechanical properties through hydration effects. J Exp Biol, 130: 121-136.

Collins SN, Cope BC, Hopegood L, Latham RJ, Linford RG, Reilly JD. 1998. Stiffness as a function of moisture content in natural materials: Characterisation of hoof horn samples. J Mater Sci, 33: 5185-5191.

Douglas JE, Mittal C, Thomason JJ, Jofriet JC. 1996. The modulus of elasticity of equine hoof wall: Implications for the mechanical function of the hoof. J Exp Biol, 199: 1829-1836.

Greenough PR, Vermunt JJ, Mckinnon JJ, Fathy JJ, Berg FA, Cohen PA, Cohen RDH. 1990. Laminitis-like changes in the claws of feedlot cattle. Can Vet J, 31: 202-208.

Hinterhofer C, Stanek Ch, Binder K. 1998. Elastic modulus of equine hoof, tested in wall samples, sole samples and frog samples at varying levels of moisture. Berl Munch Tierarz Wschr, 11: 217-221.

Leach DH, Zoerb GC. 1983. Mechanical properties of equine hoof wall tissue. Am J Vet Res, 44（1）: 2190-2194.

Toussaint Raven E. 1989. Structure and function. In Cattle Foot Care and Claw Trimming, Toussaint Raven E. ed. Farming Press, Ipswitch, UK, pp. 24-26.

Vermunt JJ, Greenough PR. 1995. Structural characteristics of the bovine claw: Horn growth and wear, horn hardness and claw conformation. Br Vet J, 151: 157-180.

Wagner IP, Hood DM. 2002. Effect of prolonged water immersion on equine hoof epidermis in vitro. Am J Vet Res, 63（8）: 1140-1144.

■ 解剖

趾

　肢の遠位には4本の趾があり、内側から外側に向かって、第二，第三，第四，第五と番号が振られている。これらのうち2本にだけに荷重が加わり（第三，第四），この2本の趾は角質で覆われた蹄を有する。牛ではhoofという用語より"claw"を用いている。趾とは球節関節以下をいう。長軸状の軸に近い領域（中心に向かう部分）を軸側と呼び、中心から離れた側の構造を反軸側と呼ぶ。蹄から手根また足根までの肢の前面を背側といい，後面を掌側という。

　中手趾節関節および中足趾節関節にはそれぞれ2つの関節嚢があり、これらは掌側の近位種子骨の高さで、骨間筋と中手骨または中足骨の間で交通している。掌側の関節嚢は背側の関節嚢より近位に達しており、骨間筋と深趾屈腱の深部に位置する。掌側の関節嚢と近位の屈腱鞘内には滑液が貯留しているので副蹄のすぐ近位には波動性の腫脹がある。

　各々の趾には3つの趾骨［基節骨，中節骨，末節骨または第一趾骨（P1），第二趾骨（P2），第三趾骨（P3）］，舟骨（遠位種子骨），2つの関節［近位趾節間関節（PIP），遠位趾節間関節（DIP）］がある。基節骨は中節骨より長い（図2.5.）。基節骨は生後、長軸状に成長し、明瞭な骨髄を有する。基節骨遠位での断趾術によって骨髄腔が露出すると、ここに過剰の肉芽組織が形成される。PIP関節掌側の関節嚢は浅趾屈腱（SFT）終末部の深部に位置する。浅趾屈腱の切断が必要な手術時に、この関節嚢を開けてしまわないよう注意しなければならない。側副靭帯と掌側靭帯がPIP関節を支持している。末節骨は完全に蹄鞘内にあり（図2.5.），その蹄底面は窪んでいる。末節骨の関節面は急な傾斜（水平の負面から25～30度）になっていて、このためにDIP関節手術アプローチは厄介である。伸筋突起は加齢とともにでこぼこしたものになる。DIP関節に近い末節骨の軸側には大きな血管路（軸側孔）が存在する。

　深趾屈腱は末節骨後方の屈筋結節に付着する（図2.5.）。末節骨の腹側（蹄底）面は窪んでいるので2つの荷重領域が存在する。ひとつは尖端部、もうひとつは踵部分であり、これらは末節骨が沈下すると蹄底真皮を圧迫する（図2.5.）。

　舟骨は3本の小さな遠位靭帯で末節骨に、2本の側副靭帯で中節骨に付着している。舟嚢は舟骨と深趾屈腱の間にあり、蹄の屈伸時に深趾屈腱が滑らかに舟骨表面上を滑るようになっている。舟嚢は周囲の線維性弾性組織に取り囲まれて護られているが、蹄踵内の化膿性病変形成過程によって感染を受けることがある。末節骨，DIP関節，舟骨，舟嚢はすべて蹄鞘内に位置する（図2.5.）。

　DIP関節は中節骨，末節骨，舟骨の関節面からなり、関節包には背側と掌側に関節ポーチがある。背側のポーチは蹄冠まで伸び，総趾伸筋腱の付着部の深部に位置する。関節穿刺はこの高さで、総趾伸筋腱の軸側または反軸側で行う。DIP関節の掌側は舟骨，舟骨遠位の靭帯，深趾屈腱，周囲の線維性弾性組織によってよく保護されている。しかし掌側のポーチはいわゆる関節後方に近接して存在しており（図2.6.），この関節後方の部位には蹄底や白帯からの上行性感染による化膿性炎症がよく起こる。関節後方

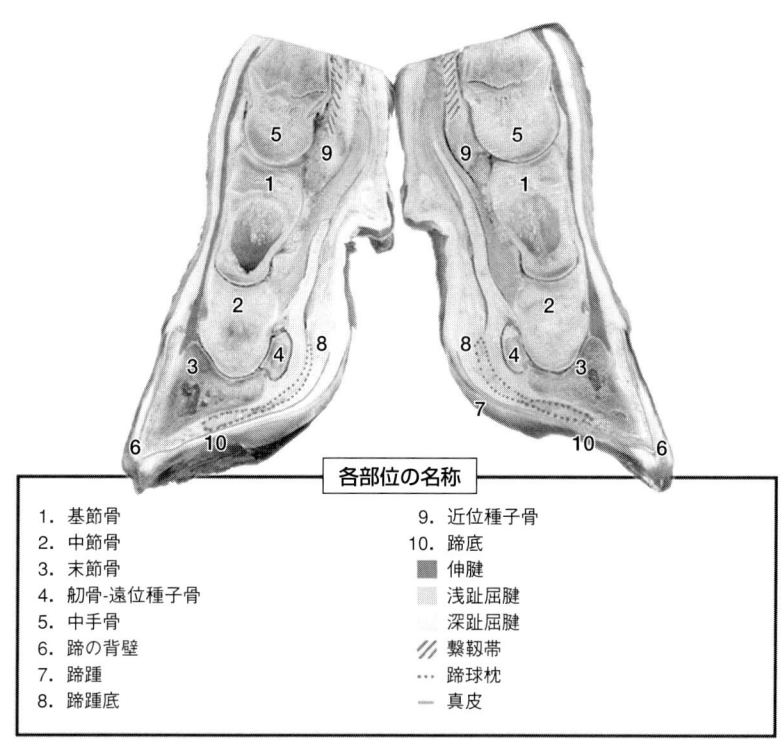

図 2.5. 趾の解剖学的構造．裏表紙のカラーの図を参照．

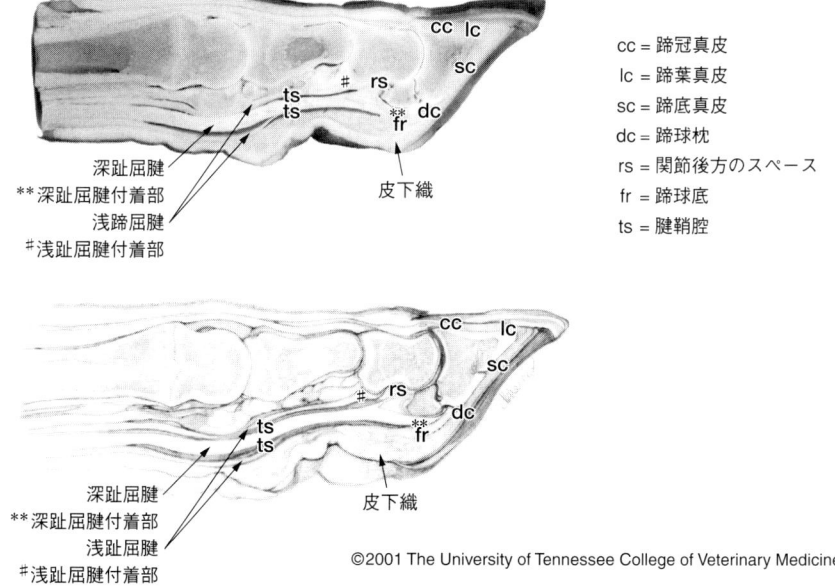

図 2.6. 関節後方の部位および深趾屈腱の腱鞘を示す趾の縦断図．

部位からの感染の波及はこの関節への感染の侵入口のひとつである。深趾屈腱切除術時に，この部位で関節を開けてしまわないよう注意する必要がある。

外側趾と内側趾は近位および遠位の趾間（十字）靱帯で連結されている。近位の十字靱帯は基節骨の近位端に位置する。遠位十字靱帯は近位十字靱帯よりも幅が広く，表層にあり，掌側の趾間隙のすぐ上にある（図2.7.）。遠位十字靱帯は基節骨遠位から起始し，浅趾屈腱と深趾屈腱上を走行し，舟骨と末節骨の軸側面に停止する。遠位十字靱帯の付着は末節骨後面の支持構造の重要な部分を形成し，遠位十字靱帯の線維の一部は深趾屈腱にも達している。

腱鞘

趾の屈腱鞘（DFTS）の近位端は中手/中足の遠位1/3に位置する（近位種子骨の6〜8cm近位）。遠位端は舟骨のすぐ背側にある（図2.6.）。趾の屈腱鞘の終末部分は単一のコンパートメントからなる（図2.6.）。これより近位の輪状靱帯の高さでは，趾の屈腱鞘は内部と外部のコンパートメントからなっている。浅趾屈腱は袖状になって趾の屈腱鞘近位で内部のコンパートメントを覆っている。近位の外部のコンパートメントは袖状の浅屈腱を包んでいる。内部のコンパートメントは外部のコンパートメントよりさらに球節の近位まで伸びている。副蹄近位で腱鞘を穿刺した場合は，ふつう外部のコンパートメントの液が吸引される。腱鞘には蹄の感染が波及することがよくあり，蹄深部構造の感染時には注意して診断する必要がある。

蹄

蹄鞘は真皮を保護し，趾が地面につくときに生じる衝撃力を低減する。蹄壁は反軸側（外側）と軸側（内側）に区分され，反軸側はさらに背面（前面または蹄尖）と外面に分けられる。蹄壁は反軸側壁にある反軸側溝によって蹄踵と区分される（図2.8.）。蹄壁には蹄縁角皮と蹄冠角質の2種類の角質がある（図2.2.）。蹄縁角皮は軟らかく，蹄冠直下の皮膚-角質接合部にある。蹄後方では蹄縁角皮は徐々に幅を増し，最終的に蹄踵角質になる。蹄冠角質は蹄鞘のなかで最も硬く，蹄壁の大半を形成している。蹄壁にはかすかな稜線があり，水平に互いに平行して走っている。この線は蹄球に行くにしたがって広がっており，これは蹄踵部分の摩耗速度が速いために成長速度が速いことを示している。ホルスタイン種成牛では蹄背壁のいちばん上の無毛部直下から負面までは3インチ（7.6cm）の長さがある。反軸側溝部で測定した理想的な蹄踵高は1.5インチ（3.8cm）である。

蹄底は蹄底真皮で覆われる表皮から形成されており，明瞭な境界なしに蹄踵-蹄底接合部で蹄踵角質と融合する。蹄底は白帯によって蹄壁と連結している。白帯角質は真皮葉を覆っている表皮によって形成される。白帯は蹄踵の反軸側から前方に向かい，蹄尖を回り，軸側負面1/3まで取って返す（図2.9.）。白帯は負面から離れると反軸側を上行する。白帯は他とは異なる重要な構造であり，蹄鞘でいちばん軟らかい角質である。そのため蹄壁角質と軟らかい蹄底角質を弾力的に接合することができる。一方，軟らかいことは負面の弱点となり，損傷を受けやすい。

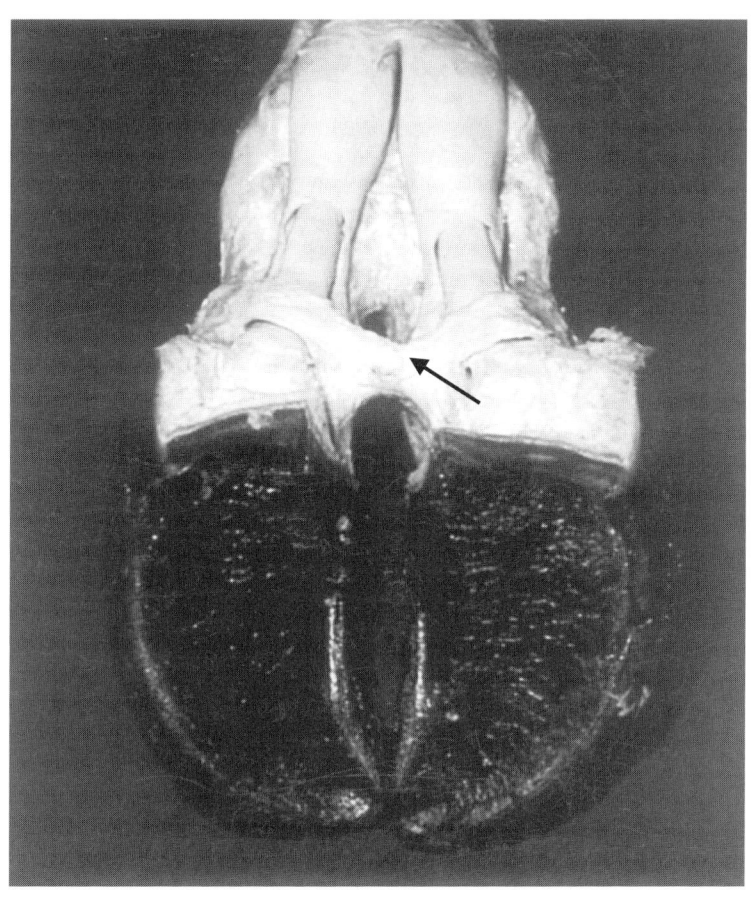

図2.7. 遠位の十字靱帯（矢印）を示す解剖標本．

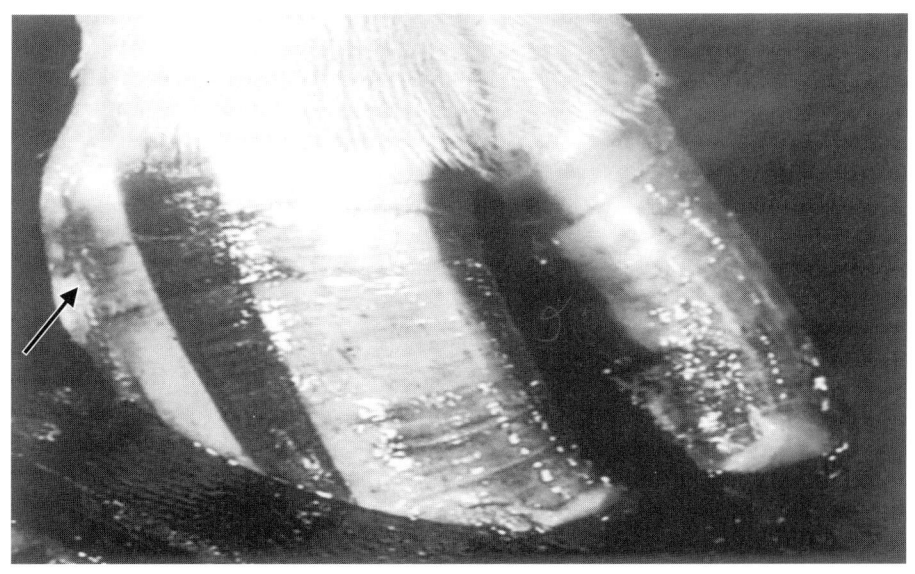

図2.8. 蹄鞘．蹄踵と蹄壁を区分する反軸側溝（矢印）を示している．

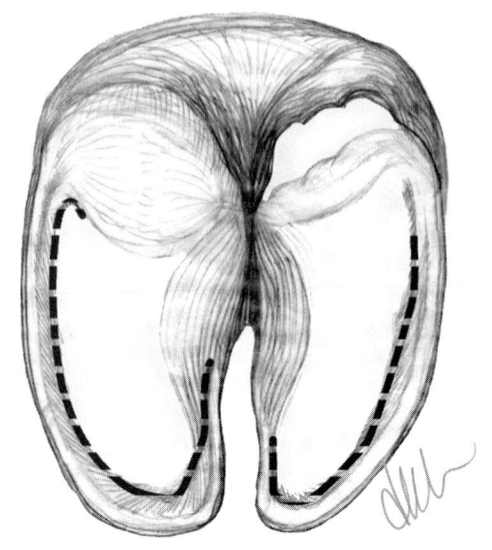

©2000 The University of Tennessee College of Veterinary Medicine

図2.9. 白帯の領域（破線）.

末節骨の懸架装置

　末節骨は蹄鞘内で真皮葉とコラーゲン線維束によって吊り下げられており，これらは末節骨表面の付着部から基底膜を介して表皮の基底層の間に存在している。真皮と表皮間の境界面では真皮葉（葉状真皮）と表皮葉（角小葉）が嵌合している。その結果，末節骨は蹄鞘内で懸架され，体重は蹄壁に加わる張力として伝えられることになる。

　牛の懸架装置は馬のそれとはかなり異なっている。第1に牛では馬に比べて真皮葉が狭い領域にしかなく，第2に牛の真皮葉には二次葉がない。したがって牛蹄では加わる機械的荷重が部位によって異なる。馬では荷重は主として蹄壁にかかる。一方，牛では単純に蹄壁でそのまま機械的荷重を受けるわけではい。そのかわり荷重を蹄底や蹄踵などの別の支持構造に移動させることが必要になってくる。

　牛蹄の支持装置のうち主要な構造は，蹄底真皮とその結合織および蹄球枕である（図2.5.）。蹄球枕は粗性結合織と様々な量の脂肪組織からなる。蹄球枕は3つの平行した円柱状に配置されている（図2.10.）。1蹄の3つの脂肪パッドの合計は5.7mℓまでである。すべて3つの蹄球枕は蹄踵の皮膚-角質接合部から末節骨の尖端に向かって伸びている。反軸側と中央の脂肪パッドは軸側のものより短い。この短いパッドは深趾屈腱の表面にあり，腱の付着部より遠位に達することはない。軸側の脂肪パッドは蹄球軸側縁から蹄底表面の中央に向かって走行し中部1/3で終わっている。スイスの研究者による最近の研究では，脂肪量（すなわち蹄球枕のクッ

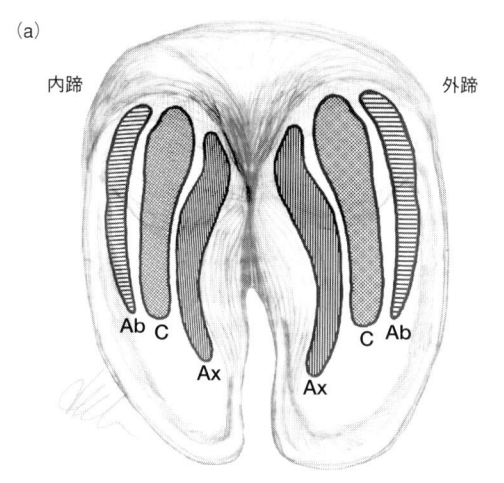

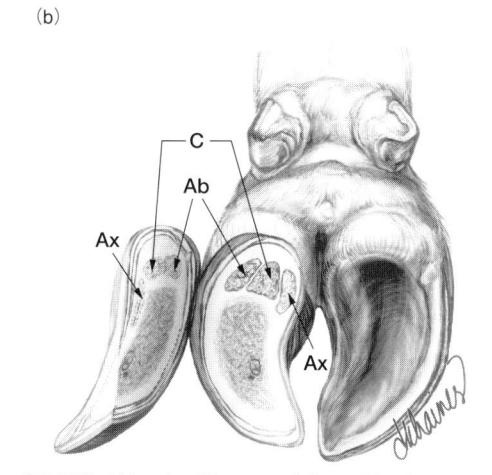

図2.10. 蹄球枕．a) 腹望　b) 蹄球枕と末節骨を示すように内蹄を矢状断した蹄．
Ab＝反軸側，C＝中央，Ax＝軸側．

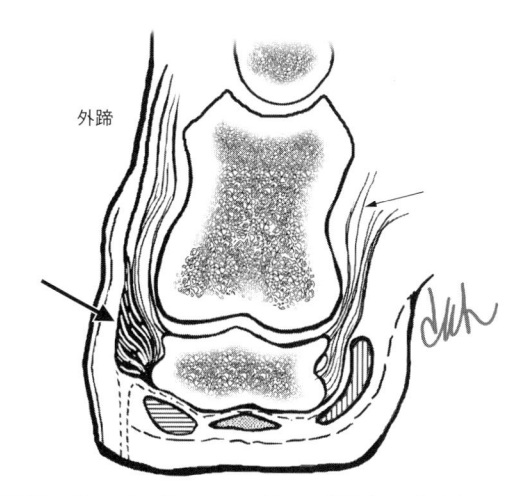

図2.11. 末節骨後方の懸架装置．

ション能）は加齢に伴って増加することが示されている．このことは動物の蹄病罹患への感受性の違いを説明するものだと考えられている．

末節骨の後面と蹄球枕は反軸側蹄壁内面に付着しており，さらに軸側では遠位の趾間十字靱帯に付着して支持されている（図2.11.）。

参考文献

Desrochers A. Surgical treatment of lameness. 2001. Vet Clin North Am Food Animal Pract, 17 (1): 143-158.

Desrochers A, Anderson DE. Anatomy of the distal limb. 2001. Vet Clin North Am Food Animal Pract, 17 (1): 25-37.

Maierl J, Bottcher P, Hecht S, Liebich HG. 2002. A new method to assess the volume of the fat pads in the bovine bulb. In Proceedings of the 12the International Symposium on Lameness in Ruminants, January 9-13. Orlando, FL.

Stanek C. 1977. Tendons and tendon sheaths. In Lameness in Cattle, Greenough PR, ed., WB Saunders Co., Philadelphia, PA, pp. 188-192.

Sisson S, Grossman JD. 1958. Anatomy of Domestic Animals, 4 the edition, WB Saunders Co., Philadelphia, PA.

第3章 栄養と蹄の健康

　牛蹄の健康と機能は適切な栄養と飼料給与に依存している。この意味においては，ルーメンアシドーシスを避けることが最も重要である。それはルーメンアシドーシスが蹄葉炎の主要な原因と考えられているからである。急性のルーメンアシドーシスは生命にかかわる疾病である。一方，潜在性ルーメンアシドーシスはパフォーマンスの低下，ボディコンディションの低下，跛行の原因になり，ほとんどの跛行は蹄葉炎やこれと関連する蹄病によるものである。さらに乳牛飼料中の単一成分で最も多い炭水化物がルーメンアシドーシスと蹄葉炎の原因であると考えられている。ある種の非構造性炭水化物は発酵速度が速いために望ましい第一胃細菌を死滅させる恐れがある。したがって飼料は注意深く設計し，問題が起こらないよう給与しなければならない。報告されているすべての研究論文において，ルーメンアシドーシスと蹄葉炎の間に関連があることを証明しているわけではない。これらの矛盾は，蹄葉炎が多因子性で他の多くの因子が関わっていることをほとんどの人が認めていることを実証するものである。ルーメンpHは炭水化物発酵による酸産生と唾液による緩衝との間で均衡が取られている。暑熱ストレスは採食行動を変化させること（固め食い）と唾液による緩衝を減少させることでルーメンアシドーシスの原因になる。タンパク質は蹄葉炎の原因としてしばしば考えられているが，乳牛の飼料中タンパク質レベルの増加が蹄葉炎の原因である，との決定的な証拠はまだ示されていない。ビタミンに関する研究では，特にビオチンが蹄の健康に有益であることが示されている。乳牛飼料中のミネラルや微量ミネラルについても同じような効果が認められている。蹄の健康のためには，蹄角質の成長と発育のための適切なビタミンとミネラルが含まれているべきである。蹄葉炎は真皮の血流障害の結果であり，真皮-表皮接合部と真皮の結合織マトリクスが傷害されるものである。炎症はマトリクスメタロプロテナーゼ（MMPs）を活性化させ，これによって末節骨の懸架装置であるコラーゲン線維束が破壊される。これにより末節骨が沈下または回転し，蹄尖，蹄底，蹄踵に潰瘍が形成されやすくなる。しかし別の理論が提案されており，それは分娩と関連するホルモンの変化が懸架装置を脆弱にさせる主要な原因であるとするものである。もしこの観察が正しければ，蹄葉炎と栄養との関係について，文献と臨床的観察の矛盾を説明できるかもしれない。

■ はじめに

　跛行問題を減少させるためには飼料給与と栄養管理は最も関心を持つべき領域である。跛行

発生の種類によって，これは正しいアプローチかもしれないし，そうでないかもしれない。たとえば飼料だけを操作しても感染性の蹄病（趾間ふらん，趾間皮膚炎，趾皮膚炎）の発生を抑えることは難しい。蹄葉炎と蹄の疾病は代謝性疾病と緊密な関係がある。それは代謝性疾病が栄養や飼料問題とよく関連するからである。カウコンフォートに関する因子を考えることも跛行問題を整理するために重要であり，牛群問題としても評価するべきである。しかしこの章では栄養と蹄の健康について議論することとする。

■ ルーメンアシドーシス

一般的にルーメンアシドーシスは発酵性の高い炭水化物を多く含んだ飼料を大量に摂取することに関連しており，最終的にはルーメン内で乳酸が過剰に産生され，貯留する。急性では重度の中毒症状があり，運動失調，脱水症，第一胃の運動静止，衰弱，横臥などが特徴的所見であり，死亡率が高い。潜在性ルーメンアシドーシス（亜急性ルーメンアシドーシスとしての方がよく知られている）は急性症に比べてきわめて一般的に発生している。主要な症状には食欲の不定，乳脂肪の低下，十分なエネルギーを摂取しているにもかかわらずボディコンディションが低下すること，軽度から中等度の下痢などがあり，まれに鼻出血や喀血（口からの血液の喀出）がみられる例もある。蹄葉炎，原因のわからない跛行，第四胃疾患，肝膿瘍などが二次的にみられる疾病である。

ルーメンアシドーシスと蹄葉炎の直接的関係を見出した研究はわずかであるが，そのほとんどは飼料プログラムが主要な基礎的因子であると考えている。実際には，牛のルーメンアシドーシスの因子に関する情報の多くはデンプンを過剰給与した馬の研究モデルからの情報である。最近の研究では，牛の急性蹄葉炎研究にはオリゴフルクトースの過剰給与モデルが適していることが示唆されている。牛に過剰なオリゴフルクトースを経口投与することで古典的なルーメンアシドーシスの症状と蹄葉炎をうまく作出することが可能であった。以下では乳牛の栄養と飼料給与に関連する重要な因子を明らかにするつもりである。

■ 栄養と飼料の考察

アシドーシスを起こす第一胃発酵異常による疾病の原因は，易発酵性炭水化物が過剰で，有効繊維が不足した飼料であることが明らかにされている。高品質で適切に設計された飼料であっても，実際に牛に給与されるときの飼料の混合法，給餌法，飼槽管理法によってはどのようにもなる。牛が飼料を選択的に摂取してしまうことや，牛が飼料を選り分けてしまうことばかりでなく，失敗は山ほどある。牛の乳期に合わせて行っている飼料の変換も重要である。最近では，栄養学者は移行期の飼料プログラムに特に注意しており，乳生産に見合う高エネルギー飼料に牛が容易に適合するようにしている。フロリダの研究では，クローズアップ期と泌乳初期の飼料中の繊維とネットエネルギーの差が大き過ぎることが，ルーメンアシドーシスと潜在性蹄葉炎の発生が増加する原因であると結論している。

■ 炭水化物

　非構造性炭水化物の多い飼料を，まだ飼料に十分に適応していない動物に給与するとルーメンpHが低下する可能性が高い。ルーメンpHが低下するとルーメンミクロフローラはこれと関連して，グラム陰性菌優位からグラム陽性の乳酸酸性菌優位に変わる。ルーメンpHとルーメンミクロフローラの変化と同時に死んだり，崩壊したグラム陰性菌の細胞外壁からエンドトキシンが放出される。第一胃粘膜の損傷や機能不全に伴って，乳酸，エンドトキシンそしておそらくヒスタミンなどが血中に吸収される。これらはすぐに蹄真皮の微小循環に拡散して，直接的または間接的に（血管作動性メディエーターを介して）血流障害を起こし，蹄葉炎にみられる病変を形成する。

　ルーメンアシドーシスが上述のように生じるということについては少し議論があるが，蹄葉炎が必ず起こるものなのかは明らかでない。蹄葉炎と高炭水化物飼料には関連が認められなかったとする研究は3つある。このように論文の情報は矛盾するものの，炭水化物給与，ルーメンアシドーシス，蹄葉炎の間には関連（複合したものだとしても）があるようだといわざるをえない。これらの関連の詳細を区分けするにはさらに研究が必要である。

■ タンパク

　高タンパク飼料を乳牛に給与すると蹄葉炎や跛行が起こるかどうかはよくわかっていない。18％の可溶性タンパクを含んだ代用乳とスターターを給与した子牛に蹄葉炎が突発したことがイスラエルで報告されている。罹患子牛は4～6カ月齢で，蹄に重度の蹄葉炎病変がみられた。これは興味深い所見であるが，高タンパクがこの問題の原因であるとすることには多くは懐疑的である。なぜなら北米では18％の（あるいはこれより高い）タンパクを含んだ代用乳や飼料は子牛や若齢牛には普通に与えられており，それで問題が起こっていないからである。一方，カナダの研究ではタンパクの給与レベルと蹄葉炎と関連するような病変との間には関係がなかったことが示されている。これらの情報から考え合わせてみても，またたとえタンパクが蹄の健康に影響があるとしても，それがどのような影響なのかを知るには，単純に情報が足りないということができる。

■ ビタミン

　現在の飼養管理法では明らかな疾病を起こすようなビタミン不足はまれである。臨床疾病が起こるのを予防するのに十分なビタミンレベルである場合が多いけれど，最適な成長やパフォーマンスには不十分なこともある。たとえば乾草が給与され，正常に日光に当たっていれば十分なビタミン量が得られるので，ビタミンD不足によるくる病はまず起こらない。一方，ビタミンEとセレニウム欠乏による白筋症はセレニウム欠乏土壌でサプリメントが給与されていない牛に散発する。全身衰弱または肢の強拘を呈して突然死する動物がみられることもある。

　ビタミンBはルーメンミクロフローラで合成されるので，今でも乳牛に給与されることはない。しかしひとつの例外にビオチンがある。ビ

オチンはケラチンタンパクの合成と長鎖脂肪酸の形成に不可欠である。長鎖脂肪酸は蹄角質の細胞間マトリクスを形成するものである。カナダの研究では濃厚飼料が多給される牛ではビオチンの潜在的欠乏状態にあることが示唆されている。なぜならビオチンを合成する第一胃細菌はルーメンpHの低下に敏感だからである。ビオチンを20mg/kg/日 飼料添加したいくつもの研究によってビオチンが蹄の健康に有益なことが示されている。これらには，蹄底潰瘍の治癒速度が改善されたこと，肉用牛の縦裂蹄の発生が減少したこと，白帯離開の状態が改善されたこと，熱帯性気候のオーストラリアの放牧牛の跛行発生が減少したこと，蹄底出血の発生が減少したこと，ビオチン添加牛で乳量が増加したこと，蹄性状と強度が改善されたこと，などがある。コストや科学的情報不足のためにビオチンを添加する意味を疑問視する向きもあったが，現在のコストや科学的情報が整うにつれて，ビオチンが乳牛の飼料として価値のあることが示唆されている。

■ ミネラル（微量ミネラルを含む）

ミネラルには少なくとも動物の体に3つの幅広い機能がある：(1) 臓器と組織の構造成分としての機能，(2) 体液と組織の組成として，浸透圧，酸塩基平衡，膜透過性を適切に保つ機能，(3) 酵素とホルモンシステムの触媒としての機能，である。蹄の健康に関するミネラルの特異的な役割はすでに記述した。

マクロミネラルのうち蹄の健康との関連で最も興味を引くのはカルシウム（Ca）である。蹄角質の表皮でケラチノサイトが分化する際にはCaが必要である。Caによって生化学的経路内で酵素が適切に働き，最終的に角質細胞で正しいケラチン化が起こる。周産期の低カルシウム血症のようにCa欠乏が起こるとケラチノサイトの正常な成熟に負の作用を及ぼし，この期間に産生される角質に影響を与える。低カルシウム血症と跛行の両方が乳牛の一般的な疾病である事実を考えれば，これは関心深い研究領域である。

微量ミネラルである亜鉛と銅はケラチン合成の酵素触媒として重要な役割を担っている。少なくとも2つの研究では，亜鉛メチオニン複合物，あるいは有機亜鉛をコーンとグラスサイレージを主体にした飼料に添加して給与することによって蹄の健康が増進したと報告されている。ケラチン合成における銅の役割はチオルオキシダーゼを介するもので，この酵素はケラチノサイト内でケラチンフィラメントどおしが架橋を形成するために重要な生化学経路内の酵素である。ケラチンフィラメント間の架橋は細胞に強度を与え，機械的，物理的外力に対して抵抗力を増すものである。

セレニウムとビタミンEは動物の感染抵抗性に関して重要な機能を担っていることが知られている。セレニウムは細胞質内でグルタチオンペルオキシダーゼ酵素のコファクターとして機能し，細胞と組織を酸化による損傷から保護している。ビタミンEは細胞膜で特異的な脂溶性の抗酸化物として作用し，膜脂質の連鎖的自動酸化から細胞を護っている。蹄の健康とセレニウム添加に関する特別なデータはないが，セレニウムやビタミンEの必要量が見合ったものであれば感染性の蹄病に対する動物の感染抵抗性は増進すると考えられる。

■ 暑熱ストレスと
　ルーメンアシドーシス

　暑熱時の熱放散の主要な経路は発汗とあえぎ呼吸である。暑熱がひどいとあえぎ呼吸は開口呼吸となり，呼吸数を減らし，換気量を増加させる。その結果，炭酸ガスの喪失が増加して代謝性アルカローシスになる。牛は尿から重炭酸（HCO_3）を排出してこれを代償する。同時に第一胃緩衝のための唾液が減少する。これは強い暑熱ストレスを受けた牛では流涎によって唾液を喪失するためである。第一胃の緩衝作用と全身性の緩衝能力が減少し，最終的にはルーメンアシドーシスとなる。

　気温のルーメンpHに及ぼす影響については，粗飼料多給牛と濃厚飼料多給牛とで冷涼時［気温65°F（約18℃），湿度50％］および高温時［気温85°F（約29℃），湿度80％］にホルスタイン泌乳牛で調べられている。高温時および濃厚飼料多給牛でルーメンpHは低下した。これらの観察はさらに他の研究でも確証されている。それは暑熱期の乾物摂取量の減少を代償するために，ルーメンpHを低下させるリスクなしにはエネルギー濃度を上げた飼料を給与することはできないというものである。

■ ルーメンアシドーシス，
　蹄葉炎，跛行の関係

　真皮-表皮接合部は蹄のなかで非常に特殊化した部分で，脈管部と非脈管部組織の境界である。また蹄葉炎病変が起こる特別な部位で，末節骨の沈下や回転，および劣化した蹄角質が産生される部位でもある。これら病変を細胞レベルで理解するためには，少なくともこの部位の構造がそらで想像できなければならない。

■ 真皮と表皮

　真皮は結合組織からなり，血管と神経が豊富に分布している。真皮は蹄角質の方に向かって基底膜，胚芽層，有棘層，角層と順に隣り合っており，角層は蹄角質と呼ばれる。表皮の下層（表皮胚芽層と有棘層の下層）の細胞は，直接的に血液供給を受けていないが，その下層の真皮から基底膜を通して拡散によって栄養と酸素を受け取っているという意味では，これらの細胞は"生きた細胞"である。胚芽層は細胞の増殖と分化が起こっている活動的な領域である。この層の細胞はケラチノサイト（ケラチンを産生，蓄積できる細胞）に分化し，外側の有棘層に向かって徐々に移動しながら，ケラチンタンパクを産生，貯留し続ける。細胞は最終的にかなり遠くまで移動し，もはや栄養と酸素を受け取れなくなってしまう。この段階になると細胞死と角化（角質細胞を形成する）の過程が始まる。このことは蹄真皮への血流が障害されるどのような状況も，真皮が影響されるばかりでなく表皮も影響を受けるということを示している。つまり蹄角質の性状が影響を受けるのである。

■ 蹄葉炎—細胞レベルの病変

　蹄葉炎の病因は真皮の微小循環障害であると考えられており，蹄壁と蹄骨との間の真皮-表皮接合部の破壊が起こる。前述したようにルーメンアシドーシスが蹄葉炎の主要な原因と考えられており，おそらく様々な血管作動性物質

(エンドトキシン，乳酸，おそらくヒスタミン)の破壊作用によって仲介されている。これらの血管作動性物質はルーメンアシドーシスとこれに続くルーメン細菌の死とともに血中に放出される。また真皮血管の一連の反応を誘発し，血管収縮，血栓症，低酸素症，動静脈短絡などを起こして血流量を減少させる。最終的には浮腫，出血，真皮組織の壊死が起こり，これはMMPsを活性化させ，末節骨懸架装置のコラーゲン線維束を崩壊させる。さらに角質成長因子や壊死因子の活性化が起こって基底膜と毛細管壁の構造が変化する。

表皮に生じる変化は脈管の傷害に続く二次的なものであり，真皮から生きている表皮組織への栄養の拡散が減少する。これは胚芽層の分化と増殖および有棘層の表皮細胞のケラチン化を阻害する。蹄性状はケラチン化に依存しており，ケラチン化によって角質構造が堅固で強度のあるものになる。蹄葉炎のような血管障害が起こる状況下では，ケラチノサイトは栄養欠乏状態のために損傷を受け，炎症が起こる。その結果，ケラチン化が不十分な（脆弱で劣化した）角質が形成され，蹄鞘角質は機械的，化学的抵抗性やおそらく細菌侵入に対する抵抗性が減弱してしまう。このため蹄角質形成不全という用語が提案され，これは蹄葉炎や特に潜在性蹄葉炎という用語よりおそらく適切なものである。

■ 蹄葉炎―末節骨の沈下と回転

末節骨の表皮基底膜への接着は最も弱い結合であり（"抵抗減弱部"と呼ばれる），真皮-表皮接合部である。この部位はまた"懸架装置"と呼ばれ，骨表面と角化した蹄鞘の内面との間のすべての構造が含まれる（表皮内面から角層内面を含んだ部位まで）。懸架装置の真皮と表皮の境界部は鉗合する真皮葉と表皮葉からなっている。この懸架装置の重要な部分は連続したコラーゲン線維束で末節骨表面から基底膜までを走行している。この組織が脆弱になることによって末節骨が変位し，蹄病の誘因になる。

蹄鞘内の"支持組織"は3つの部分からなっている。すなわち（1）結合組織で，その一部分は蹄球枕を被覆し，末節骨軸側を支持する趾間靭帯に伸び，その一部分になる，（2）脈管組織，（3）蹄球枕を構成する脂肪組織，である。コラーゲン線維束は結合組織からなる蹄の支持構造で，蹄葉炎経過中に懸架装置と同じように傷害を受ける。

真皮-表皮接合部の破壊によって蹄内の懸架装置が脆弱になってしまうので，牛ではとくに重大である。それはこれによって末節骨が蹄内で沈下または回転し始めるからである。その結果，末節骨と蹄底間の真皮と支持構造は圧迫を受ける。この"末節骨沈下現象"によって末節骨蹄尖の重度の回転が生じると，蹄尖潰瘍が発生する。一方，末節骨の沈下が後方で大きいと，圧迫による蹄底潰瘍が蹄踵-蹄底接合部（"典型的な部位"として蹄底潰瘍が最も起こる部位として知られる）で発生する。蹄底潰瘍は乳牛で最も一般的な病変であり，跛行のなかで最もコストがかるもののひとつである。

■ 懸架装置の損傷および/または脆弱化が生じる別のメカニズム

英国の研究者は蹄壁と末節骨間の真皮-表皮接合部の脆弱化の要因には生化学的メカニズムと生体力学的メカニズムの両方が作用すること

を示唆している。また分娩時の懸架装置の脆弱化がゼラチン溶解性プロテアーゼ（かれらは"hoofase"と呼んでいる）の活性化によることを示した。この酵素レベルは初産牛で分娩前2週間から分娩後4～6週間で最も高い。これらの研究者らは懸架装置が脆弱化する他の因子も提案しており、それは蹄葉炎で典型的にみられる炎症性変化と関連するものである。周産期に骨盤の筋肉、腱、靱帯を弛緩させるホルモン（リラキシンなど）も同じように末節骨の懸架装置を緩ませる作用があるかもしれない。彼らはさらに、懸架装置の脆弱化が平常の場合でも起こっているものの、移行期の牛を軟らかい床面の牛舎で過させればこれらの組織に永続的な損傷が起こることを減少させたり、緩和できるというデータを示している。他の人たちは、末節骨の沈下や回転は懸架装置が付着する末節骨表面に解明されていない構造的変化が起こることと関連することを示唆している。実際にメカニズムがどのようなものであろうと、結果として蹄病の原因となり、蹄内の懸架装置や支持組織の永続的な損傷を起こすことになり、跛行の重大なリスクとなる。これらの研究では、蹄葉炎が複雑で多因子によって生じることが立証されている。

■ 要約

栄養は乳牛蹄の健康に大きな影響を与えている。蹄葉炎では真皮-表皮接合部の損傷が起こり、そのために栄養が基底膜を通って生きている表皮層へ拡散することが阻害される。さらに基底膜と表皮胚芽層の崩壊によって、蹄角質になるケラチノサイトの分化、増殖が制限を受ける。結果として脆弱で抵抗力の乏しい角質ができあがる。ルーメンアシドーシスは蹄葉炎に罹患しやすくさせ、有効繊維が乏しく、易発酵性炭水化物の多い飼料と関連することが多い。飼料設計、飼料の混合、飼槽への給餌法などによって最終的に牛のルーメンで何が起こるかすべてわかっているわけではないので、ある程度のルーメンアシドーシスは避けがたい。しかし牛の飼料はある程度決まっており、牛が何を選んで摂取するかもわかっている。飼料中のタンパクレベルが、蹄葉炎問題の原因になりうるのかはよく質問されることがらであるが、現在のところ高タンパクが蹄葉炎の原因である証拠はない。ビタミンとミネラルはケラチノサイトの増殖と分化を補助しているので、蹄の健康に重要な役割を演じている。またビタミンとミネラルは角質細胞内の適切なケラチン化に不可欠である。ルーメンアシドーシスと蹄葉炎に関係があることに有力な証拠があるが、報告されているすべての研究で証明されているわけではない。牛のモデルを用いた最近の研究の発展によってこれらの関係は将来、理解できるものになるだろう。現在の知識では蹄葉炎が細胞レベルの疾病であることが示唆されている。"蹄角質の形成不全"という表現は、蹄葉炎の病変をより正確に表していると考える人々によって提起されたものである。ケラチン化の減退は蹄葉炎の主要な問題であり、軟らかく、脆弱で、物理的、機械的な力に対する抵抗性が乏しい角質が産生されることになる。末節骨の沈下や回転は、疾病経過中に放出されるメタロプテナーゼ酵素に起因する損傷による二次的な結果である。これらの酵素は末節骨懸架装置のコラーゲン線維束を劣化させる。そのためにこの懸架装置は弛緩

し，末節骨が沈下，回転する。最近の研究では"hoofase"と名づけられた新規の酵素が重要な役割を演じていることも示唆されている。Hoofaseは分娩近くまたは分娩時に有意に増加することがわかっている。この第2のメカニズムは，周産期に起こるホルモンの変化と関連すると考えられている。分娩間近に骨盤筋を弛緩させるのと同じホルモン（リラキシン）が末節骨の懸架装置も弛緩させることがわかっている。これらの研究者らは移行期中に牛を軟らかい床面で管理すれば，懸架装置は回復し，永続的な損傷を防止できることも見出している。

参考文献

Bandaranayaka DD, Holmes CW. 1976. Changes in the composition of milk and rumen contents in cows exposed to a high ambient temperature with controlled feeding. Trop Anim Health Prod, 8（1）: 38-46.

Bargai U, Shamir I, Lublin A, Bogin E. 1992. Winter outbreaks of laminitis in dairy calves: Etiology and laboratory radiological and pathological findings. Vet Rec, 131（18）: 411-414.

Bergsten C, Greenough PR, Seymour W. 2002. Effects of biotin supplementation on performance and claw lesions in a commercial dairy herd. In Proceedings of the 12th International Symposium on Lameness in Ruminants, Orlando, FL, p. 244（Abstract）.

Boosman R, Nemeth F, Gruys E, Klarenbeek A. 1989. Arteriographical and pathological changes in chronic laminitis in dairy cattle. Vet Q, 11（3）: 144-154.

Campbell J, Greenough PR, Petrie L. 1996. The effect of biotin on sandcracks in beef cows. In Proceedings of the 9th Symposium on Diseases of the Ruminant Digit, Jerusalem, Israel, p. 29（Abstract）.

Dale HE, Goberdhan CK, Brody S. 1954. A comparison of the effects of starvation and thermal stress on the acid-base balance of dairy cattle. Am J Vet Res, 15（55）: 197-201.

Donovan GA, Risco CA, DeChant Temple GM, Tran TQ, Van Horn HH. 2004. Influence of transition diets on occurrence of subclinical laminitis in Holstein dairy cows. J Dairy Sci, 87（1）: 73-84.

Fitzgerald T, Norton BW, Elliott R, Podlich H, Svendsen OL. 2000. The influence of long-term supplementation with biotin on the prevention of lameness in pasture fed dairy cows. J Dairy Sci, 83（2）: 338-344.

Frankena K, Van Keulen KAS, Noordhuizen JP. 1992. A cross-sectional study into prevalence and risk indicators of digital haemorrhages in female dairy calves. Prev Vet Med, l4: 1-l2.

Garner HE, Coffman JR, Hahn AW, Hutcheson DP, Tirmbleson ME. 1975. Equine laminitis of alimentary origin: An experimental model. Am J Vet Res, 36（4, Pt.1）: 441-444.

Girard C. L. 1998. B-complex vitamins for dairy cows: A new approach. Can J Anim Sci, 78（Suppl）: 71.

Greenough PR. 1990. Observations on bovine laminitis. In Pract, 12: 169-173.

Greenough PR, Vermunt JJ, McKinnon JJ, Fathy FA, Berg PA, Cohen Roger DH. 1990. Laminitis-like changes in the claws of feedlot cattle. Can Vet J, 3l: 202-208.

Hoblet K, Weiss W, Anderson D, Moeschberger M. 2002. Effect of oral biotin supplementation on hoof health in Holstein heifers during gestation and early lactation. In Proceedings of the 12th International Symposium on Lameness in Ruminants, Orlando, FL, pp. 253-256.

Koller U. Lischer CJ, Geyer H, Ossent P, Schulze J Auer JA. 1998. The effect of biotin in the treatment of uncomplicated sole ulcers in cattle: A controlled study. In Proceedings of the 10th International Symposium on Lameness in Ruminants, Lucerne, Switzerland, pp. 230-232.

Koster A, Meyer K, Mulling CKW, Scaife JR, Birnie M, Budras KD. 2002. Effects of biotin supplementation on horn structure and fatty acid pattern in the bovine claw under field conditions. In Proceedings of the 12th International Symposium on Lameness in Ruminants, Orlando, FL, pp. 263-267.

Logue DN, Kempson SA, Leach KA, Offer JE, McGovern RE. 1998. Pathology of the white line. In Proceedings of the 10th International Symposium on Lameness in Ruminants, Lucerne, Switzerland, pp. 142-145.

Midla LT, Hoblet KH, Weiss WP, Moeschberger ML. 1998. Supplemental dietary biotin for prevention of lesions associated with aseptic subclinical laminitis（pododermatitis aseptic diffusa）in primiparous cows. Am J Vet Res, 59（6）: 733-738.

Mishra M, Martz FA, Stanley RW, Johnson HD, Campbell JR, Hilderbrand E. 1970. Effect of diet and ambient temperature-humidity on ruminal pH, oxidation reduction potential, ammonia, and lactic acid in lactating cows. J Anim Sci, 30（6）: 1023-1028.

Momcilovic DJ, Herbein H, Whittier WD, Polan CE. 2000. Metabolic alterations associated with an attempt to induce laminitis in dairy calves. J Dairy Sci, 83 (3) : 518-525.

Moore CL, Walker PM, Jones MA, Webb JM. Zinc Methionine supplementation for dairy cows. J Dairy Sci, 71 (Suppl 1) : 152.

Mulling CKW, Bragulla HH, Reese S, Budras KD, Steinberg W. 1999. How hoof structures in bovine hoof epidermis are influenced by nutritional factors. Anat Histol Embryol, 28 (2) : 103-108.

Mulling CKW, Lischer CJ. 2002. New aspects on etiology and pathogenesis of laminitis in cattle. In Proceedings of the XXII World Buiatrics Congress (keynote lectures), Hanover, Germany, pp. 236 -247.

Niles MA, Collier RJ, Croom WJ. 1998. Effects of heat stress on rumen and plasma metabolite and plasma hormone concentrations in Holstein cows. J Anim Sci, 50 (Suppl 1) : 152.

Nocek JE. 1997. Bovine acidosis: Implications on laminitis. J Dairy Sci, 80 (5) : 1005-1028.

Nordlund K. 2002. Herd-based diagnosis of subacute ruminal acidosis. In Proceedings of the 12th International Symposium on Lameness in Ruminants, Orlando, FL, pp.70-74.

Leonardi C, Armentano LE. 2000. Effect of particle size, quality and quantity of alfalfa hay, and cow on selective consumption by dairy cattle. J Dairy Sci, 83 (Suppl 1) : 272.

Lischer CJ, Hunkeler A, Geyer H, Ossent P. 1996. The effect of biotin in the treatment of uncomplicated claw lesions with exposed corium in dairy cows. Part II: The healing process in supplemented animals. In Proceedings of the 9th Symposium on Diseases of the Ruminant Digit, Jerusalem, Israel, p. 31 (Abstract).

Lischer CJ, Ossent P, Raber M, Geyer H. 2002. The suspensory structures and supporting tissues of the bovine 3rd phalanx and their relevance in the development of sole ulcers at the typical site. Vet Rec, 151 (23) : 694-698.

Reiling B, Gerger LL, Riskowski GL. 1992. Effects of zinc proteinate on hoof durability in feedlot heifers. J Anim Sci, 70 (Suppl) : 313.

Smit H, Verbeek B, Peterse DJ, Jansen J, McDaniel BT, Politiek RD. 1986. The effect of herd characteristics on claw disorders and claw measurements in Friesians. Livestock Prod Sci, 15 (1) : 1-9.

Socha MT, Tomlinson DJ, Johnson AB, Shugal LM. 2002. Improved claws through improved micronutrient nutrition. In Proceedings of the 12th International Symposium on Lameness in Ruminants, Orlando, FL, pp. 62-69.

Thrleton JE, Webster A. JF. 2002. A biochemical and biomechanical basis for the pathogenesis of claw horn lesions. In Proceedings of the 12th International Symposium on Lameness in Ruminants, Orlando, FL, pp. 395-398.

Thoefner M.B, Pollitt CC, Van Eps AW, Milinovich GJ, Trott DJ, Wattle O, Andersen PH. 2004. Acute bovine laminitis: A new induction model using alimentary oligofructose overload. J Dairy Sci, 87 (9) : 2932-2940.

Tomlinson DJ, Mulling CKW, Socha MT. 2004. Nutrition and the bovine claw: Metabolic control of keratin formation. In Proceedings of the International Symposium and 5th Conference on Lameness in Ruminants, Maribor, Slovenia, pp. 168-174.

Underwood EJ. 1981. The Mineral Nutrition of Livestock. Commonwealth Agricultural Bureaux, Farnham Royal, England.

Vermunt JJ, Greenough PR. 1994. Predisposing factors of laminitis in cattle (Review). Br Vet J, 150 (2) : 15l-164.

Webster J, 2002. Effect of environment and management on the development of claw and leg diseases. In Proceedings of the XXII World Buiatrics Congress (keynote lectures), Hanover, Germany, pp. 248-256.

第4章 荷重の生体力学と削蹄

■ 荷重の生体力学

　分娩と一次性の蹄葉炎に伴って生じる生体力学的ストレスが，跛行を起こす主要な役割を演じていると考えられている。

　生体力学は蹄内および蹄間の荷重動態と関連し，通常は総荷重，最大荷重，平均荷重として表される。総荷重または垂直分力は両蹄に加わる総重量を含んでいる。蹄間の荷重分布は部位（前肢または後肢），年齢，体重によって異なる。最近では，コンピュータ制御のフォースプレイトを使用した荷重の測定法と解析法が進歩し，新しい研究方法と情報がもたらされるようになった。削蹄と関連する荷重については54ページに記載してある。

■ 後肢蹄の荷重

蹄間の荷重

　後肢外蹄には内蹄より大きな荷重が加わることが研究されている（図4.1.）荷重の不対称性は体重および/または年齢と関連している（図4.2.）。ある研究では後肢内外蹄間の荷重分布は少し伸びた蹄で20：80であるが，削蹄をして蹄踵のバランスを取ると30：70になる。他の研究では総荷重（垂直分力）の68％は後肢外蹄，32％は内蹄に加わるとしている。この研究では機能的削蹄後には総荷重は外蹄で52％に減少し，内蹄では48％に増加している。第3の研究は少し伸びた蹄を用いたもので，削蹄の有無にかかわらず最大荷重は外蹄に加わることを明らかにしている。これらに基づけば，機能的削蹄は後肢内外蹄間の荷重を再配分させてバランスさせるために重要であることが明らかである。

　後肢蹄に加わる荷重が不均衡になるメカニズムは牛の正常な骨格構造に起因しており，大腿骨が股関節を介して骨盤骨と連結しているために，後肢全体が体軸からの衝撃を吸収するよう対応できないことによる。

　蹄踵が接地する間，荷重のほとんどは外蹄に加わる。着地相の間に内蹄（後肢）に荷重が移動する。地面を蹴りだすときには最大荷重が加わり，これは蹄踵の接地や着地相より大きな荷重が加わる。しかしこの圧力は内外蹄間では均等に分布する。

蹄内の荷重

　過剰成長した両方の外蹄では負面の後方（蹄踵および蹄踵/蹄底接合部）で，全体重の32％を請け負うことになる。これは機能的削蹄後に21％に減少するが，負面前方（蹄底，蹄壁，白帯）では常に体重の30％が加わる。したが

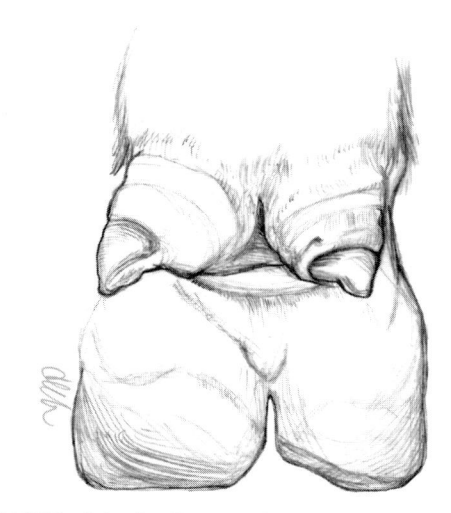

図 4.1. 後肢外蹄と内蹄の大きさの比較.

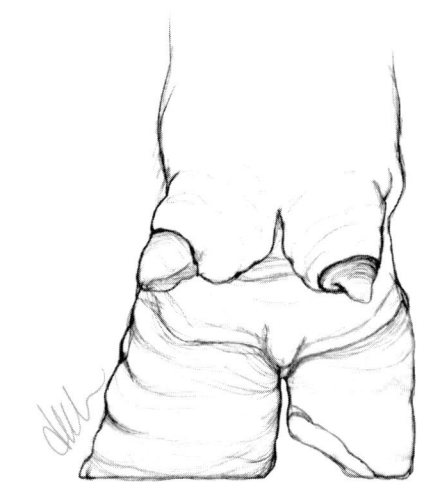

図 4.2. 進行性に不対称となった後肢外蹄と内蹄.

って外蹄の後方から内蹄後方にかなり大きな荷重移動が起こることになる。内蹄に加わる総荷重の増加は負面前方で6％増，負面後方で9％増に分割される。この研究では，削蹄前の荷重中心は典型的な蹄底潰瘍形成部位より少し前方の外蹄負面内にあることが明らかになっている。機能的削蹄後に荷重中心は前方軸側方向の趾間隙に向けて移動する。この荷重移動の効果は削蹄後4カ月以内に消失する。

全体的には歩行時の3つのすべての時相（踵接地，立脚，踵離地）の荷重圧は両後肢蹄の内側（軸側）より外側（反軸側）に加わっているようである。このことは蹄の懸架構造が外側で強靭なために，総荷重を外側でより多く持ちこたえられるためであると説明されている。

前肢蹄の荷重

前肢蹄では内蹄と外蹄への荷重はより同等に配分される。それは前肢が複数の筋群によって胸部に連結しているために，体軸からの衝撃が吸収されるからである。後肢と同じように蹄底蹄踵部位に最大の圧力が加わる。一般的には内蹄の方が外蹄より大きな荷重を受ける。

肢蹄の特性

肢蹄の特性の遺伝率は飛節角度（後肢側望）やコルク栓抜き蹄の遺伝と同じくらい高い。しかし栄養や管理因子からも顕著な影響を受ける。

蹄容積

蹄の容積もまた跛行の病因のひとつである。容積の大きい蹄は，衝撃吸収能がより高いので跛行リスクが低いといえる。前肢蹄の容積は後肢蹄より大きいことがわかっている。対角線上

の対側肢の蹄容積は釣り合っている傾向がある。

■ 歩行面

　前述した正常な荷重動態のもとで硬い路面を歩くことによって，蹄/蹄踵の過剰成長が起こり，特に後肢外蹄の蹄底の典型的な蹄底潰瘍形成部位が増高する。

　床面の摩擦性によって荷重動態は変化する。滑らかな床面では歩幅を短縮し，肢の近位を垂直に保持し，関節アークを減少させることで滑らないように歩行する。摩擦性の高い歩行面では，速度と歩数を減少させるので歩幅が広くなる。肢を垂直に保ち，着地相を短縮させる。

■ 運動

　運動の欠如は，肘，飛節，球節の動きを減じる。

■ 牛の快適性（カウコンフォート）

　横臥に要する時間の減少，不適当な施設，不適切な管理法などの他の牛の快適性と関連する問題があれば，生体力学的ストレスは増加するはずである（第1章も参照）。これらのストレスは個々にあるいは複合して荷重動態に変化をもたらし，蹄角質病変を形成したり，蹄形や肢の立体的配置を変化させ，跛行の誘引となる。

■ 生体力学的ストレスを減少させるための削蹄法

(a) 削蹄では過剰成長がなければ後肢内蹄の踵を削切してはいけない。外蹄踵はこの内蹄踵と同じ高さにする。これによって蹄の荷重バランスが変化し，外蹄への最大荷重が減少する。

(b) 負面は平らに削切する。これによって蹄負面面積が増加すると同時に，蹄に加わる平均荷重が減少する。

(c) 外側（蹄壁）は蹄のうちで最も強度が高く，懸架装置も強靭なので，荷重が常に外方に加わるようにする。

参考文献

Boelling D, Pollot GE. Locomotion, lameness, hoof and leg traits in cattle: Genetic relationships and breeding value. Livestock Prod Sci, 1998, 54 (3): 205-215.

Boelling D, Pollot GE. Locomotion, lameness, hoof and leg traits in cattle: Phenotypic influences and relationships. Livestock Prod Sci, 1998, 54 (3): 193-203.

Carvalho VR, Bucklin RA, Shearer JK, Shearer LC. Preliminary study of weight bearing surfaces and shifting of forces under the hooves of dairy cattle. Proceedings of the 12th International Symposium on Lameness in Ruminant, Orlando, FL, 2002, pp.206-207.

Gonzalez-Sangues A, Shearer JK. The biomechanics of weight bearing and its significance with lameness. Proceedings of the 12th International Symposium on Lameness in Ruminant, Orlando, FL, 2002, pp.117-121.

Herlin AH, Drevemo S. Investigating locomotion of dairy cows by use of high-speed cinematography. Equine Vet J Suppl, 1977, 23: 106-109.

Kehler W, Gerwing T. Effects of functional claw trimming on pressure distribution under hind claws of German Holstein cows. Proceedings of the 23rd World Buiatrics Congress, Quebec, Canada, July 11-16, 2004, p.101.

Lischer ChJ, Ossent P, Raber M, Geyer H. Suspensory structures and supporting tissues of the third phalanx of cows and

their relevance to the development of typical sole ulcers (Rusterholtz ulcers). Vet Rec, 2002, 151(23):694-698.
Logue DN. Report on the workshop on the biology of lameness. Cattle Pract, 1999, 7(3):321-328.
Maierl J, Bomisch R, Dickomeit M, Liebich HG. A method of biomechanical testing the suspensory apparatus of the third phalanx in cattle: A technical note. Anat Histol Embryol, 2002, 31(6):321-325.
Mair A, Diebschlag W, Krausslich H. Measuring device for the analysis of pressure distribution on the foot soles of cattle. J Vet Med, 1988, 35(9):696-704.
Mair A, Spielman C, Diebschlag W, Krausslich H, Graf F, Distl O. Measurement of pressure distribution on the soles of claws of cattle. Deutsche-Tierarztliche-Wochenschrift, 1988, 95(8):325-328.
McDaniel BT. Experience in using scores on feet and legs in selection of dairy cattle. Zuech-tungskunde, 1995, 67(6):449-453.
Phillips CJ, Chiy PC, Bucktrout MJ, Collins SM, Gasson CJ, Jenkins AC, Paranhos da Costa MJ. Frictional properties of cattle hooves and their conformation after trimming. 2000, 20(146):607-609.
Phillips CJ, Morris ID. The locomotion of dairy cows on concrete floors that are dry, wet or covered with slurry of excreta. J Dairy Sci, 2000, 83(8):1767-1772.
Phillips CJ, Morris ID. The ocomotion of dairy cows on floor surfaces with different frictional properties. J Dairy Sci, 2001, 84(3):623-628.
Phillips CJ, Patterson SJ, Ap Dewi IA, Whitaker CJ. Volume assessment of the bovine hoof. Res Vet Sci, 1996, 61(2):125-128.
Scott TD, Naylor JM, Greenough PR. A simple formula for predicting claw volume. Vet J, 1999, 158(3):190-195.
Van der Tol PPJ, Metz JHM, Noordhuizen-Stassen EN, Back W, Braam CR, Weijs WA. The vertical ground reaction force and the pressure distribution on the claws of dairy cows while walking on a flat substrate. J Dairy Sci, 2003, 86(9):2875-2883.
Van der Tol PPJ, Metz JHM, Noordhuizen-Stassen EN, Back W, Braam CR, Weijs WA. Pressure distribution on the bovine claw while standing. Proceedings of the 12th International Symposium on Lameness in Ruminant, Orlando, FL, 2002, pp.202-205.

■ 跛行スコアリングシステム

後肢肢勢の後望（肢のスコアシステム）

このシステムは牛群全頭の削蹄が必要かどうかを判断するもので，全牛をチェックし，必要と判断されたものは削蹄し，跛行と判断された牛は治療するものである。

初期の研究は後肢肢勢の後望と蹄の状態の関係を説明したものである。正常な跛行のない牛で，蹄の過剰成長のない場合には後肢は真直ぐで平行である。外蹄が過剰成長するにつれて（蹄間の荷重の項を参照），牛はX状肢勢（カウホックスタンス）を取るようになる。この肢勢の変化の主因は後肢外蹄，特に蹄踵と蹄底の過剰成長にある。

肢のスコアは脊柱線と趾間隙の線で作る角度で測定され，スコア1＝正常（外旋なし），スコア2＝17〜24度，スコア3＝＞24度（図4.3.）に区分される。

肢のスコアは次のように用いる：牛群の40％未満がスコア1，20％以上がスコア3，および50％以上がスコア2または3の場合に，牛群全頭の削蹄が必要であるとする。

姿勢と歩様に基づく跛行スコアリング

このシステムは以下の因子を考慮して用いる必要がある：

- 平らな地面で適度な速度で歩かせる。
- 少なくとも10歩の歩様を正しく側方および後方から観察し，背と肢の姿勢および歩行異常を評価する。
- 牛は自分のペースで歩かせるようにする（無理のない速度は0.6〜1.0m/秒）。

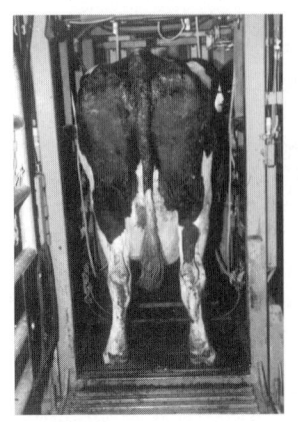

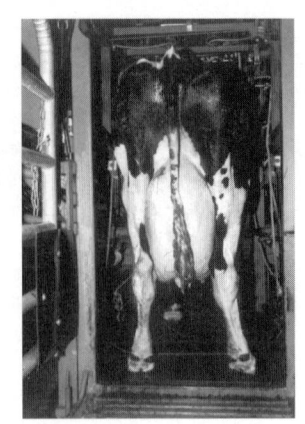

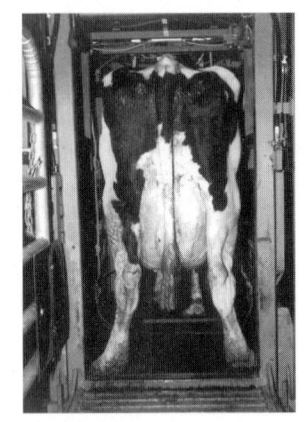

図4.3. 肢のスコアシステム．後肢が段階的に外旋していることを示している．

- 一般的にコンクリート床では正常な歩行のためには摩擦力が足りない。
- 4歳以上の経産牛の跛行スコアは高い。

MansonとLeverの9段階のスコアシステム

MansonとLever（1988）は主観的評価が利用できるように9段階のスコアを記述した：

1.0 最小限の外転/内転があり，歩様は対称性で力強い

1.5 わずかな外転/内転があり，歩様は対称性で力強い

2.0 外転/内転があり，歩様は非対称性でそっと歩く

2.5 外転/内転があり，歩様は非対称性で，気づかって歩く

3.0 軽度の跛行があるが，行動に影響はない

3.5 明瞭な跛行があり，方向転換にいくらかてこずるが，行動に影響はない

4.0 明瞭な跛行があり，方向転換にいくらかてこずり，行動に影響がある

4.5 起立困難で，歩行にも困難があり，行動に影響がある

5.0 ほとんど起立できず，歩行困難で，行動できない

数値化スコアシステム

このシステムは単純で，農場で使用可能である：

1.0 正常

2.0 不完全な歩様

3.0 軽度の跛行

4.0 中等度の跛行

5.0 重度の跛行

6.0 起立困難

MansonとLeverのスコアシステムと数値化スコアシステムの両方ともに，検査者内および検査者間の反復性が高いことが認められている．

背中の姿勢による跛行スコアリング

このシステムの概要は図4.4.に示してある．このシステムは大規模農場で使用するのに便利である．それは大規模農場では，牛に接近して歩様を観察することは実際にできないからであ

跛行スコア ❶

臨床的記述：正常
起立姿勢，歩様は正常である．四肢はしっかりと着地している．

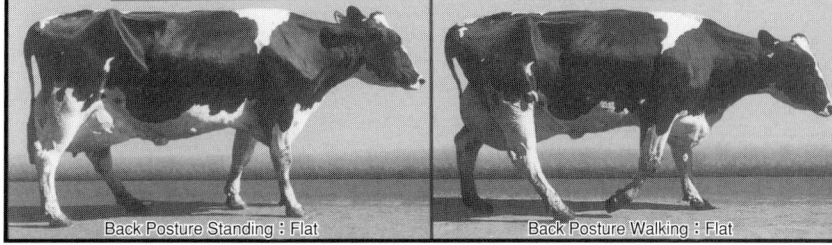

Back Posture Standing：Flat　　Back Posture Walking：Flat

跛行スコア ❷

臨床的記述：軽度の跛行
起立時に背は平らであるが，歩行時に背を丸める．
歩様はいくらか異常である．

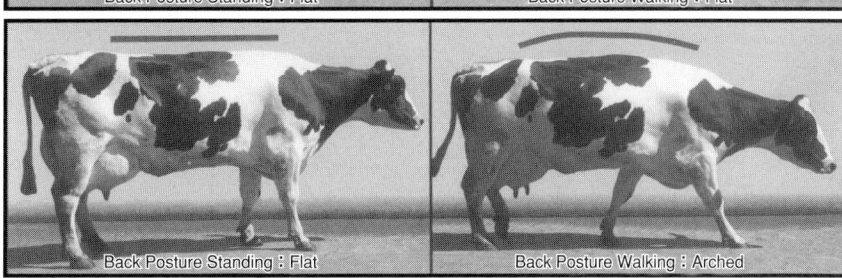

Back Posture Standing：Flat　　Back Posture Walking：Arched

跛行スコア ❸

臨床的記述：中等度の跛行
起立時も，歩行時も背を丸めている．
1肢または複数肢の歩幅が短縮する．

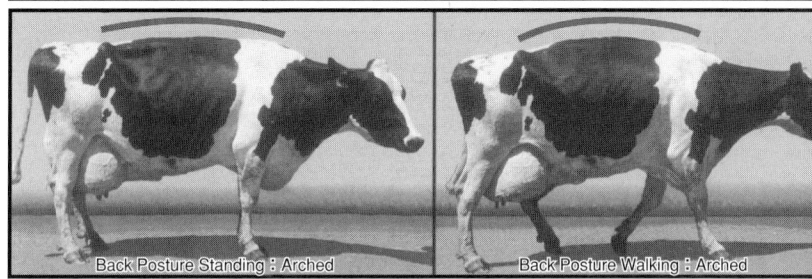

Back Posture Standing：Arched　　Back Posture Walking：Arched

跛行スコア ❹

臨床的記述：明らかな跛行
背湾姿勢のまま起立し，歩行する．
1肢または複数肢が罹患するが，部分的に負重することはできる．

Back Posture Standing：Arched　　Back Posture Walking：Arched

跛行スコア ❺

臨床的記述：重度の跛行
背湾姿勢で，1肢の負重を避けるか，あるいは横臥位から移動することを嫌うかまたは困難である．

Back Posture Standing：Arched　　Back Posture Walking：Arched

図4.4. 背中の姿勢に基づいた跛行スコアリングシステム（Zinpro社提供）．

る．しかし，この方法では跛行スコアと実際の跛行および蹄病変の存在との相関はそれぞれ69％および52％しかない．すなわちこのシステムでは過剰に"跛行"牛がつくられることに

なり，蹄の健康管理者は大きなプレッシャーを受けることになるかもしれない。またこのことによって削蹄をし過ぎることにもなり，大きな問題にもなりかねない。

ロードセルシステムを使用して垂直方向の床反力を測定することによって，跛行スコアリングを実際の農場で行う方法が開発されつつある。

参考文献

De Belie N, Rombaut E. Characterization of claw-floor pressures for standing cattle and the dependency on concrete roughness. Biosyst Eng, 2003, 85 (3): 339-346.

Manson FJ, Lever JD. The influence of dietary protein intake and of hoof trimming on lameness in dairy cattle. Anim Prod, 1988, 191-199.

Morrow DA. Laminitis in Cattle. Vet Med, February 1966, 2: 138-146.

Raijkondawar PG, Tasch U, Lefcourt AM, Erez B, Dye RM, Varner MA. A system for identifying lameness in dairy cattle. Appl Eng Agric, 2002, 18 (1): 87-96.

Sprecher DJ, Holstetler DE, Kaneene JB. A Lameness scoring system that uses posture and gait to predict dairy cattle reproductive performance. Theriogenology, 1977, 47: 1179-1187.

Toussaint Raven E (ed): Cattle Foot Care and Claw Timming. Ipwich, UK: Farming Press, 1989, pp.24-26 and 75-94.

Van der Tol PPJ, Metz JHM, Noordhuizeen-Stassen EN, Back W, Braam CR, Weijs WA. Frictional forces required for unrestrained locomotion in dairy cattle. J Dairy Sci, 2005, 88: 615-624.

Wells SJ, Trent AM, Marsh WE, Robinson RA. Prevalence and severity of lameness in lactating dairy cows in a sample of Minnesota and Wisconsin herds. JAVMA, 1993, 202 (1): 78-82.

Whay HR, Waterman AE, Webster AJF. Association between locomotion, claw lesions and nociceptive threshold in dairy heifers during the peripartum period. Vet J, 1997, 154: 155-161.

■ 削蹄法

はじめに

正常な蹄では蹄底ばかりでなく蹄踵，蹄壁，白帯にも負面が存在する。反軸側壁ではその全長にわたって荷重を受けるが，軸側壁と軸側の白帯では短い部分でしか荷重を受けない。それは軸側には趾間隙があって，そこで二股に分かれるからである（図2.9.）。

蹄底は全長にわたって荷重を受けるが，軸側最後方では趾間隙の傾斜があって，この部位は荷重を受けない（図4.5.）。肉牛の蹄底は乳牛より傾斜部分が大きい。それは蹄壁が蹄底より硬く，土の上ではあまり磨耗しないせいである。乳牛はコンクリート床上を歩くので機械的な磨耗が起こり，肉牛より平らな負面ができあがる。フォースプレイトを用いた研究によれば，蹄底を平らに削蹄した後では両蹄の負面が有意に増加するが，これと同時に蹄内の平均圧力は有意に減少することが明らかになっている。

趾間隙に向いた傾斜部分が大き過ぎると，反軸側白帯と趾間隙部分に大きな機械的ストレスが加わる。しかしながら蹄底に傾斜があることは必要である。それは（a）趾間隙が開放し，趾間に糞が溜まることが少なくなり，（b）蹄

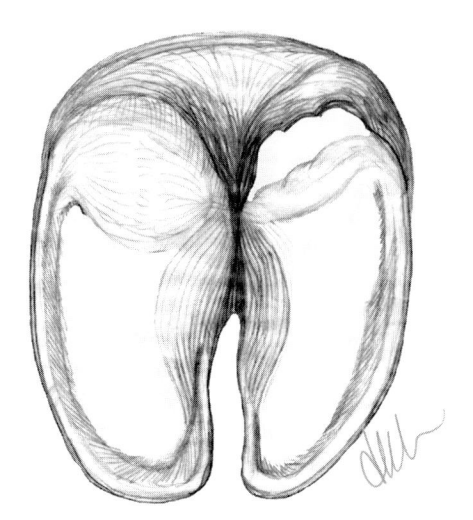

©2000 The University of Tennessee College of Veterinary Medicine

図 4.5. 蹄底の負面．

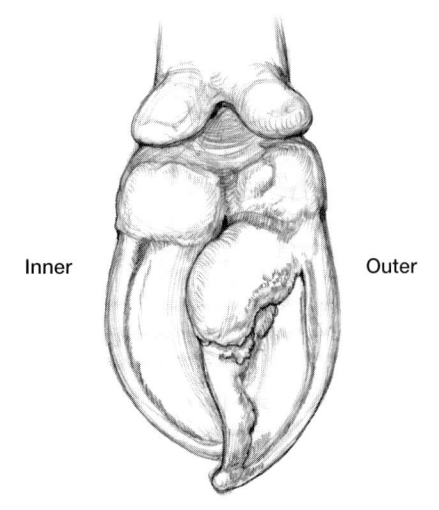

©2000 The University of Tennessee College of Veterinary Medicine

図 4.6. 外蹄の蹄底の趾間隙への過剰成長．

底潰瘍ができる部位に圧力が加わらなくなるからである。後肢外蹄では蹄底の趾間隙に顕著な過剰成長がよくみられる（図 4.6.）。この部位に圧力が多く加わる結果，蹄底潰瘍が起こると考えられている。

後肢では外蹄と内蹄間の荷重動態は異なっている。すなわち（a）内蹄踵の軸側は外蹄踵の同部位に比べて発達しておらず，内蹄踵の負面が小さい（図 2.9.と 4.5.）。（b）内蹄軸側の負面である蹄壁と白帯にはわずかな長さしかない（図 2.9.）。したがって内蹄全体の負面は小さく，安定性を欠いている。硬い床面では内蹄軸側の正常な傾斜や凹みはさらに不安定性を増す原因になる。このような荷重に対する内蹄踵の不安定性が，歩行の初期に外蹄の蹄踵と反軸側蹄踵/蹄壁/蹄底接合部に荷重が集中する理由であると思われる。この結果，外蹄踵の過剰成長が促され，さらに不安定性が増す（図 4.2.）。このため機能的削蹄の過程で，蹄踵のバランスを取ることがいかに重要であるか理解できるだろ

う。

あまり磨耗の起こらない床であれば蹄尖の過剰成長が起こる。それは蹄尖の蹄壁が硬いので，蹄踵に比べて磨耗しないからである。こうなれば荷重はより蹄踵の方に移動し，蹄骨屈筋結節と蹄底の間の蹄底真皮は，圧迫と損傷を受けるようになる（図 4.7.）。蹄尖の長さと蹄尖の厚さを矯正することは，普常の削蹄過程で注意しなければならないもうひとつの重要な点である。

蹄背壁前方の辺縁は，前からみても横からみても直線状でなければならない（図 4.8.）。蹄背壁の凹湾は，慢性蹄葉炎や栓抜き蹄のようにひどくなければ，負重機能に影響するものではない（図 4.9.と 4.10.）。しかし後述する機能的削蹄法を正しく実施するには，真直ぐな背壁であることが不可欠である（図 4.8.）。

牛舎システムと関連して，乳牛蹄に一般的に起こる過剰成長は以下の部位で起こる：（a）蹄尖での蹄壁の過剰成長（図 4.7.）。（b）蹄尖および趾間隙での蹄底の過剰成長（図 4.6.）。（c）特

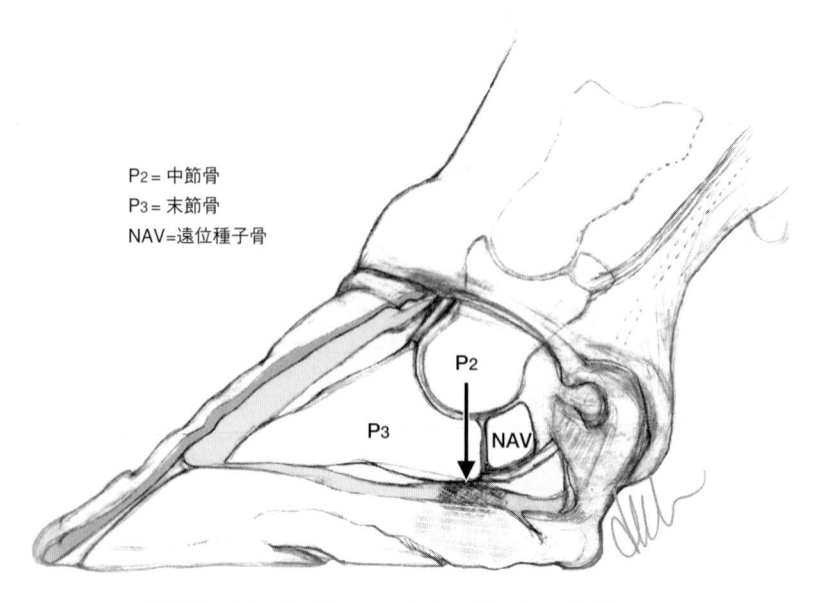

P2 = 中節骨
P3 = 末節骨
NAV = 遠位種子骨

©2000 The University of Tennessee College of Veterinary Medicine

図 4.7. 蹄尖の過剰成長による蹄底真皮の圧迫損傷.

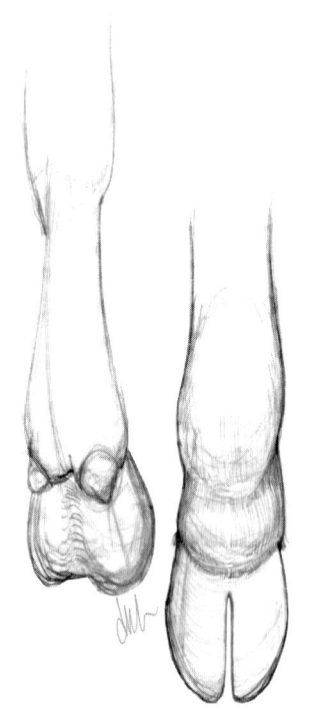

©2000 The University of Tennessee College of Veterinary Medicine

図 4.8. 正常な蹄鞘の形状.

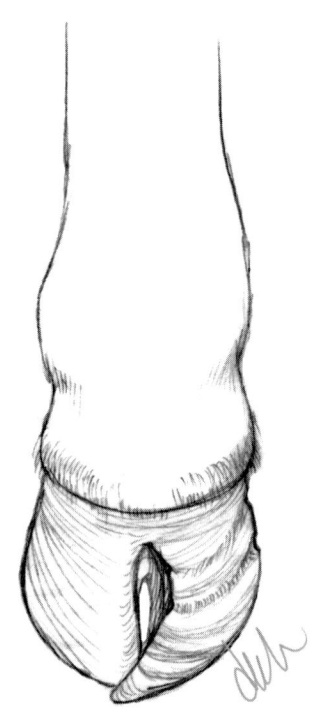

©2000 The University of Tennessee College of Veterinary Medicine

図 4.9. 異常な形状（栓抜き蹄）.

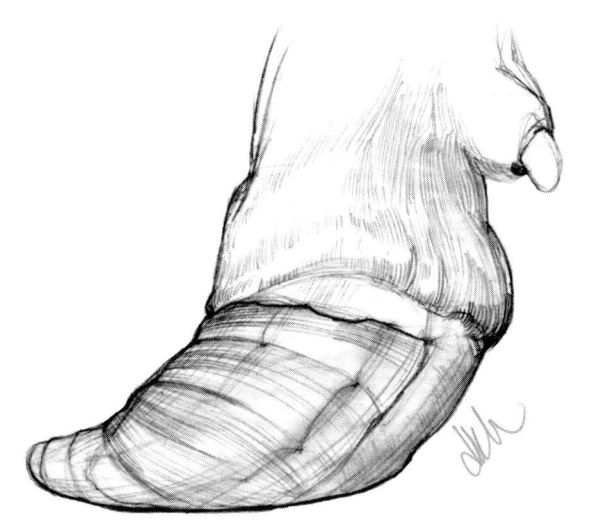

図4.10. 異常な形状（蹄葉炎）.

に後肢外蹄で起こる蹄踵の過剰成長（図4.2.）。

機能的削蹄法：ダッチメソドの適用

蹄鞘の役割は牛の体重を支え，その下にある真皮とそれに付随する構造を護ることである。過剰な磨耗が起こるような舎飼い環境，あるいは過削や真皮の挫傷によって蹄底角質が薄くなってしまう状況では，蹄底は適切に荷重を支えることができなくなってしまう。このことは特に，牛がコンクリートのような硬い床で飼養されている場合には重要である。一方，蹄角質の正常な磨耗速度が減じるような牛舎では，蹄の過剰成長が起こり，蹄への過荷重を生じて蹄病が発生しやすくなる。したがって，フットケアプログラムでは蹄の形状を年2回を評価して，削蹄が必要かどうかを判断することが推奨されている。

削蹄の目的は，蹄の過剰成長を矯正して，蹄内および蹄間の適切な荷重バランスを取り戻し，蹄の正常な機能を回復させることである。Toussaint Raven氏の提案した削蹄法には重要なガイドラインが組み込まれており，著者らにとっても好ましいものである。それは過削やその他の誤った削蹄によって，跛行を起こさないためのガイドラインが含まれているということである。ここで記述する方法はToussaint Raven氏の方法を少し修正し，削蹄の第4段階（ステップ4）で内外蹄踵間のバランスを確認できるようにしたものである。蹄踵バランスが蹄踵に起こる蹄病発生（蹄踵潰瘍，蹄底潰瘍，蹄踵・蹄底・反軸側蹄壁接合部に起こる白帯病）に特に重要である，というのがわれわれの主張である。

削蹄方法

ステップ1：このステップの主要な目的は蹄内の荷重が適切になるよう修復することである。標準的な大きさのホルスタイン種牛では，蹄背壁長を3インチ（7.5 cm）にすれば，蹄底の

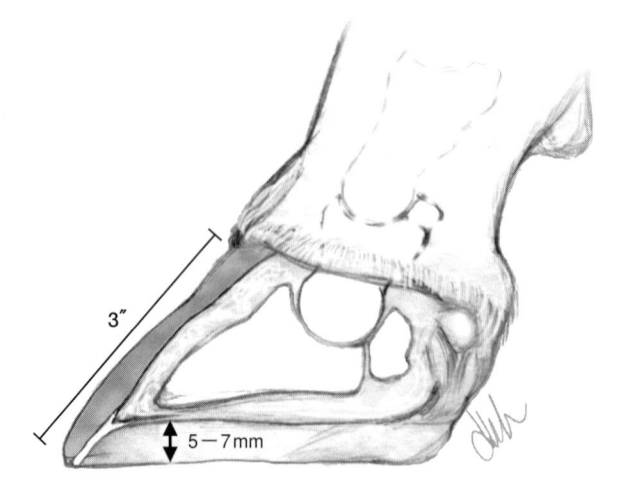

図 4.11. 正常な蹄の外形.

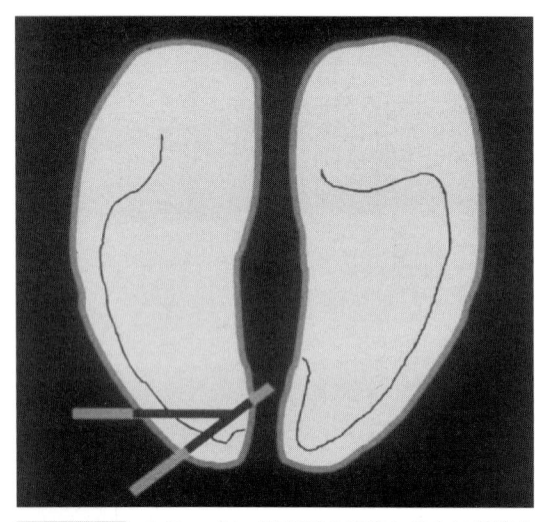

図 4.12. ステップ 1. 蹄背壁を適度な長さに切断する方法.

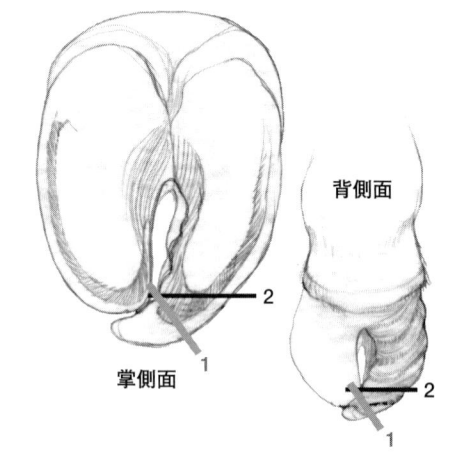

図 4.13. ステップ 1. 蹄背壁を適度な長さに切断する方法.

　厚さが 0.25 インチ（5 〜 7 mm）になり，このことによって蹄内の荷重圧が適切に分配され，真皮が蹄底によって保護されるので，これが理想的であると認識されている（図 4.11.）。

　後肢内蹄は正常な蹄形をしている傾向があるので（通常，過剰成長は少ない），この蹄を過剰成長した外蹄を削蹄するときのモデルとして用いる。ステップ 1：内蹄背壁長を 7.5 cm に切断する。これは 7.5 cm のゲージと蹄剪鉗を用いるとうまく行うことができる（図 4.12.〜 4.14.）。蹄背壁を正しい長さにできるのは，蹄鞘が変形していない場合だけである。したがってもし必要であれば，蹄鑢または粗めのサンダーディスクを付けたアング

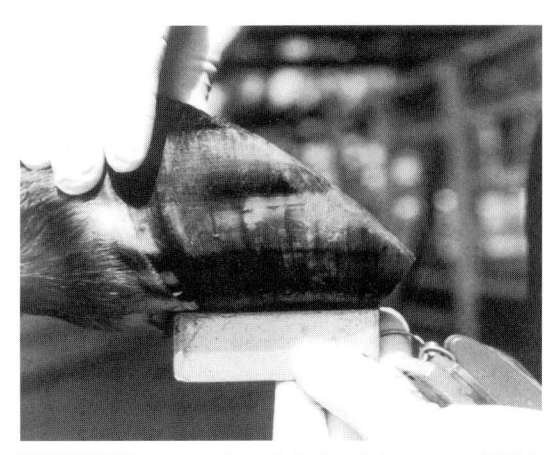

| 図 4.14. | ステップ1．蹄背壁を適度な長さに切断する方法． |

| 図 4.15. | ステップ1．除去すべき負面の過剰成長を確認しているところ． |

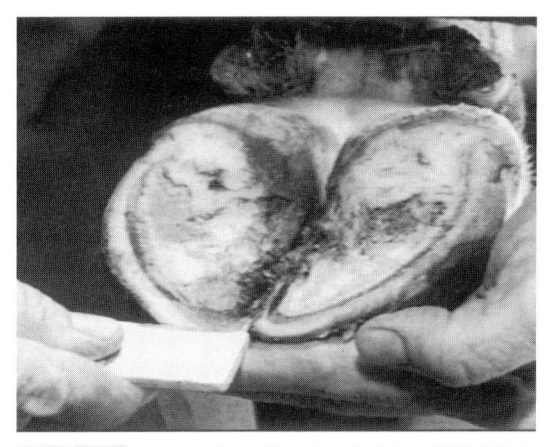

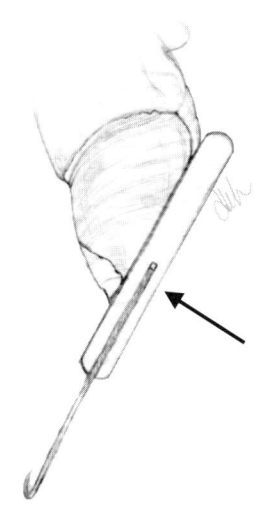

©2000 The University of Tennessee College of Veterinary Medicine

| 図 4.16. | ステップ1．負面は平らに削切する（側望）． |

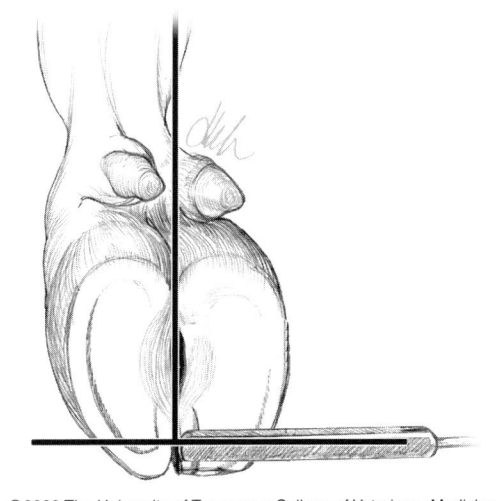

©2000 The University of Tennessee College of Veterinary Medicine

| 図 4.17. | ステップ1．負面は平らに削切する（腹望）． |

ルグラインダーを使って，蹄背壁が直線状になるように鑢削するのがよい．著者らはこの方法を用いることで問題を経験したことはない．

次に内蹄負面（蹄壁と蹄底であって蹄踵を除く）の過剰成長部分を蹄底の厚さが 7 mm （5 mm 以下にしない）になるまで削切する

（図 4.15.）．これは蹄尖部の厚さを 0.25 インチにすればよく，すなわち蹄背壁の蹄尖切断端を負面から 0.25 インチの高さ取ればよい．

蹄壁と蹄底は負面が平らになるように削切し，その面が起立時の中手（足）骨長軸と垂直になるようにする（図 4.16. と 4.17.）．反軸側蹄壁負面は水平であるべきである（図

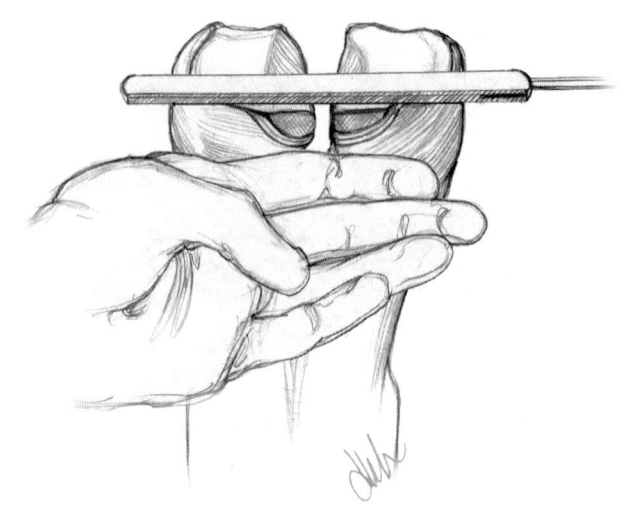

図4.18. ステップ2．外蹄を内蹄と同じ高さに削切する（腹望）．

4.16.）。このことで牛は硬くて平らな歩行床面でも平らで安定した負面を持つことができる。

　内蹄踵に過剰成長がなければここを削切するべきではない。それはほとんどの例で外蹄踵の過剰成長があるからである。とはいっても蹄踵長と負面（蹄踵，蹄底，蹄壁）の長さの比は常に確認するべきである。相対的に短い負面と長い蹄踵長では，負重が非常に不安定になってしまう。それは蹄踵の後面が踏着面になってしまうからである。このような例では蹄踵長を短くして負面が長く，安定するように削切するべきである。著者らは，反軸側溝で測定した蹄踵長が1.5インチ（約3.8cm）であるのが適当であると考えている。

ステップ2：削蹄した内蹄をガイドにして外蹄の蹄尖を内蹄と同じ長さに切断する。ここでは内蹄とは違って，蹄底の削切は蹄踵から始める。というのは前述したとおり後肢外蹄踵はほとんどいつも内蹄より過剰成長しているからである。蹄刀を用いて削蹄するのであれば，蹄踵から蹄尖までの蹄底幅を一削りで削切すれば平らな負面を作ることができる。このステップが終わり，蹄の前壁を同じ高さ保って蹄負面をみた場合，両方の蹄尖の負面が平らで同じ高さであることが必要である（図4.18.）。

ステップ3：蹄底は趾間で自然な傾斜をつくっている。趾間には特に後肢外蹄の過剰成長が起こりやすい。蹄底の軸側後方が趾間に向かって傾斜をつくるような形状に削切する。傾斜は軸側負面の蹄壁と白帯のおわりの部分から蹄踵までの間につくる（図4.19.）。典型的な蹄底潰瘍形成部位の過剰成長部分の除去が削蹄の主要目的なので，必要以上に傾斜をつくることはない。また傾斜をつくることで趾間隙が開放されるので，ここに糞が詰まらないようにするのも削蹄の目的である。蹄底に

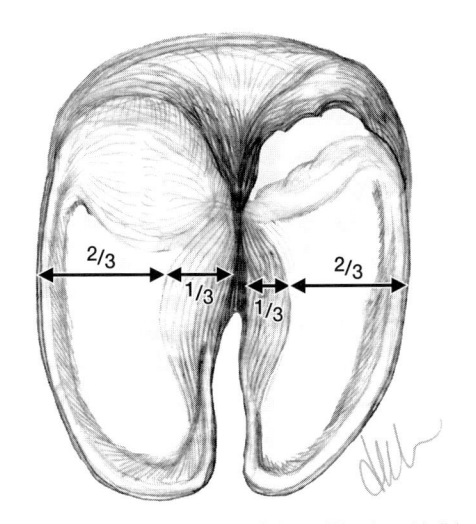

図 4.19. ステップ3．蹄底に傾斜をつくる．

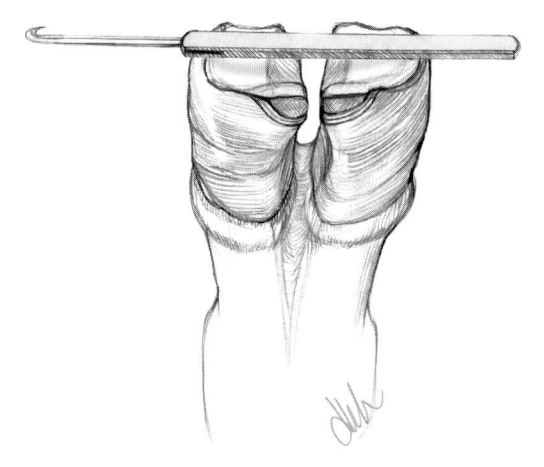

図 4.20. ステップ4．外蹄踵と内蹄踵をバランスさせる．

過度の傾斜をつくると負面が不安定になり，趾間が過度に開いてしまう．また蹄尖の軸側負面が薄くなり過ぎることも起こる．

ステップ4：荷重の生体力学と趾間皮膚炎や蹄葉炎のような蹄病とが合併することによって蹄踵角質の過剰成長が起こる．このことは特に後肢外蹄で明らかである．過度の荷重は蹄病の誘引であり，白帯病や蹄底潰瘍などの蹄病を引き起こす．負面は両蹄踵にまたがって平らでなければならない（**図 4.20.**）。蹄踵が同じ高さにあるか確かめるためには蹄踵の上後方から観察する必要がある．中手/中足後面から下ろした直線が両方の蹄踵負面を通る直線と90度に交差しなければならない．このようなことを観察するには起立枠場内で削蹄するのが最もうまく行く．傾斜台（ティルトテーブル）では蹄踵バランスを評価するのが難しい．すなわち蹄踵バランスは削蹄者の視点や位置取りによって決まり，後肢内蹄の蹄踵を低く削切してしまうことがなければ，どんな削蹄方法でもかまわない．蹄踵を低く削切してしまうと蹄踵バランスを取るのが困難になる．

治療的削蹄

治療的削蹄は次の2つのステップによって実施する．

ステップ5：損傷のある蹄は蹄踵に向かって低くなるように削切し，健常蹄に荷重が多く加わるようにする．低くなった損傷蹄は荷重が減少し，治癒が促進される（**図 4.21.と 4.22.**）。損傷蹄にかかる荷重のすべてを免重するために蹄ブロックが必要なこともある．

ステップ6：ぼろぼろの角質や壊死した角質は，たとえ広範囲にあってもすべて除去する．健康な角質だけをそのままにしておく（治療的削蹄ガイドラインの項を参照）．

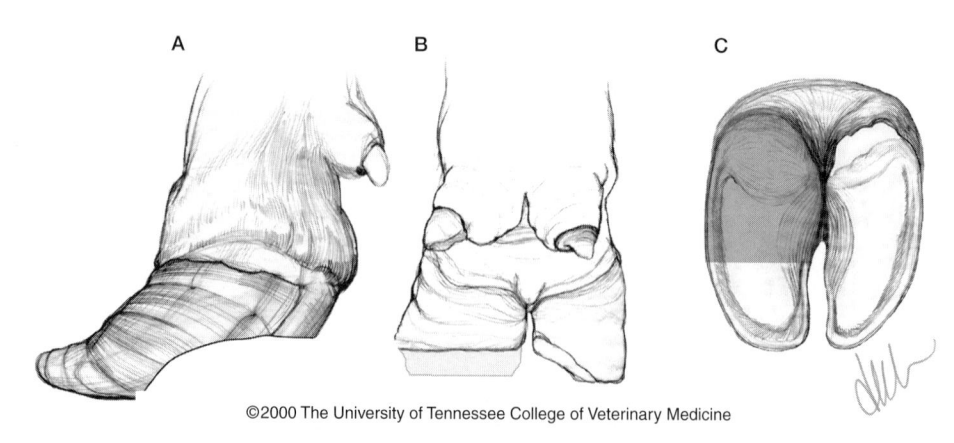

図4.21. ステップ5. 病蹄の踵が低くなるように削切して，健康蹄に負重させる．

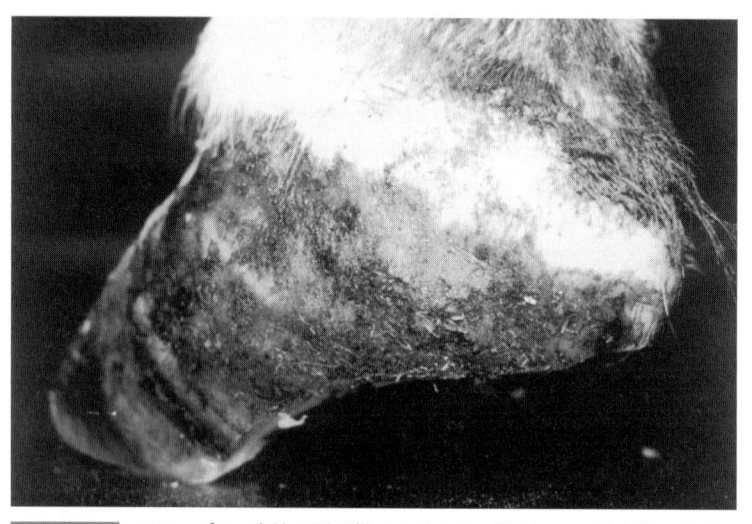

図4.22. ステップ5. 病蹄の踵が低くなるように削切して，健康蹄に負重させる．

参考文献

Greenough PR, Vermunt JJ, McKinnon JJ, Fabby FA, Borg PA, Cohen RDH. Laminitis-like changes in the claw of feedlot cattle. Can Vet J, 1990, 31: 202-208.

Kofler J, Kubber P, Henninger W. Ultrasonographic imaging of theickness measurement of the sole horn and underlying soft tissue layer in bovine claws. Vet J, 1999, 157: 322-331.

Mair A, Diebschlag W, Distl O, Krausslich H. Measuring device for the analysis of pressure distribution on the foot soles of cattle. J Vet Med, 1988, 35: 696-704.

Manson FJ, Leaver JD. The influence of dietary protein intake and of hoof trimming on lameness in dairy cattle. Anim Prod, 1988, 47: 191-199.

Prentice DE. Growth and wear rates in hoof in Ayrshire cattle. Res Vet Sci, 1973, 14: 285-290.

Shearer JK, van Amstel SR. Functional and corrective claw trimming. Vet Clin North Am Food Animal Pract, March 2001, 17 (1): 53-72.

Toussaint Raven E. Cattle Foot Care and Claw Trimming. Ipswich, UK: Farming Press, 1989.

Van Amstel SR, Shearer JK. Toe abscess: A serious cause of lameness in the US dairy industry. XI international Symposium on Disorders of the Ruminant Digit, Parma, Italy, September 3-7, 2000, pp. 212-214.

薄い蹄底（蹄底のひ薄化）

薄い蹄底とその合併症のために跛行することが，米国の大規模農場の大きな問題になっている。原因は多様であるが，蹄底角質の磨耗が増加する結果であることは同じである。蹄底角質の磨耗速度は蹄の硬さと水分含量に大きく左右される。現代の酪農場では蹄角質は持続的に高水分状態に曝されているので磨耗速度が速まっていることが予想される。他の因子には：牛が搾乳のためにコンクリート上を長い距離歩かなければならないこと；急な方向転換や斜面の歩行は問題を増悪すること；新しいコンクリート骨材は蹄底角質の磨耗速度を速めること；乳牛群で一般的な問題である亜急性蹄葉炎は角質性状を劣化させること，などがある。また亜急性蹄葉炎に罹患した初妊牛は分娩前にさえ蹄底が薄くなってしまうこと；硬い床面で牛を速い速度で移動させるような，牛を追うことの下手な管理者；密飼いによるカウコンフォート不足；悪いストールデザイン；敷き料不足；暑熱ストレスによる牛の起立時間の延長；異なった年齢グループ牛の混在飼養；過削蹄；蹄の水分含量，などもある。

臨床症状と合併症

初期の臨床症状は疼痛のためにゆっくりと歩き，牛群のいちばん最後でぐずぐずしていることである。牛の背は歩行中にだんだんと丸まってゆく。後肢蹄底，とりわけ外蹄が前肢蹄より重度に罹患する。合併症が起こると罹患肢の跛行が悪化する。蹄底は常に平らで，指で押すと弾力性がある。蹄踵は薄く，軟らかい。初期の合併症は蹄底と反軸側白帯の離開で，ゾーン1とゾーン2の移行部で起こる（図4.23.aとb）。

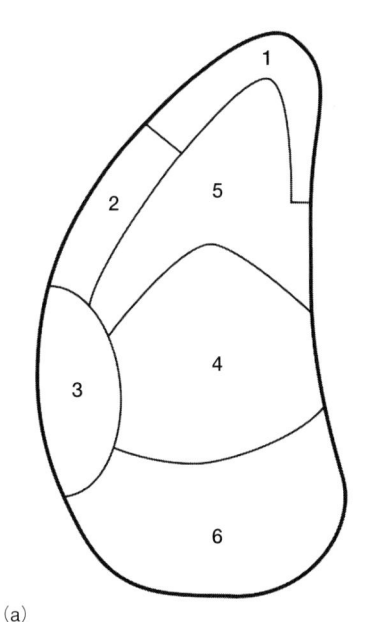

ゾーン：
1：白帯蹄尖部
2：白帯反軸側部
3：反軸側蹄壁-蹄踵接合部
4：蹄底-蹄踵接合部
5：蹄底蹄尖部
6：蹄踵

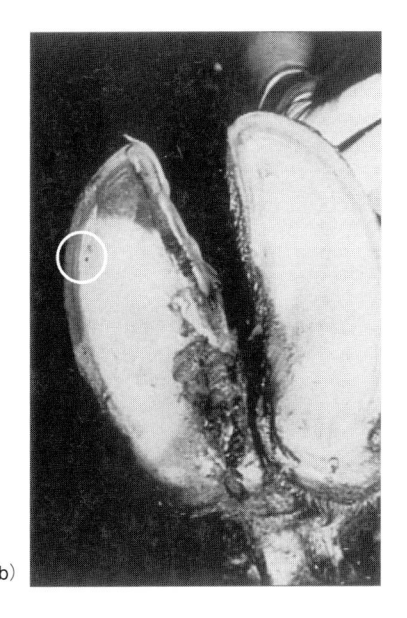

©2003 The University of Tennessee College of Veterinary Medicine

図4.23. （aとb）ゾーン1と2の境界部での蹄底と反軸側白帯の離開．

蹄底出血と極度の蹄底のひ薄化が蹄踵/蹄底/接合部（ゾーン4と6の移行部）にみられる。さらに進行した合併症では蹄底や反軸側白帯の真皮の露出がみられる。蹄尖潰瘍/膿瘍，蹄底下の膿瘍形成，末節骨の骨炎や病的骨折などとともに泥や細菌が侵入する。

蹄底の厚さと蹄底角質病変の発生

蹄底は真皮を護る最上のプロテクターでなければならない。舎飼いを中心として管理されている平均的な大きさのホルスタイン種牛では，蹄底の厚さは5～7mmが最適であるとされている。ダッチメソドを死体材料の蹄に適用した場合には，蹄底の厚さの平均は7mmを少し超える。薄い蹄底を持つ牛の超音波で測定した蹄底の厚さの平均は後肢外蹄で4.23mm，後肢内蹄で5.15mmであった。後肢の30％には蹄角質に病変があり，そのうちの72％は蹄底/白線の離開，28％は蹄底潰瘍であった。病変を有する蹄の13％には複数の病変が存在した。蹄病変の70％は後肢外蹄のものであった。

水分

蹄底角質水分が増加すると角質は軟らかくなり，より弾力性をもつようになり，その結果，磨耗速度が速まる。これは特に粗い床で認められる。薄い蹄底をもつ牛の水分含量は前肢蹄で37％，後肢蹄で40％であった。一方，正常な牛（正常の蹄底の厚さを有する牛）の蹄底角質の水分含量は前肢蹄で31％，後肢蹄で33％であり，蹄底の薄い牛とは有意に異なっていた。水分含量の低い蹄から高い蹄への順序は，(1)正常牛の前肢蹄，(2)正常牛の後肢蹄，(3)蹄底の薄い牛の前肢蹄，(4)蹄底の薄い牛の後肢蹄の順であった。蹄底の水分含量には年齢，搾乳日数の影響はなかった。

治療と制御

新しいコンクリートの機械的研磨作用を減らすための最もよい方法には，コンクリート床を木鏝仕上げするとともに，溝をつけることである。溝はスクレーパーの動作方向と同じ方向に切るべきである。鋭利な縁や突出した骨材は，床上にコンクリートブロックを引いたり，鉄製のスクレーパーをかけたりすることで取り除くことができる。ドライロットの酪農場では，牛房内や移動通路に乾燥した糞を撒くことはよく行われている。飼槽前の通路や歩行路に，コンベヤーベルトを敷くと蹄底角質の磨耗を最小限に抑えることができる。

蹄底が薄くなる問題が起こったならば，その後の維持削蹄時には蹄底角質の削切について十分注意する必要がある。蹄底が薄く，柔らかくなった牛はなるべくならコンクリートから開放し，ミルキングパーラー近くの土のロットにおくべきである。もし後肢内蹄の蹄底の厚さが十分あれば，蹄ブロックを装着して，外蹄を免重することができる。過度に薄い蹄底であったり，前述した蹄病がある場合には蹄ブロックを適用する。両方の蹄底とも薄い場合には，プラスティック製で爪先カバー付きの整形外科靴を，程度のよい方の蹄に履かせるとよい。けれども蹄底にエポキシ樹脂はつけない。すなわち，整形外科靴の爪先カバーと蹄背壁の間に，エポキシ樹脂を適用して靴を蹄背壁に接着させておくのである。このような動物では蹄底角質と靴底の間に土が詰まってしまうので，清浄な床面がある場所で管理しなければならない。靴は2カ月間

図 4.24. 牛が好んでゴムベルト上を歩くのを示している．

履かせておくが，この間，跛行が悪化しないか観察する必要がある．蹄底が薄くなることを防止するために，ゴム製ベルトを歩行路や飼槽周囲に取り付けることが実施されている（図4.24.）．

参考文献

Cermak J. Design for slip-resistant surfaces for dairy cattle buildings. Bovine Pract, 1998, 23：76-78.

Kofler J, Kubber P, Henniger W. Ultrasonographic imaging and thickness measurement of the sole horn and underlong soft tissue layer in bovine claws. Vet J, 1999, 157：322-331.

Toussaint Raven E.Cattle Foot Care and Claw Trimming. Ipswich, UK:Farming Press, 1989.

Van Amstel SR, Palin FL, Shearer JK. Anatomical measurment of sole thickness in cattle following application of two different trimming techniques. Bovine Pract, 2002, 36（2）：136-140.

コルク栓抜き蹄に対する機能的削蹄法

コルク栓抜き蹄は遺伝病であり，趾内で趾骨の配列異常がみられるものである．DIP関節の背掌面が正常より11度回転したものである．

蹄骨は正常より細長く，軸側が湾曲している（図4.25.）．ときに深い溝が蹄鞘内の反軸側白線部にできる（図4.26.）．この溝は蹄骨の異常な荷重によって蹄内に生じたもので，白帯病変を形成する可能性がある．

したがってこの部位の蹄底と白帯を削切すると，内部から生じている白帯の欠損に行き当たることが多い（図4.27.と4.28.）．

反軸側蹄冠の高さには関節周囲の骨増殖を触知することができる．この骨増殖体は反軸側真皮を圧迫し，角質の成長を刺激する．コルク栓抜き蹄では正常蹄と比べて中央から後方蹄壁の成長速度が速い．これは末節骨の脈管が増えていることと関係しており，このことは血管造影

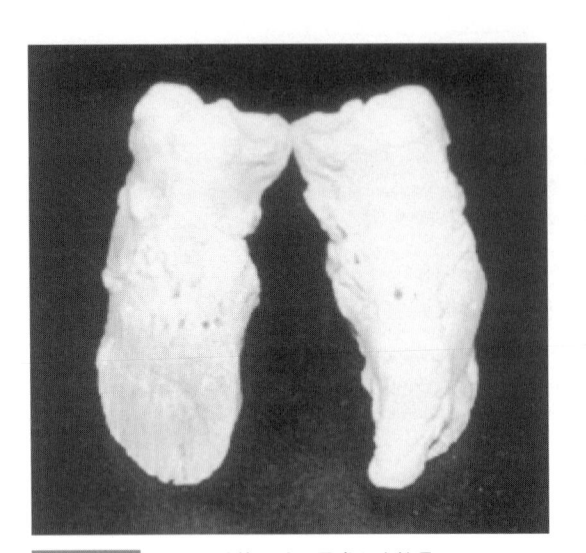

図 4.25. コルク栓抜き蹄の異常な末節骨.

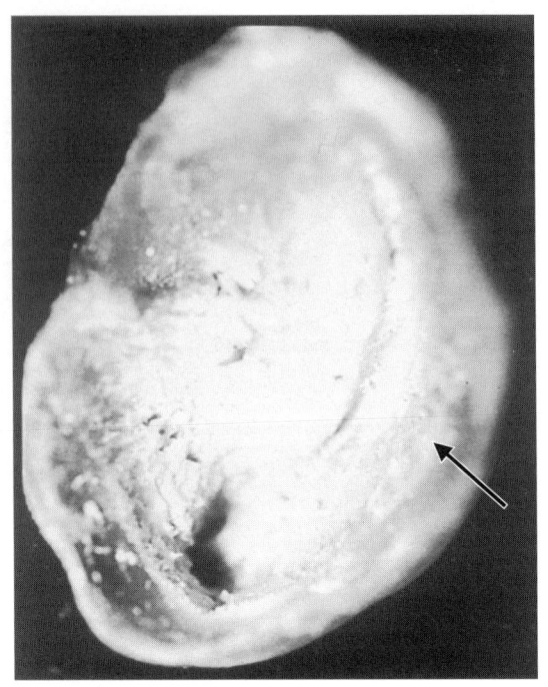

図 4.26. 異常な荷重によって蹄鞘内の反軸側蹄底/白帯接合部に裂溝が形成される.

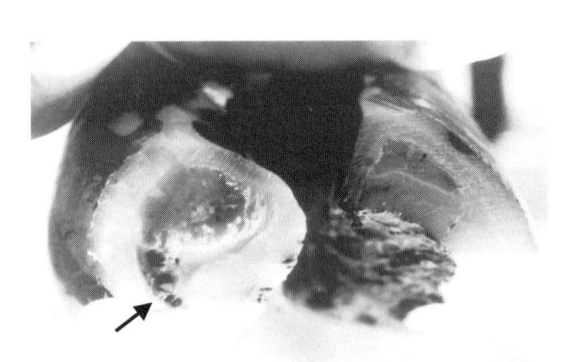

図 4.27. 異常な荷重による白帯の欠損（矢印）.

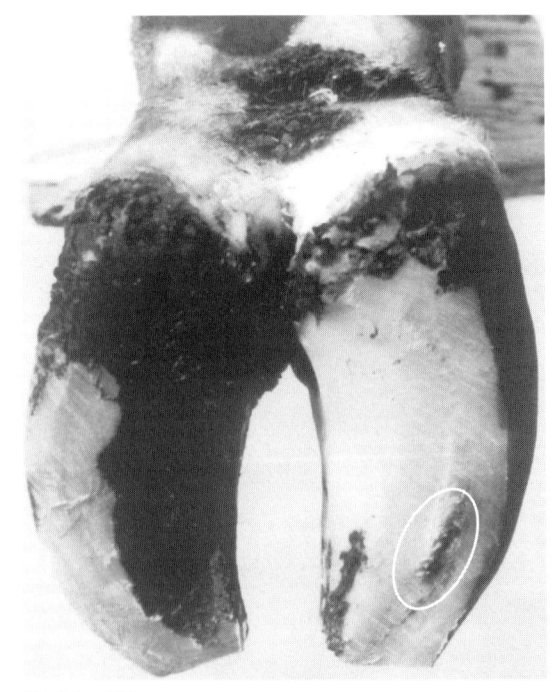

図 4.28. 異常な荷重による白帯の欠損（円内）.

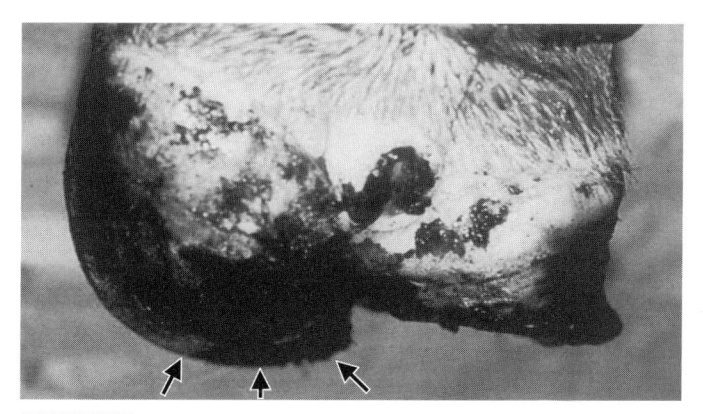

図4.29. コルク栓抜き蹄の過剰成長（矢印）．

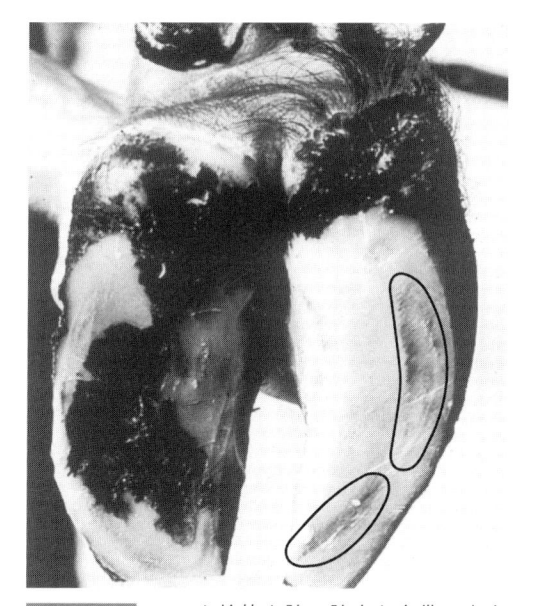

図4.30. コルク栓抜き蹄：蹄底と白帯の出血（円内）．

で証明されている。この脈管の増加は全体的に起こっていて反軸側縁に限ったものではない。

コルク栓抜き蹄の遺伝率の推測値は低いので（0.05）、蹄病、不適切な護蹄管理、栄養、管理法などのその他の因子がもっと重要な役割を演じているのかもしれない。コルク栓抜き蹄は3.5歳以上の牛の後肢外蹄に最もよくみられる。この疾病の発生は3〜4％から18.2％まで様々である。

またコルク栓抜き蹄は過剰成長や過荷重によって跛行に罹りやすい（図4.29）。蹄鞘内によくみられる病変は蹄底と白帯の出血（図4.30.）、白帯離開、蹄底潰瘍である。白帯離開は蹄尖または反軸側の蹄踵/蹄底接合部によく起こる。コルク栓抜き蹄に似た、その他の蹄の異常にはスリッパ蹄、鋏状蹄、育成牛の内蹄の回転など

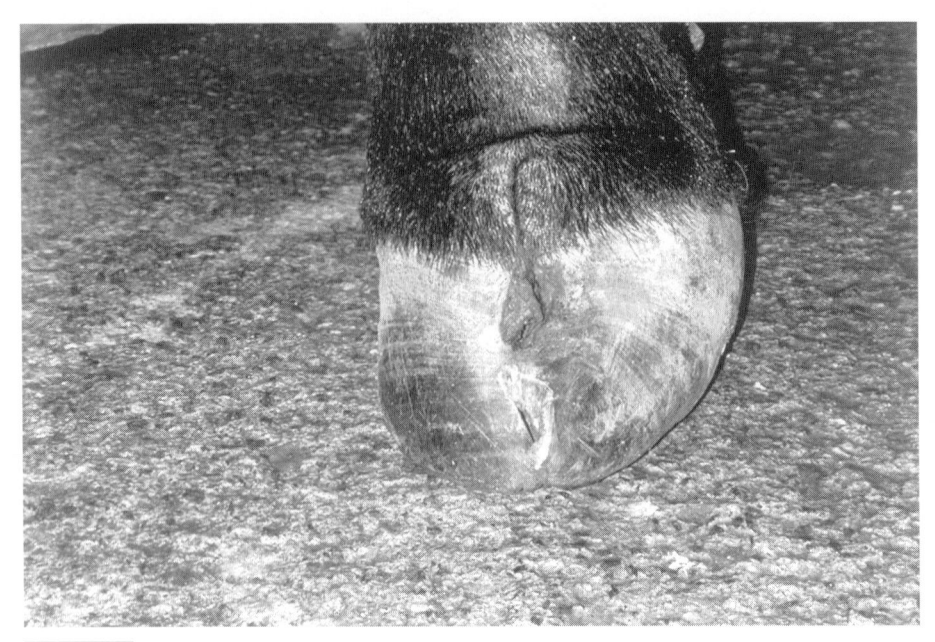

図 4.31. コルク栓抜き蹄：反軸側壁の湾曲．蹄壁の一部が負面となっている．

がある．

コルク栓抜き蹄は蹄の形状や成長に関して以下の異常がある：
1. 蹄壁が軸側から反軸側に向かって変位する．中央から後方の反軸側壁が腹側に向かって湾曲し，蹄負面の一部になる（図4.31.と4.32.）．
2. 蹄底と軸側白帯が軸側に変位し，蹄尖が回転する（図4.33.）
3. 蹄尖と軸側負面には荷重が加わらなくなる．蹄尖部の蹄底と白帯が負面と垂直になる（図4.33.）．軸側壁は変位し，襞状のくぼみが形成される（図4.34.）．
4. コルク栓抜き蹄は内蹄に比べて過剰に成長する．これは特に蹄踵と蹄踵/蹄底接合部で顕著である．内蹄で負重することがほとんどなくなり，不使用による萎縮がみられることもある．このような場合には内蹄は小さくなり，蹄底は沈み込み，趾間に向かって傾斜が形成され，反軸側壁には鋭利なへりができて磨耗がわずかか，まったく磨耗がないことが見て取れる．外蹄（コルク栓抜き蹄）と内蹄との高さの違いは特に蹄踵部で著しい（図4.29.）．

コルク栓抜き蹄の両蹄間にバランスを回復させるように治療的削蹄を行うのには困難を伴う．両蹄間の高さの違いを矯正するべきであるが，その解剖学的な先天異常を矯正することはできないことを知っておく必要がある．

コルク栓抜き蹄の治療的削蹄法
正常蹄：正常蹄の蹄尖長を3インチ（7.5 cm）に切断する．

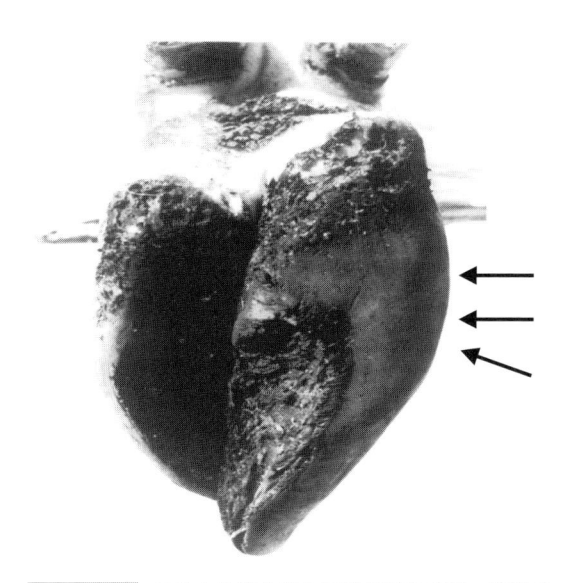

| 図 4.32. | コルク栓抜き蹄：反軸側壁の湾曲．蹄壁の一部が負面となっている． |

| 図 4.33. | 蹄底，白帯の軸側への変位および蹄尖の回転． |

| 図 4.34. | コルク栓抜き蹄：軸側蹄壁の変位． |

| 図 4.35. | コルク栓抜き蹄の削蹄：両蹄の背壁長を適度な長さに切断する（側望）． |

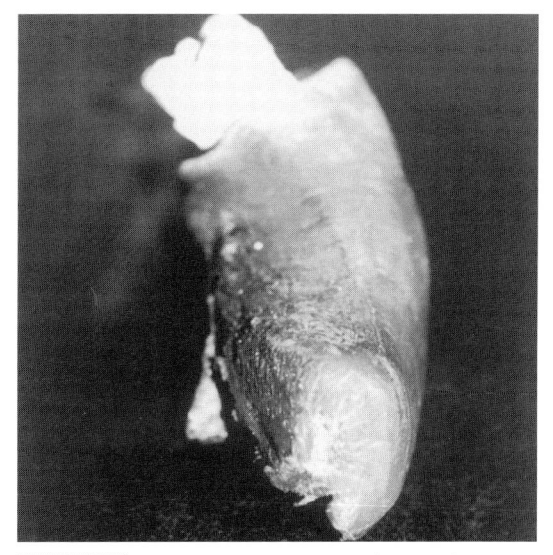

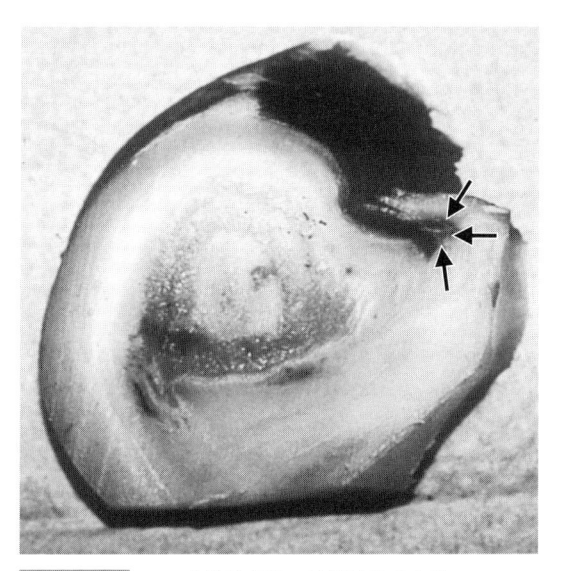

コルク栓抜き蹄：コルク栓抜き蹄の蹄尖長を正常蹄と同じ長さに切断する（図4.35.）。

上屈してねじれた蹄背壁（図4.35.）を削切して正常蹄の背壁と同じ高さに配列させる。このとき蹄背壁全層を削切してしまい，出血が起こることがある。その場合には削切を中止する。蹄背壁の一部分を過削して薄くしてしまっても通常，問題は起こらない。

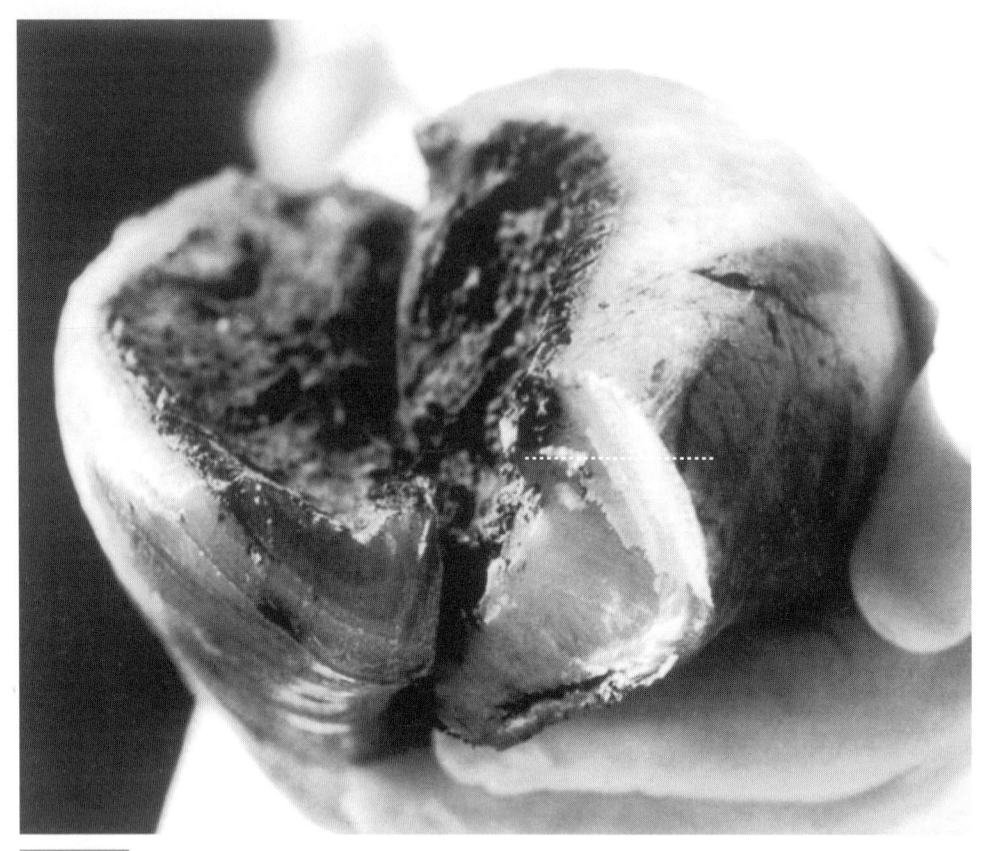

図 4.36. コルク栓抜き蹄の削蹄：コルク栓抜き蹄の負面を対側蹄とバランスさせる（破線）．

　コルク栓抜き蹄の蹄尖と蹄踵の両方を削切して，反対の蹄と同じ高さにする（図4.36.と4.37.）。コルク栓抜き蹄は常に反対の蹄より蹄踵が高いので，反対側の蹄踵を削切してはいけないことを忘れてはならない。

　蹄壁は非常に硬いので，蹄剪鉗またはアングルグラインダーを用いれば容易に削切できる。

　コルク栓抜き蹄の趾間隙に張り出した蹄底を除去する。このとき蹄尖の軸側への湾曲部はもちろん軸側壁の襞も同時に除去する。削蹄したコルク栓抜き蹄は細長い負面を持つ幅の狭い蹄であることが多い（図4.38.）。

　もしコルク栓抜き蹄に重度の過剰成長があれば，内蹄を削蹄するべきでない。削蹄はコルク栓抜き蹄からはじめ，前述したとおりに正常蹄とバランスするまで削蹄する。そして蹄底角質に十分な厚さが確保できる場合にだけ，さらに両蹄を削切することができる。

　コルク栓抜き蹄を免重することによって真皮と表皮の病変を治癒させることができる。

　コルク栓抜き蹄は3〜4カ月おきに削蹄するべきである。

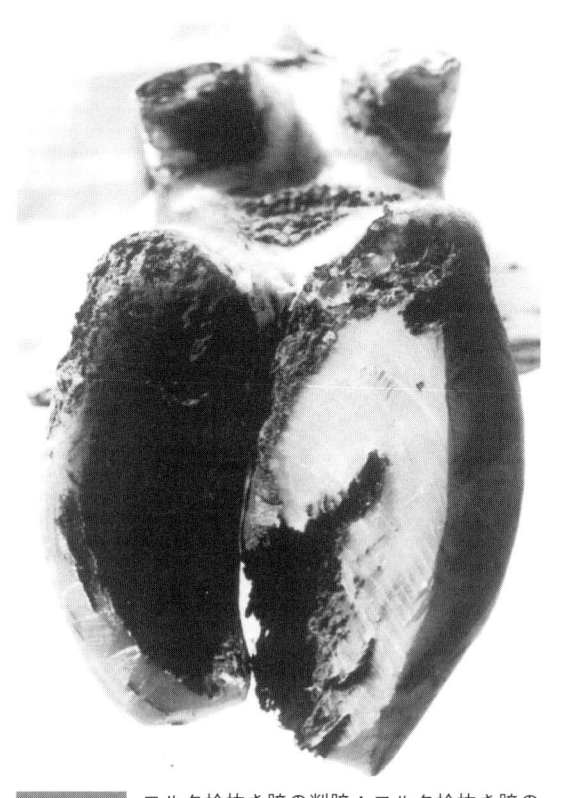

図4.37. コルク栓抜き蹄の削蹄：コルク栓抜き蹄の負面を削切して，対側蹄とバランスさせたところ．

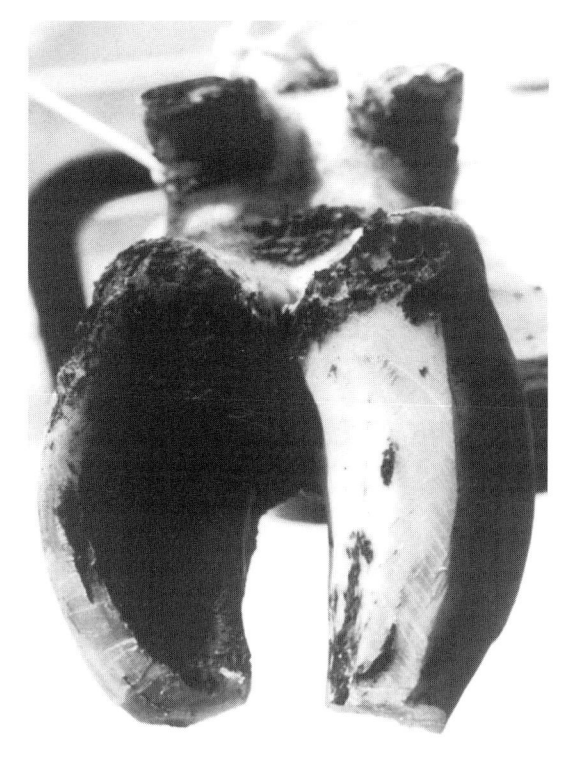

図4.38. コルク栓抜き蹄の削蹄：蹄底に傾斜を作り，変位した軸側壁を除去したところ．

コルク栓抜き蹄に似た蹄鞘の変化
育成牛の後肢内蹄の回転

育成牛では後肢内蹄軸側の異常な成長が観察されている。ヨーロッパでは，若齢の育成牛で50％以上の有病割合が報告されている。異常な成長の特徴は反軸側から軸側に向かって反軸側壁が傾き，蹄尖がねじれていることである。内蹄は普通，外蹄より長い。機能的削蹄を行うにあたっては罹患蹄の異常な長さを矯正し，安定した負面をつくることを主眼にすべきである。

成牛の前肢内蹄の回転（後天的コルク栓抜き蹄）

この変化は，ほとんどまたは完全に舎飼いされている乳牛でごく普通にみられる。典型的には蹄尖の軸側への回転である（図4.39.）。反軸側壁は反軸側から軸側に向かって湾曲しており，いくらか過剰成長があって蹄底は趾間に向かって傾斜している。これらの変化は飼槽での荷重の変動と関連している。後天的な前肢内蹄の回転は飼槽の高さが主因であると考えられている。それは牛が地面の高さで飼料を摂取するときに荷重のほとんどが内蹄の反軸側にかかる

図 4.39. 後天的な栓抜き蹄.

からである。治療蹄削蹄では，軸側白帯部を穿孔しないように蹄尖の軸側への湾曲部を除去し，外蹄とバランスさせながら安定した内蹄の負面をつくることである。

参考文献

Gogoi SN, Nigam JM, Singh AP. Angiograophic evaluation of bovine foot abnormalities. 6th International Veterinary Radiology Conference Proceeding, 1982, pp. 171-174.

Greenough PR. Sand cracks, horizontal fissures, and other conditions affecting the wall of the bovine claw. Vet Clin North Am Food Anim Pract, March 2001, 17 (1) : 93-110.

Pijl R. Rotation of the medial claw in young heifers. Proceedings of the 10th International Symposium on Lameness in Ruminants, Lucerne, Switzerland, 1998, pp. 18-22.

Prentice DE. Growth and wear rates of hoof horn in Ayrshire cattle. Res Vet Sci, 1973, 14 : 285-290.

Toussaint Raven E. Cattle Foot Care abd Claw Trimming. Ipswich, UK: Farming Press, 1989.

治療的削蹄

　牛蹄には自力で治癒する驚くべき能力がある。しかしひとたび感染が深部構造に達すれば進行性の病変を生じて重度の跛行が起こり、抗生物質治療では完治しなくなる。適切な治療的削蹄を実施することによって、これらを防止することができる。また完治すれば負重機能は完全に回復する。

治療的削蹄のガイドライン

　治療的削蹄のガイドラインは以下のとおりである：

1. 起立枠場あるいは傾斜テーブルで牛と肢を適切に保定する。
2. 趾間隙を含む蹄すべての部位を洗浄して検査する。趾間隙に指を這わせ、疼痛反応がないかどうか、特に蹄球間に注意して観察する。趾皮膚炎病変は、小さくてもあればひどい不快感があり、跛行を起こす。
3. 削蹄法を駆使するためにはよく研いだ鋭利な刀を用いることが基本である。切れない刀では遊離した角質を安全かつ効果的に削切できず、真皮や他の軟部組織を容易に傷つけて出血させてしまう。そうすると操作がさらに困難になるし、治癒が遅れる。
4. 治療的削蹄に先立って、必ず両蹄の機能的削蹄を実施しなければならない。機能的削蹄によって両蹄間の荷重バランスが取れ、角質の病変がよく見えるようになる。角質の病変がみられない場合には、疼痛があるかどうかを確かめるために検蹄器を用い、特に蹄底潰瘍や蹄尖潰瘍ができる部位を注意深く検査する。
5. 遊離したり坑道形成した角質を除去するが、このとき、その下にある正常な軟部組織、特に真皮を傷つけないよう注意する。遊離した角質は真皮と角質が接着しているところまですべて除去する。角質に穴や谷を掘ると糞尿が詰まり、病変をさらに悪化させるので決して行ってはならない。角質の除去は病変から傾斜がつくように行う。白帯病では蹄外壁を除去しなければならない。
6. 罹患蹄または蹄の一部分の荷重をすべてあるいは部分的に取り除いて、圧力が加わらないようにし、疼痛を回避する。真皮が突出したり露出している場合には、荷重が完全にかからないように蹄ブロックを使用する。蹄ブロックは健康蹄に装着し、罹患蹄が地面に着かないように持ち上げる。蹄ブロックの装着には次のことを考慮するべきである：（a）蹄ブロックによって歩行面が平らにならなければならない。（b）蹄ブロックは蹄踵を十分に支持し、深趾屈腱が過度に伸長したり引き伸ばされたりしないようにするべきである。（c）エポキシ樹脂で蹄踵を接着しないようにする。蹄球の軟らかい角質が傷ついてしまうからである。

　蹄底潰瘍ができた場所のような疼痛病変付近では、罹患蹄負面の部分的除去を行う。これは趾間と蹄踵に隣接する蹄底を削切して、反対側の蹄より3mm低くすることで達成される（図4.21.と4.22.）。蹄底は蹄底潰瘍形成部位に向けて傾斜がつくように削切する。

7. 蹄の軟部組織、とりわけ真皮には神経と血管が豊富に分布しているので、治療削蹄で

は疼痛を軽減するよう考えることが重要である。慢性的な疼痛では疼痛の閾値が下がるために，疼痛反応が強調される。真皮，趾間皮膚（趾間過形成除去など），その他の軟部組織などの開放性病変では，局所麻酔を用いるべきである。術後鎮痛についても考慮するべきである。

8. 治療的削蹄を行ったとき，もうひとつ考えなければならないのは保護包帯の適用についてである。包帯はすぐに糞尿が浸み通ってしまうので，清潔に維持できないならば意味がない。プラスティックブーツでも同様である。包帯は断趾術時などの止血が必要な場合に最も有用である。目的どおりに包帯が治癒を促進し，被覆カバーとなるためには，なるべくなら包帯は2，3日ごとに交換するべきである。一般的にはガーゼやロール綿などの吸水性の材料は使用するべきでない。

■ 角質病変に対する治療的削蹄法

ここでは蹄底，蹄壁，蹄踵，白帯の病変を取り扱う。

蹄底病変
限局性蹄皮炎（蹄底潰瘍）

蹄底潰瘍（ルステルホルツ潰瘍，蹄踵潰瘍，蹄尖潰瘍/蹄尖膿瘍）の病因は第2章と第5章に記述した。

臨床症状と診断：蹄底潰瘍には，蹄底潰瘍（典型的な病変/ルステルホルツ潰瘍）（図4.40.），蹄尖潰瘍（図4.41.），蹄踵潰瘍（図4.42.）の3つのタイプがある。蹄底の出血は蹄底潰瘍の初期臨床症状であるが，損傷が起こってから数週か数カ月間経過してから明らかになる。

罹患動物は様々な程度の跛行を呈し，内蹄に

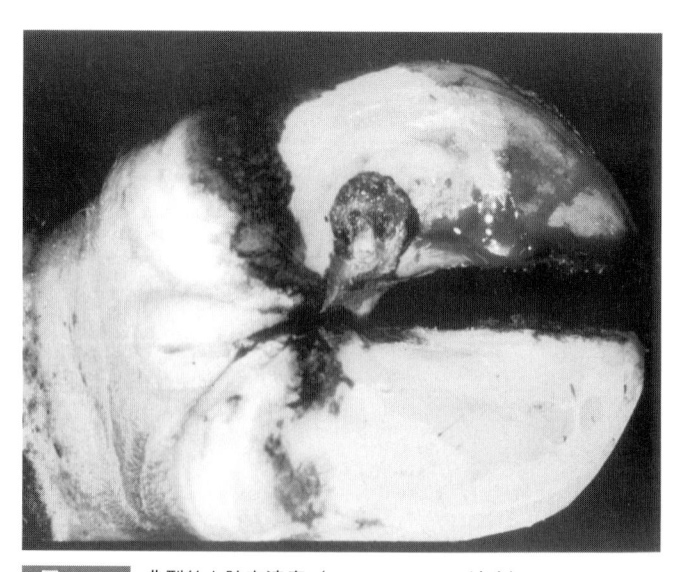

図4.40. 典型的な蹄底潰瘍（ルステルホルツ潰瘍）．

より多く負重しようとして明瞭な牛飛肢勢（X状肢勢）を取る。蹄底潰瘍の初期では潰瘍部位に出血と疼痛が認められるが，蹄底角質の欠損はみられない。病変が進行すると，角質の損傷がわかるようになり，潰瘍部周囲の角質は遊離したり坑道形成がみられるようになる。遊離した角質を取り除くと蹄底真皮の突出が明らかになる。初期では露出した真皮にはわずかな損傷しかみられないが，欠損部の角質縁や床面で傷つけられることによって，肉芽組織が形成される（図4.43.）。

病変は感染を受け，蹄踵の深部に及び，とき

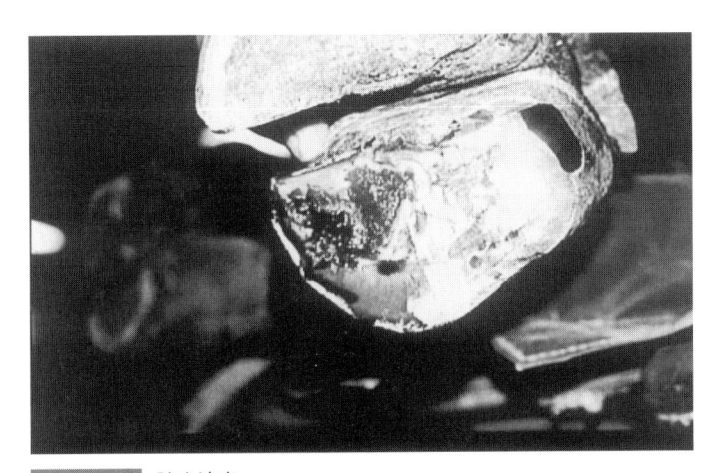

図4.41. 蹄尖潰瘍.

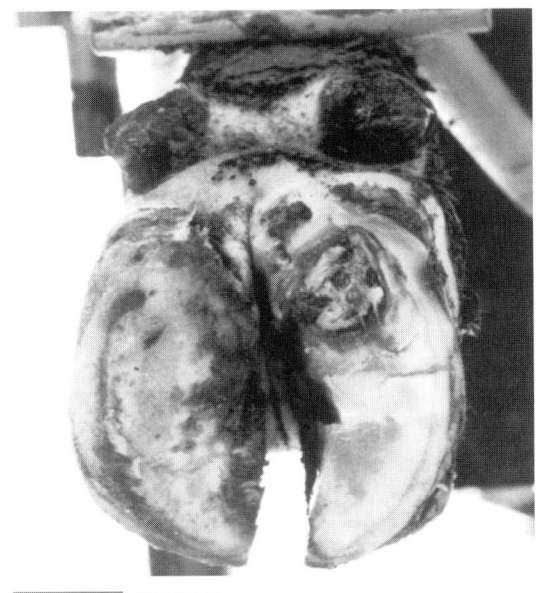

図4.42. 蹄踵潰瘍.

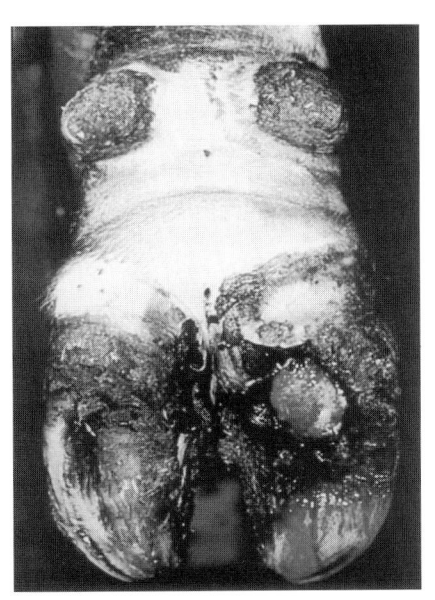

図4.43. 肉芽組織が形成された蹄踵潰瘍.

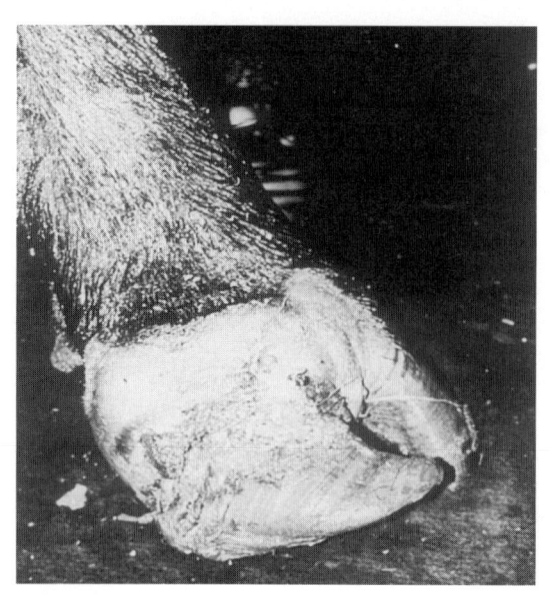

図 4.44. 深趾屈腱の離裂によって過剰に伸長した蹄尖.

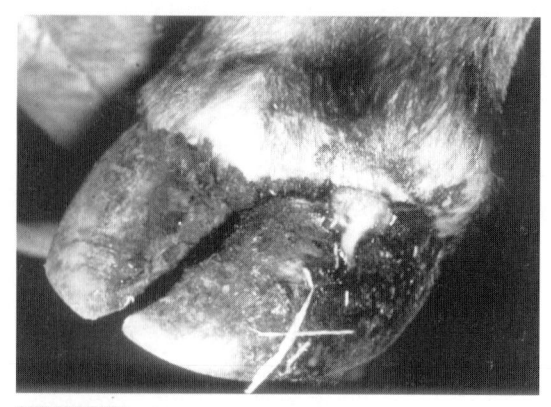

図 4.45. 感染性DIP関節炎に関連した排液路.

にはDIP関節にまで波及する。このような病変のできた動物では重度の跛行，動くことを嫌う，ほとんど横臥している，顕著な体重の減少，などがみられる。抗生物質や抗炎症薬を投与して健康蹄にブロックを履かせても，治療的削蹄を実施しても反応しない。罹患趾の片側性の腫脹が特に蹄踵部にみられ，腫脹は蹄冠に沿って広がっている。罹患蹄の深趾屈腱付着部の裂離が起これば蹄尖が過度に伸長するようになる（図4.44.）。球節関節上に波動を有する腫脹があれば，腱滑膜炎が合併していることが示唆される。潰瘍部から蹄踵に伸びる瘻管，あるいは慢性例ではもうひとつ蹄冠皮膚からDIP関節への瘻管が存在するかもしれない。後者ではDIP関節が侵されていることを示す（図4.45.）。

趾の屈腱鞘の腱滑膜炎および，またはDIP関節の感染性炎症の診断については，DIP関節強直を実施しない腱鞘切開術と屈腱切除術の項を参照のこと。

治療：健康蹄にブロックを装着することで罹患蹄に体重がまったくかからないようにすれば，疼痛の軽減と治癒促進の両方がかない，治療上最も重要な方法であるといえる。

健康蹄は平らで安定した負面になるように平たんに削蹄する。蹄ブロックを装着した後にも負面が中手/足骨長軸に直角でなければならない。加えて蹄ブロックは蹄踵を適正に支持していなければならない。しかしブロックと蹄踵の間の接着剤は取り除くべきである。なぜなら蹄踵角質は軟らかく，硬化した接着剤の硬い縁で傷つけられてしまうからである。蹄ブロックを長期間装着していたり，あるいは不適切に装着してあると機械的圧迫によって健康蹄に損傷が起こってしまう。

出血と疼痛のある潰瘍形成では，罹患蹄の蹄踵を低くすれば，体重が健康蹄側に十分移

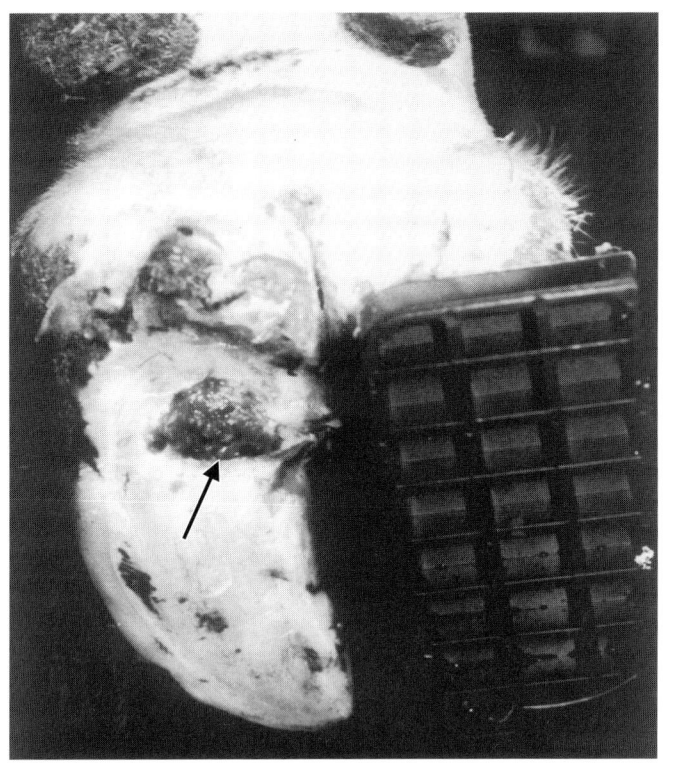

図4.46. 過剰な肉芽組織が形成され真皮が突出している典型的な蹄底潰瘍．

動し，治癒が起こる。

　潰瘍を覆ったり，囲んでいる角質は壊死していたり，坑道形成しており，汚物が入り込む。したがって遊離した角質を真皮が傷つかないよう注意しながら削切して，潰瘍周囲に緩い傾斜がつくようにする必要がある（図4.40.）。蹄底に深い穴を開けるように削ることは避けるべきである。それは糞尿が入り込んでしまい，治癒を遅らせるからである。過剰な肉芽形成が起こって突出した真皮は，外科的に切除するべきである（図4.46.）。肉芽組織を消退させるために腐食剤を適用することは，潰瘍周囲縁からの細胞の成長を阻害して修復を阻害するので禁忌である。硫酸銅は角質に広く入り込むことがわかっており，角質を脆弱にさせてしまう。

　もし露出している真皮に趾乳頭腫症が合併していれば，オキシテトラサイクリンなどの抗生物質の局所適用が必要である。

　合併症の起こった蹄底潰瘍では，手術やその他の治療が必要となる。それらには静脈内局所抗生物質投与，深趾屈腱の部分切除と腱鞘切開術，または深趾屈腱の拡大切除と趾の屈腱鞘全長下の浅趾屈腱切除術を併用する腱鞘切開術などがある。後者では排液ドレーンを留置する場合もある。趾の屈腱鞘近位端は中手/足骨の遠位1/3にあり，遠位端は舟骨のすぐ背側にある。遠位端は掌側のDIP関

節ポーチと接してはいるが，分かれている。

腱鞘切開術と深趾屈腱や浅趾屈腱の切除術は，静脈内局所麻酔下で実施することができ，手術法の項に記述してある。

合併症のある蹄底潰瘍の平均治癒期間は42日，成功率77％，生存期間29.2カ月であることが報告されている。反対側趾の感染は最もよく起こる合併症であり，予後不良である。DIP関節の感染性関節炎と感染性腱滑膜炎が合併する例では，部分または全屈腱切除術を併用する断趾術が推奨される。

蹄尖潰瘍の外科手術は蹄骨炎の項に記述してある。

参考文献

Acuna R, Scarci R. Toe ulcer: The most important disease in first-calving Holstein cows under grazingc onditions. Proceedings of the 12th International Symposium on Lameness in Ruminants, Orlando, FL, January 2002, pp. 276-279.

Belknap EB, Christmann U, Cochran A, Belknap J. Expression of proinflammatory mediators and vasoactive substances in lamanitic cattle. Proceedings of the 12th International Symposium on Lameness in Ruminants, Orlando, FL, January 2002, p. 387.

Bergsten C , Herlin AH. Sole hemorrhages and heel horn erosion in dairy cows: The influence of housing system on their prevalence and severity. Acta Vet Scand, 1996, 37: 395-408.

Blowey RW, Watson CL, Green LE, Hedges VJ et al. The incidence of heel ulcers in a study of lameness in five UK dairy herds. Proceedings of the XI International Symposium on Disorders of the Ruminant Digit and III International Conference on Bovine Lameness, Parma, Italy, September 2000, pp. 163-164.

Boosman R, Koeman J, Nap R. Histopathology of the Bovine Pododerma in Relation to Age and Chronic Laminitis. J Vet Med, 1989, 36: 438-446.

De Vecchis L. Field procedures for treatment and management of deep digital sepsis. Proceedings of the 12th International Symposium on Lamenessin Ruminants, Orlando, FL, January 2002, pp. 109-116.

Desrochers A , Anderson DE, St-Jean G . Surgical treatment of lameness. Vet Clin North Am Food Anim Pract, 2001 (17) 1: 143-158.

Eggers T. Die Wundheilung des Rusterholzschen Klauengeschwüres beim Rind. Lichtund transmission elektronen mikroskopische Auswertung einer kontrollierten klinischen Studie zur Wundheilung und zum Einfluss von Biotin auf den Heilungsverlauf. Project Online-Dissertationen Abstract. Veterinärmedizinische Bibliothek, 2001. Available at http://wwwvetmed.fu-berlin.de/diss/db/view.php x=2007/176

Eggers T, Mülling ChKW, Lischer ChJ, Budras KD. Morphological aspects on wound healing of Rusterholz ulcer in the bovine hoof. Proceedings of the XI International Symposium on Disorders of the Ruminant Digit and III International Conference on Bovine Lameness, Parma, Italy, September 2000, pp. 203-205.

Enevoldsen C, Gröhn YT, Thysen I. Sole ulcers in dairy cattle: Associations with season, cow characteristics, disease and production. J Dairy Sci, 1991, 74: 1284-1298.

Greenough P R. Pododermatitis circumscripta (ulceration of the sole) in cattle. Agri-Practice, November/December 1987, 8: 17-22.

Hendry KAK, MacCallum AJ, Knight CH, Wilde CJ: Laminitis in the dairy cow: A cell biological approach. J Dairy Res, 1997, 64: 475-486.

Hirschberg RM, Mülling ChKW. Preferential pathways and haemodynamic bottlenecks in the vascular system of the healthy and diseased bovine claw. Proceedings of the 12th International Symposium on Lamenessin Ruminants, Orlando, FL, January 2002, pp. 223-226.

Hoblet KH, Weiss W . Metabolic hoof horn disease. Claw horn disruption. Vet Clin North Am Food Anim Pract, 2001, 17: 111-127.

Kempson SA, Langridge A , Jones JA. Slurry, formalin and copper sulphate: The effect on the claw horn. Proceedings of the 10th International Symposium on Lameness in Ruminants, Lucerne, Switzerland, September 1998, pp. 216-217.

Lischer ChJ, Dietrich-Hunkeler A, Geyer H, Schulze J et al. Heilungsverlauf von unkomplizierten Sohlengeschwüren bei Milchkühen in Andindehaltung: Klinische Beschreibung und blutchemische Untersuchungen. Schweizer Archiv für Tieiheilkunde, 2001, 143: 125-133.

Lischer ChJ, Koller U, Geyer H, Mülling CH et al. Effect of therapeutic dietary biotin on the healing of uncomplicated sole ulcers in dairy cattle--A double blinded controlled study. Vet J,

2002, 163：51-60.

Lischer ChJ, Ossent P. Das Sohlengeschwür beim Rind：Eine Literaturübersicht. Berl Münch Tierärztl Wschr, 2001, 114：13-21.

Lischer ChJ, Ossent P. Pathogenesis of sole lesions attributed to laminitis in cattle. Proceedings of the 12th International Symposium on Lameness in Ruminants, Orlando, FL, January 2002, pp. 83-89.

Manabe H, Yoshitani K, Ishii R. Consider function of deep digital flexor tendon in cattle claw trimming.. Proceedings of the 12th International Symposium on Lameness in Ruminants, Orlando, FL, January 2002, pp. 422-424.

Midla LT, Hoblet KH, Weiss WP, Moeschberger ML. Supplemental dietary biotin for prevention of lesions associated with aseptic subclinical laminitis（pododermatitis aseptica diffusa）in primiparous cows. Am J Vet Res, 1998, 59 (6)：733-738.

Mochizuki M, Itoh T, Yamada Y, Kadosawa T et al. Histopathological changes in digits of dairy cows affected with sole ulcers J. Vet Med Sci, 1996, 58 (10)：1031-1035.

Müller M, Hermanns W, Feist M, Schwarzmann B, Nuss K. Pathology of Podermatitis Septica Profunda. Proceedings of the 12th International Symposium on Lameness in Ruminants, Orlando, FL, January 2002, pp. 390-393.

Mülling CH, Lischer ChJ. New aspects on etiology and pathogenesis of laminitis in cattle. Proceedings of the International Buiatrics Conference, Hanover, Germany, 2002, pp. 236-247.

Nuss K, Tiefenthaler I, Schäfer R. Design and clinical applicability of different claw blocks. Proceedings of the 10th International Symposium on Lameness in Ruminants, Lucerne, Switzerland, September 1998, pp. 303-306.

Ossent P, Lischer ChJ. B ovine laminitis：The lesions and their pathogenesis. In. Pract, September 1998, 20：415-427.

Pyman MFS. Comparison of bandaging and elevation of the claw for treatment of foot lameness in dairy cows .Aust VetJ, 1997, 75：132-135.

Russel AM, Rowlands GJ, Shaw SR, Weaver AD. Survey of lameness in British dairy cattle. Vet Rec August 21, 1982, 111 (8)：155-182.

Sangues Gonzalez A . The biomechanics of weight bearing and its signficance with lameness. Proceedings of the 12th International Symposium on Lameness in Ruminants, Orlando, FL, January 2002, pp. 117-121.

Shearer JK, van Amstel SR. Functional and corrective claw trimming. Vet Clin North Am Food Anim Pract, 2001, 53-72.

Singh SS, Murray RD, Ward WR. Gross and histopathological study of endotoxin-induced hoof lesions in cattle. J Comp Pathol, 1994, 110：103-115.

Singh SS, Ward WR, Murray RD. An angiographic evaluation of vascular changes in sole lesions in the hooves of cattle. Br Vet J, 1994, 150：41-51.

Stanek C . Tendons and tendon sheaths. In Greenough P R （ed）：Lameness in Cattle. Philadelphia, PA：WB Saunders Co, 1997, pp.188-192.

Tarlton JF, W ebster AJE. A biochemical and biomechanical basis for the pathogenesis of claw horn lesions. Proceedings of the 12th International Symposium on Lameness in Ruminants, Orlando, FL, January 2002, pp. 395-398.

Toussaint Raven E.. Structure and functions（Chapter 1）and Trimming（Chapter 3）. In Toussaint Raven E（ed）：Cattle Foot Care and Claw Trimming. Ipswich, UK：Farming Press, 1989, pp. 24-26 and 75-94.

van Amstel SR, Shearer JK.. Abnormalities of hoof growth and development. Vet Clin North Am Food Anim Pract, 2001, pp.73-91.

van Amstel, Shearer JK, Palin FL. Moisture content, thickness, and lesions of sole horn associated with thin soles in dairy cattle. J Dairy Sci, 2004, 87：757-763.

Webster J. Effect of environment and managment on the development of claw and leg diseases. Proceedings of the International Buiatrics Conference, Hanover, Germany, 2002, pp.248-256.

蹄底下膿瘍

　蹄底下膿瘍のほとんどは白帯病と関連して起こるが，蹄尖潰瘍や蹄底潰瘍および蹄底への異物の穿孔によっても起こる。蹄底角質の全層が蹄底真皮と表皮基底層から分離し，その間隙には膿を貯留する。膿瘍は外側からか，あるいは真皮葉が蹄壁から分離する場合のように内側から始まることもある。したがって膿瘍は感染性であることも無菌性であることもある。蹄底下膿瘍の治療は遊離および坑道形成した角質を蹄底角質と真皮が接合している部位まで削切することである。表皮基底層から新しく形成された角質の薄い層がみられる例もある。注意深く蹄刀を操作して軟らかい新しい角質を傷つけないようにする必要がある。ほとんどの例では保護包帯は不要であり，膿瘍のほとんどは深部組織

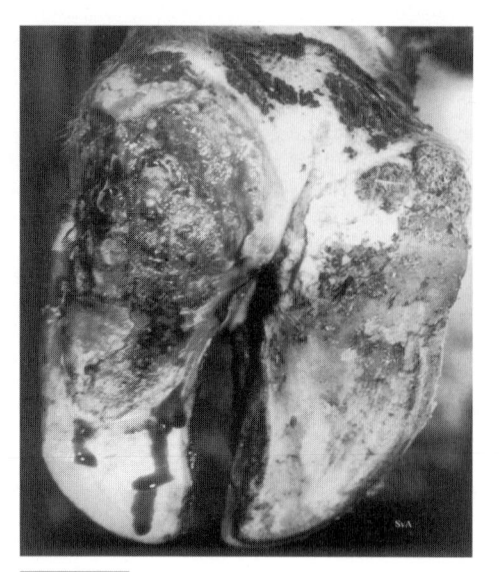

図4.47. 蹄底下膿瘍による蹄底真皮の損傷.

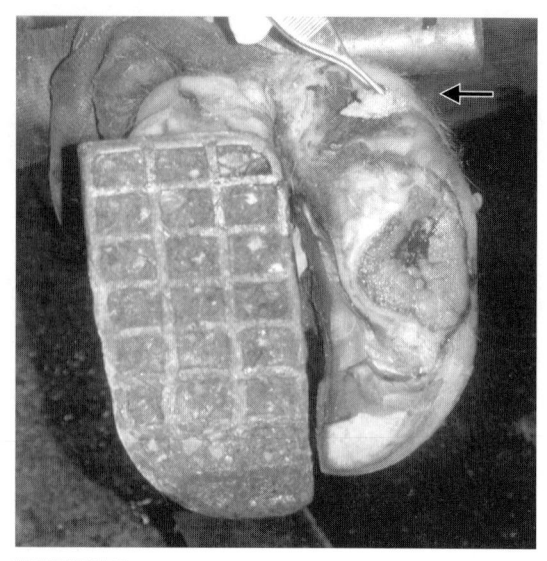

図4.48. 末節骨の骨炎に合併した腐骨形成.

に達していないので，抗生物質の投与も不必要である．しかし真皮に重度の損傷がみられる例もあり（図4.47.），末節骨の腹側面に波及して腐骨を形成しているものもある（図4.48.）．治癒はケラチン化不全の非常に軟らかい角質が形成されることによって起こる．治癒しないか，あるいは蹄底表面に肉眼組織ができて欠損が修復しない場合は，末節骨の骨炎や病的骨折の存在が示唆される．

二重蹄底

これは間欠的な蹄底角質形成の結果であり，再び角質形成がもとに戻ったものである．またこれは層状に起こった蹄底出血と関連している．各層の出血が二重蹄底を形成し，蹄底は何層にもなっていることがある．二重蹄底の大きさは，蹄底真皮が罹患した領域によって左右される．もし蹄踵にも二重蹄底形成があれば，皮膚-角質接合部に断裂がみられる．二重蹄底は通常，蹄底真皮が重度に罹患した蹄葉炎と関連する．二重蹄底の動物の多くは跛行を示さず，ルーチンな削蹄時に偶然に発見される．しかし蹄踵が罹患している場合には，軟らかい蹄踵の蹄縁真皮が遊離した角質で損傷を受けて，蹄踵潰瘍が起こっているかもしれない．治療は二重蹄を削切して除去することである．跛行がある場合にだけ健康蹄を高く保つ必要がある．

蹄壁の病変

蹄壁の病変には縦裂蹄と水平裂蹄がある．後者では蹄輪形成を伴っている．

縦裂蹄

縦裂蹄は肉牛ではよくみられるが，乳牛でも時折みかける疾病である．縦裂蹄は2カ所の解剖学的部位で起こり，最も一般的なのは前肢外蹄の背側で（図4.49.），まれには反軸側と軸側蹄壁の接合部でみられる．

(a) (b)

図 4.49. 縦裂蹄（垂直裂蹄）の症例.

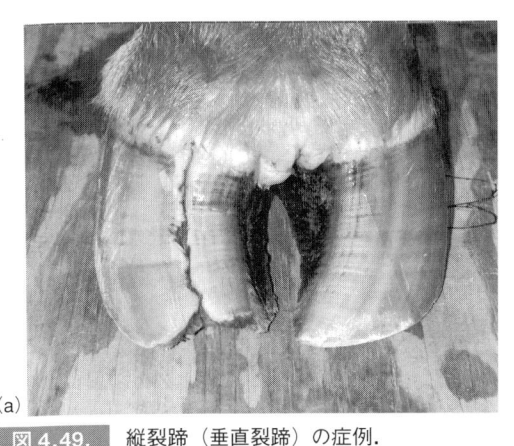

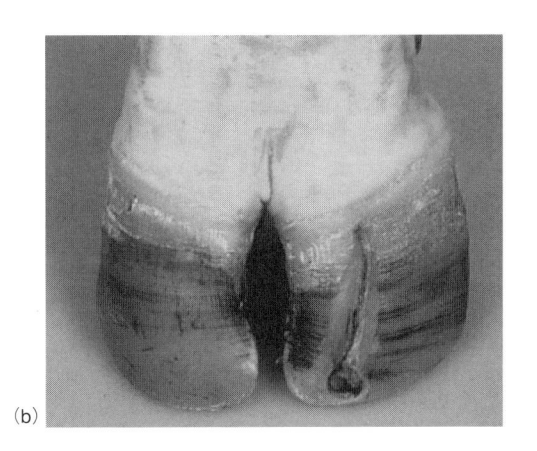

　問題牛群での発生割合は 28 ～ 59 ％ であると報告されている。

　体重と蹄角質性状が縦裂蹄の発生に関係しているとされている。体重の重い牛で発生が多い，とも報告されている。

　蹄角質性状（ここでは破壊靱性の意）は飼料，微量ミネラルとビタミン，角質の水分含量などによって左右される。カサカサになった，あるいは乾燥した角質ほど縦裂蹄が起こりやすい。セレニウムの過剰またはビオチン，含硫アミノ酸，カルシウム，リン，亜鉛や銅などの微量ミネラルの不足が縦裂蹄発生に関与しているらしい。飲水中の硫酸塩，鉄，硝酸塩は亜鉛や銅と結合してこれらを利用できなくする。溶解性の糖を多く含んだ青々とした牧草は蹄葉炎の原因になり，縦裂蹄の発生と関連があるかもしれない。

治療：跛行がなければ治療の必要はない。もし治療的削蹄を行うのであれば，真皮葉を傷つけないように注意して，蹄壁の坑道形成した角質を取り除く。亀裂縁の角質は V 字形で漏斗状になるように除去する。これは亀裂の全長にわたって実施しなければならない（図 4.49.）。縦裂蹄を支持するために亀裂を横断してワイヤーで締結する方法が用いられることもある（図 4.50.）。もし亀裂が蹄冠の上までに伸びていないならば，亀裂のいちばん上に水平の溝をつけて，亀裂がさらに上に伸びないようにすることができる。蹄壁角質だけの亀裂であれば跛行は起こらない。しかし亀裂が蹄壁の厚さ以上になると真皮葉も傷んでしまい跛行が起こる。真皮の露出や外傷が特に蹄冠真皮に起こると，角質縁を越えて過剰な肉芽組織が増生して突出するようなひどい状態になる（図 4.51. と 4.52.）。縦裂蹄が皮膚/角質接合部より上方まで達すると蹄冠上の皮下組織を含んだ肉芽組織が形成されることもある（図 4.52.）。病理組織学的に突出した真皮は典型的な肉芽組織である。病変周囲角質を削切して薄くするばかりでなく，肉芽組織の外科的切除も治療として最初に実施しなければならない。凍結手術とデキサメサゾン粉末などを局所適用して，肉芽形成を抑制する方法が有効な例もある。病変が大きいもの

牛の跛行マニュアル

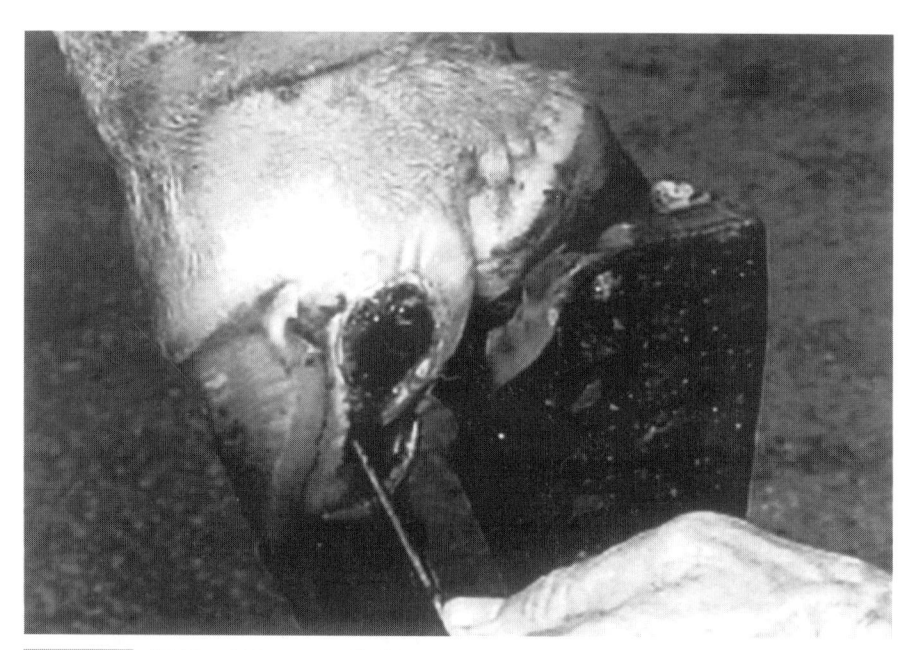

図 4.67. 探触子の挿入によって排液路の深さと方向に関する有用な情報が得られる．

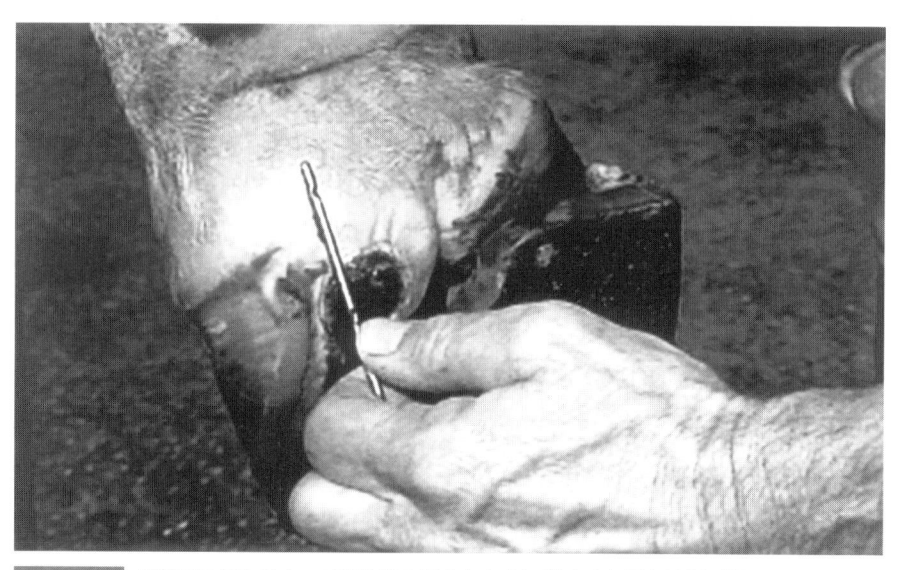

図 4.68. 探触子の挿入によって排液路の深さと方向に関する有用な情報が得られる．

価することができる。

4. 腱と腱鞘の超音波検査および滑液の吸引を行う。趾の屈腱鞘の3つのコンパートメントへの滲出の有無，エコー源性，エコー源性浮遊物の有無を評価する。滲出液は漿液性，線維素性，化膿性のものがあり，それ

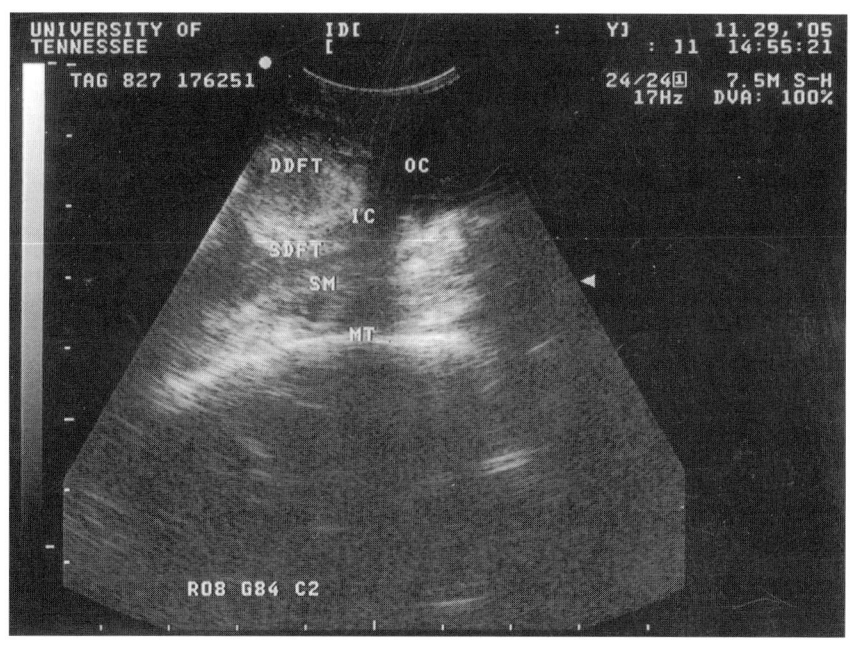

図4.69. 屈腱鞘の外側（OC）と内側（IC）のコンパートメント．外部のコンパートメントに滲出が存在する．DDFT=深趾屈腱，SDFT=浅趾屈腱，SM=繋靱帯，MT=中足骨．

によってエコー源性の程度が異なる．漿液性や漿液線維素性の滲出液は均一で無エコー性である．フィブリンの綿状沈殿物は，無エコー性の背景内に高エコー性にみえる．大きなフィブリン塊は，本来的には無エコー性で圧迫しても動くことはない．粘稠な化膿性の関節内滲出液は，不均質なエコー源性である．腫脹部を手やプローブで圧迫すると滲出液では流動がみられる．半固体の内容物は流動することはない．超音波検査は7.5 MHzのプローブを用いて実施するのが最もよく，縦断像と横断像を描出する．超音波検査は趾の屈腱鞘の近位から始めて遠位に向かって行う．近位種子骨の上方では以下の構造を認識することができる：（a）趾の屈腱鞘の外部と内部のコンパートメント（図4.69.），（b）浅趾屈腱および深趾屈腱，（c）浅趾屈腱への繋靱帯枝，（d）繋靱帯，（e）球節関節包の拡張，掌側の球節関節包．（f）趾の屈腱鞘の外部コンパートメントは近位種子骨遠位の横断像で描出できる（図4.70.a）．（g）PIP関節とDIP関節の関節窩は，背面の縦断像で描出できる．DIP関節とPIP関節包の掌側の関節窩は，液が満たされていれば蹄踵/蹄球接合部の高さの横断像で描出することができる．（h）関節後方の膿瘍形成（図4.70.b）．

腱鞘や関節からの滑液の吸引は超音波像を用いて容易に実施できる．腱鞘の化膿性炎症では，滑液の有核総細胞数は25,000/$\mu\ell$，総タンパクは4.5 g/dℓ以上である．

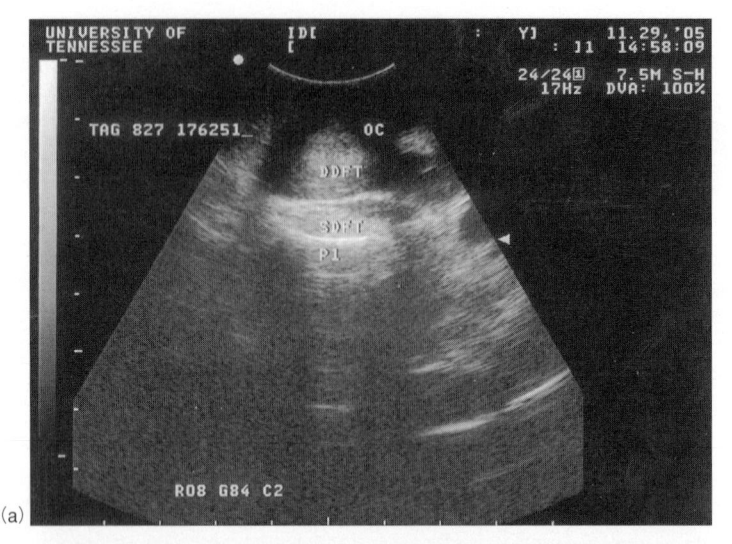

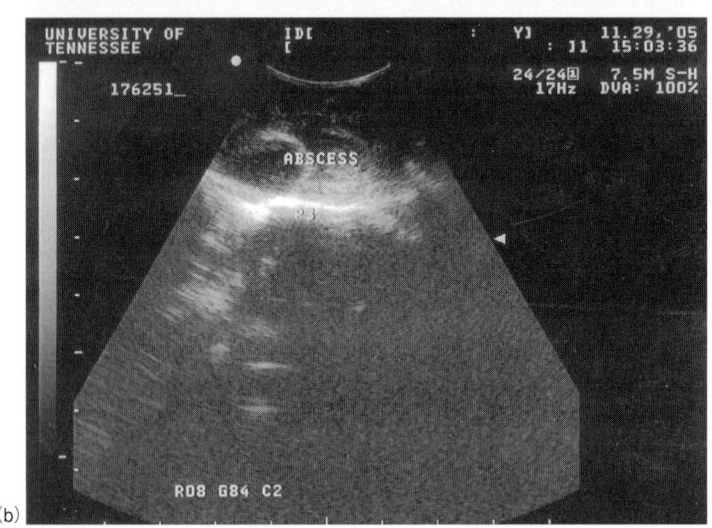

図4.70. （aとb）近位種子骨遠位における深趾屈腱の共通コンパートメント（4.70.a）および関節後方の膿瘍形成（4.70.b）．P1＝基節骨，P3＝末節骨，abscess＝関節後方の膿瘍形成．

手術方法

DIP関節強直を実施しない腱鞘切開術と屈腱切除術

　この手術は，深趾屈腱の壊死および断裂を伴う化膿性腱滑膜炎が適応症である．関節後方の膿瘍形成が必ずあるが，DIP関節の化膿性関節炎は存在しない．このような状況は蹄底潰瘍や白帯病の合併症としてよくみられる．

病因

　真皮と蹄球枕が露出し，損傷を受け，上行性感染が起こる．

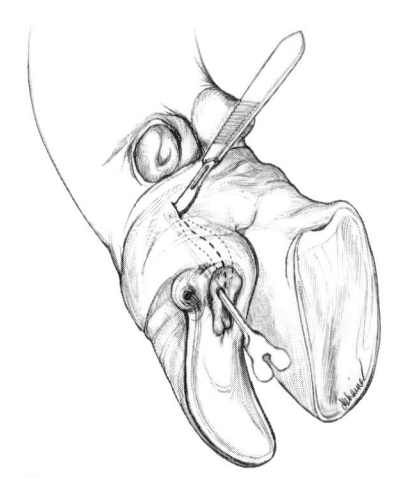

図4.71. 腱鞘切開術および深趾屈腱切除術のアプローチ法．

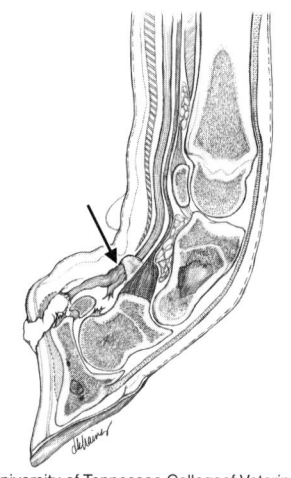

図4.72. 深趾屈腱低部での切断部位．

末節骨の骨炎と屈筋結節の病的骨折に引き続いて深趾屈腱の剥離が起こる．感染が舟嚢，舟骨，趾の屈腱鞘，関節後方に拡散する．関節後方には膿瘍が形成されることが多い．感染はDIP関節の外に存在する．

肉眼的診断所見

1. 治癒しない蹄底潰瘍や白帯病があり，排液のある瘻管を伴う．
2. 蹄球が腫脹し，この腫脹が副蹄上や蹄冠に沿って続いている．
3. 蹄尖の上屈——これは深趾屈腱の断裂を示す．
4. 持続的あるいは進行性の跛行があるが，DIP関節に感染が波及したX線所見や超音波所見がない．

手術法

趾の静脈内局所麻酔後（第6章の疼痛管理を参照），罹患趾の手術消毒を行う．導乳管のような鈍性プローブを瘻管内に挿入し，瘻管の深さと方向を確認する．プローブの近位端から瘻管口まで楔状の切開を行う（図4.71.）．切開は罹患趾の屈腱上に行い，正中線上に行ってはならない．それは正中線上では，蹄に血液供給する血管を切断する危険があるからである．切開はプローブに達するまで行い，皮膚，皮下の線維弾性パッド，蹄踵真皮と蹄底の真皮（蹄底潰瘍の合併症の場合），蹄球枕，腱鞘を切開することになる．

楔状の組織を切除して，深趾屈腱，舟嚢，舟骨を露出させる（図4.71.の破線）．深趾屈腱には壊死や断裂があるかもしれない．深趾屈腱を腱が正常にみえる部位で切断するが，普通は輪状靭帯がある部位である（深趾屈腱が袖状の浅趾屈腱から出た部位）（図4.72.）．なかには深趾屈腱の広範な切除がさらに必要な例もある．こうような例では副蹄の軸側を通って球節関節

牛の跛行マニュアル

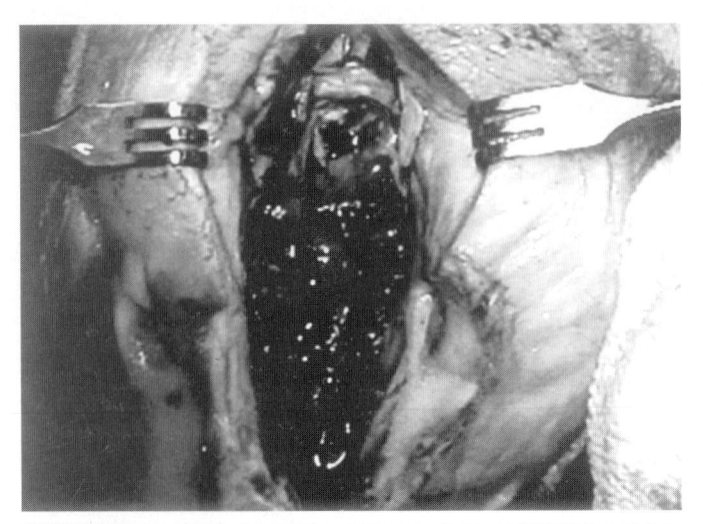

図 4.73. 膿瘍被膜（膿瘍膜）を明らかにするには関節後方を完全に露出することが必要になる．

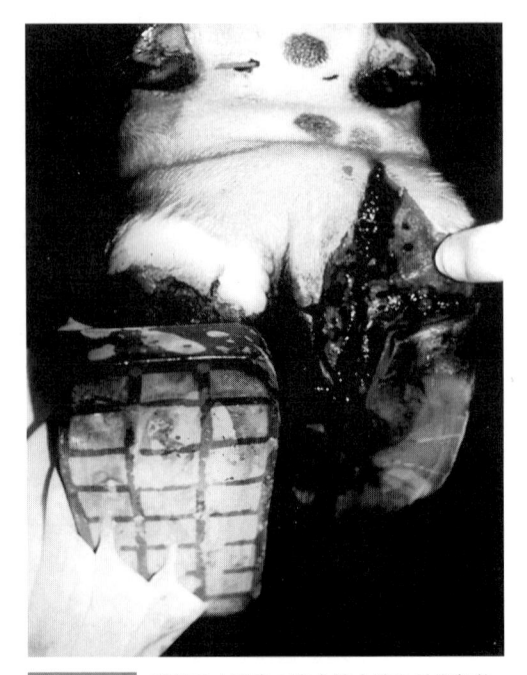

図 4.74. 関節後方膿瘍の完全除去後の手術部位．

の上 8 cm まで切開を延長する．腱鞘もその全長にわたって切開する．浅趾屈腱を長軸状に切開し，深趾屈腱を露出させ，内趾と外趾の腱の分岐部まで近位にたどって行く．この分岐部で感染のある深趾屈腱を切断するが，このとき非罹患側の腱鞘を傷つけないよう注意する．次に

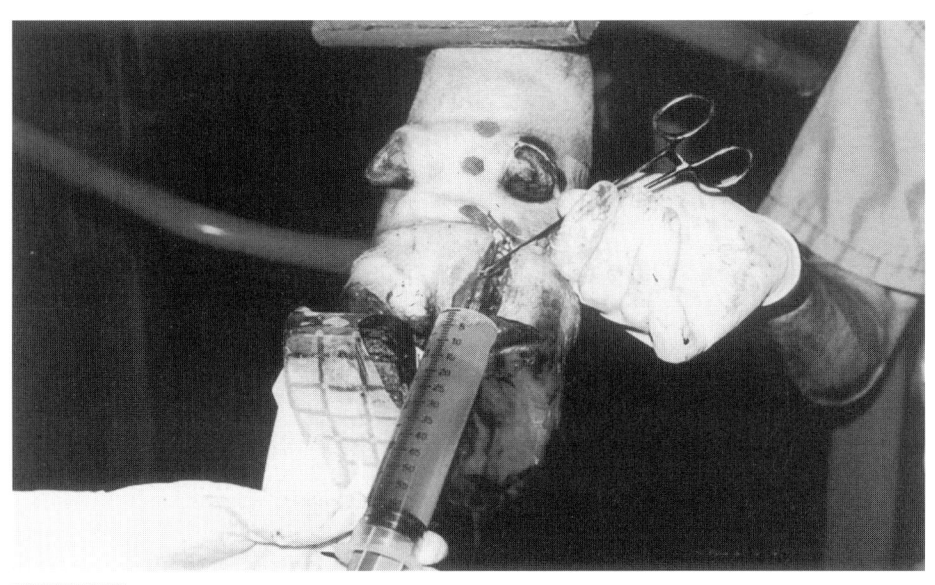

図4.75. 希釈したベタジン(ポビドンヨード溶液)による腱鞘の洗浄.

浅趾屈腱を近位で切断し,そして次に骨間筋の繋靭帯が浅趾屈腱に付着する部位も切断する.そうしたら浅趾屈腱を反転させて遠位の付着部を切断する.このときPIP関節を開けてしまわないように注意する.膿瘍膜を含むすべての表面(図4.73.)を蹄底潰瘍部まで切除する.舟骨に骨溶解があるか検査し,壊死骨を除去する.感染壊死組織除去後には裂溝や間隙が残らないようにすべきである.なぜなら感染が持続し,治癒を遅らせたり,妨げたりするからである(図4.74.).

腱の部分切除例ではポビドンヨード液を用いて上方の腱鞘部内を洗浄する(図4.75.).すべての手術野も十分洗浄する.完全切除した例ではドレーンを球節近位から挿入して,皮膚を創の近位から副蹄の高さまで閉鎖縫合する.創腔には生理食塩液または低濃度のポビドンヨード液で浸したガーゼを充填し,圧迫包帯を施す.包帯は4日後に交換し,以後1週間おきに交換

する.通常,5~6週間で治癒する(図4.76.~4.78.).完治後に健康蹄に装着してある蹄ブロックを取りはずす.罹患蹄は機能するが,主に蹄踵および蹄踵/蹄底接合部で負重する.機能の一部は失われるが,牛の耐用期間は断趾術より長いので,この方法は好まれている.

DIP関節を強直させる手術

罹患期間の短い(6週未満)感染性DIP関節炎に適用される.

肉眼的診断所見

蹄冠の腫脹と発赤がみられる;瘻管が存在し,普通,背側面の蹄冠上にある(図4.45.).関節の初期のX線所見は関節幅のわずかな拡大で,これは液の貯留によるものである.軟部組織の腫脹とは別に,深部感染や関節後方の膿瘍形成ではガスの貯まった小さなポケットがみられる.進行した例のX線像では,DIP関節幅の

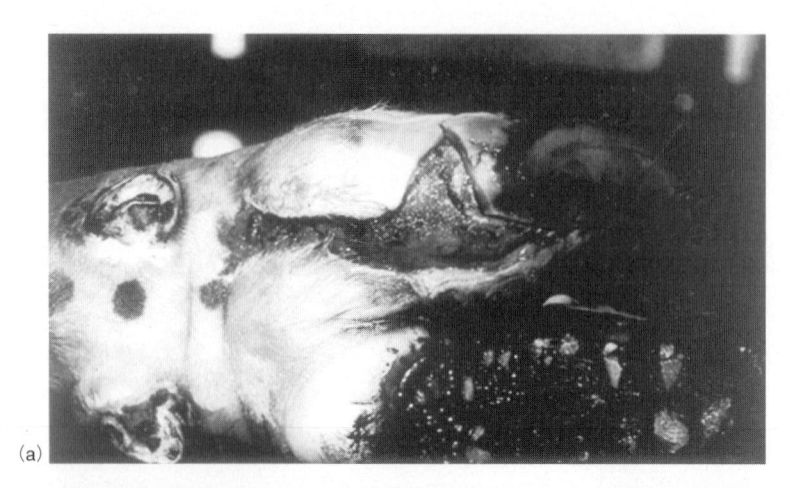

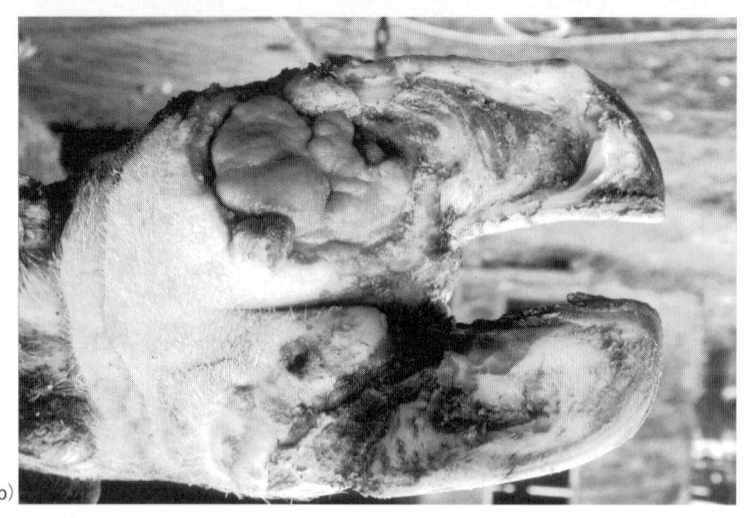

図 4.76. 深趾屈腱切除後の治癒過程．（a）滑らかな肉芽組織による正常な治癒過程．（b）肉芽組織内に欠損があり，病変の存続を示す不正な治癒過程．

拡大とともに軟骨や軟骨下骨の溶解がみられる（図4.66.）。これらのX線像の変化は関節周辺部から始まり，14日間経過すると見てわかるようになる。DIP関節窩に関節液が貯留すると超音波で画像化され，その後，超音波ガイド下で穿刺吸引される。感染性の炎症では総有核細胞数が25,000/μℓ以上で，総タンパクが4.5 g/dℓ以上となる。

深趾屈腱切除術時に，DIP関節掌側面に感染が及んでいないか視認することができる。感染が関節内に侵入する部位には，（a）舟骨すぐ近位の関節後方部位で，深趾屈腱と中節骨の間にあるDIP関節掌側ポーチがある。ここは蹄底や白帯から感染が上行して膿瘍形成がよく起こる部位である。（b）また，舟骨遠位から末節骨までのびる靱帯付着部の破壊によって，この部位から感染が関節内に侵入する。

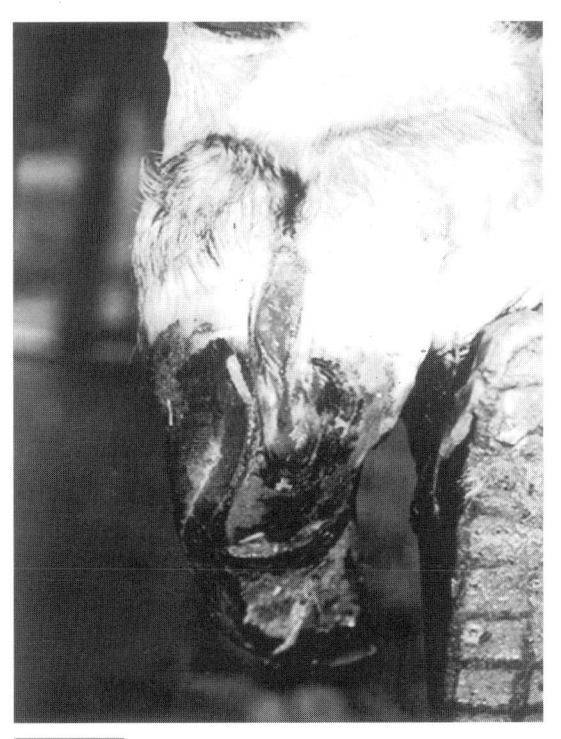

図4.77. 深趾屈腱切除後の治癒過程.

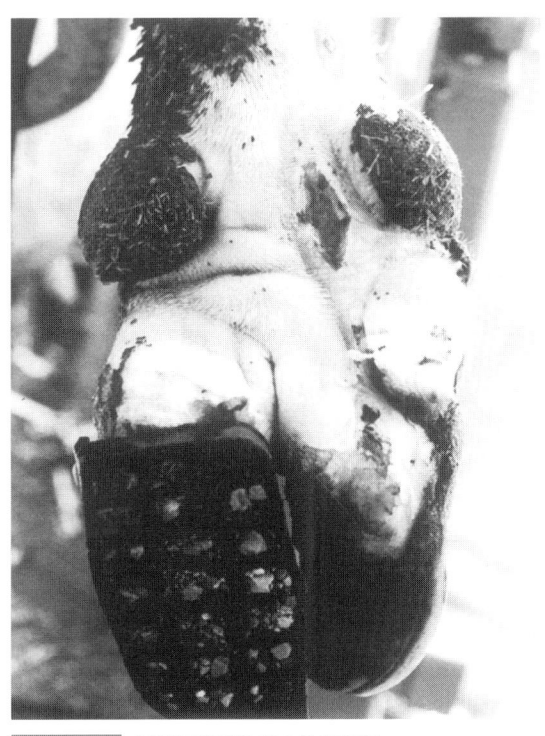

図4.78. 深趾屈腱切除後の治癒過程.

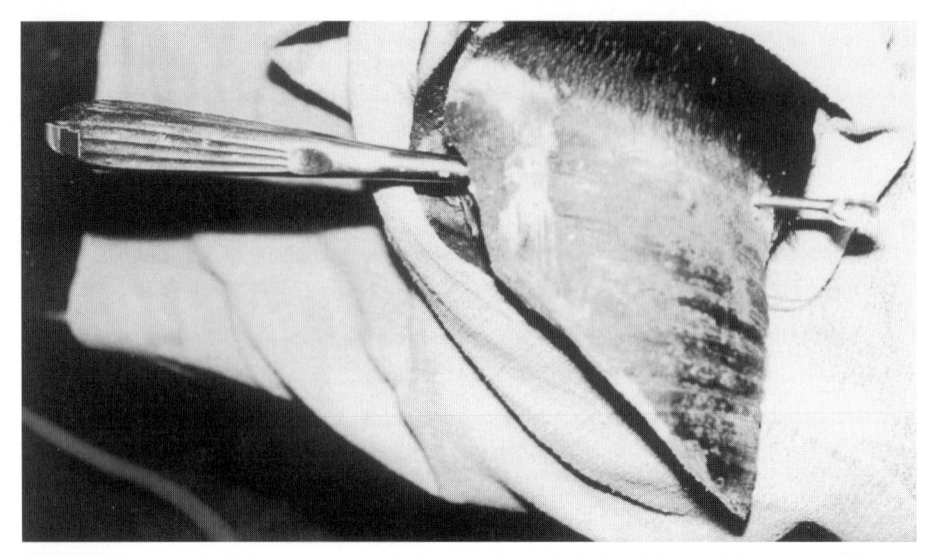

図4.79. DIP関節強直．ドリルは後方内側から前方外側方向に穿孔し，蹄冠直下の反軸側蹄壁を貫通させる．

手術アプローチ

掌側での腱鞘切開および深趾屈腱と関節の切除術．掌側（蹄球）からの関節切除はDIP関節を含んだ，趾の後方構造に感染性炎症があるものが適応症である．これは合併症のある蹄底潰瘍や白帯病として記述されている．手術アプローチは腱鞘切開術と深趾屈腱切除術と同じであるが，これに加えて舟骨の切除を実施する．舟骨は3本の遠位の靱帯で末節骨に付着し，2本の側副靱帯で中節骨に付着している．また軸側では遠位の十字靱帯に付着している．関節切除の第一段階では深趾屈腱が離裂した部分の末節骨領域（屈筋結節）を掻爬することはもちろん，中節骨骨端軟骨も掻爬する．6～12 mmのドリルを用いて，関節腔を横断する．ドリルの角度は後内側から前外側に向け，蹄冠直下の反軸側蹄壁に貫通させる（図4.79.）．貫通孔は骨掻爬器で関節面の壊死組織がすべてみえるまで広げ，壊死骨を除去する．新鮮な骨面は白色にみえるが，壊死した軟骨や骨は灰色である．関節の感染が重度の場合には有窓ドレーンを関節内のトンネルに通し，抗生物質入りの生理食塩液で最初の4～7日間毎日洗浄した後にドレーンを除去する（図4.80.）．別の方法として静脈内局所抗生物質治療を行うこともできる．創の管理法は腱鞘切開術と深趾屈腱切除術の場合と同じである．健康蹄にブロックを装着し，両蹄をワイヤーで締結する．

背側アプローチ：この方法は感染が軸側の関節嚢か，あるいは背側ポーチから侵入したDIP関節炎に適用される．これらは損傷または趾間ふらん（趾間フレグモーネ）によって趾間隙や趾間背裂を通って感染が持ち込まれたものである．

手術は，蹄冠上1/4インチ（0.64 cm）の部位から直径6～14 mmの2つの関節切開を行うものである．第1の関節切開は，趾背

荷重の生体力学と削蹄……第4章

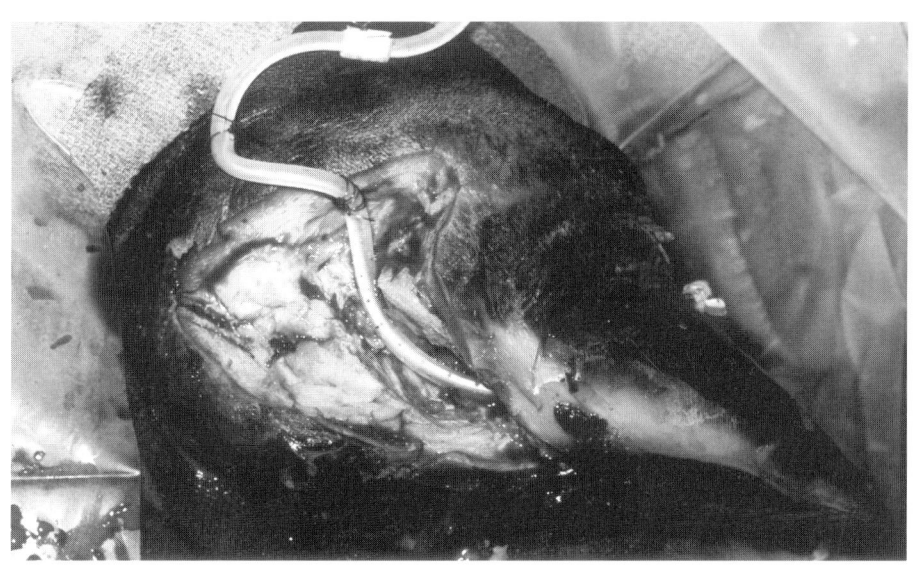

図 4.80. 有窓ドレーンをドリル穿孔路に留置して，関節を毎日洗浄する．

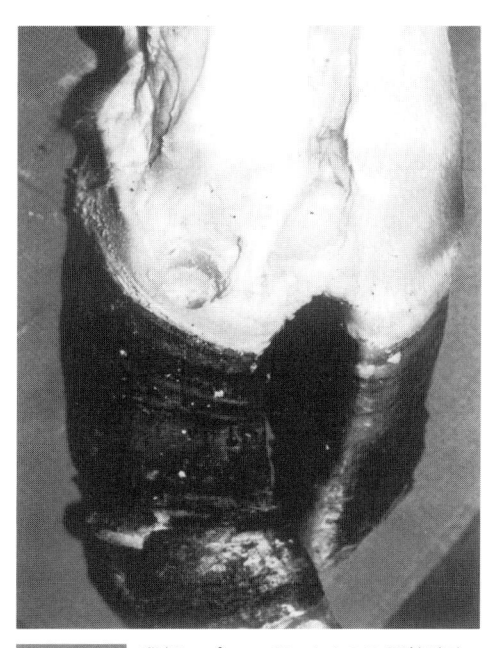

図 4.81. 背側アプローチによる DIP 関節強直．

面の蹄冠から 0.5 cm 近位部で総趾伸筋（前肢）または長趾伸筋（後肢）の反軸側または軸側から行う（図 4.81.と 4.82.）。第2の関節切開は蹄冠から 0.5 cm 近位部で，DIP 関節の反軸側にある靱帯（側副靱帯）の後方から行う。この第2の関節切開では切開口が後方

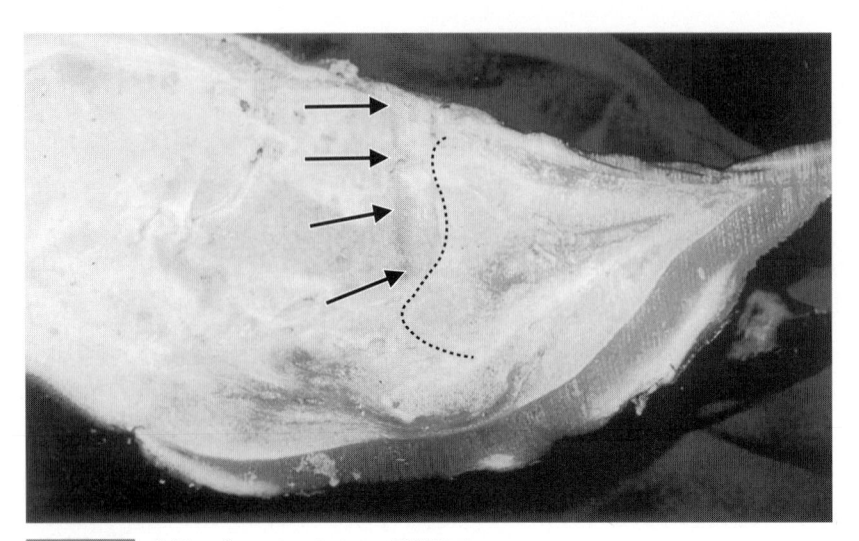

図 4.82. 背側アプローチによる DIP 関節強直.

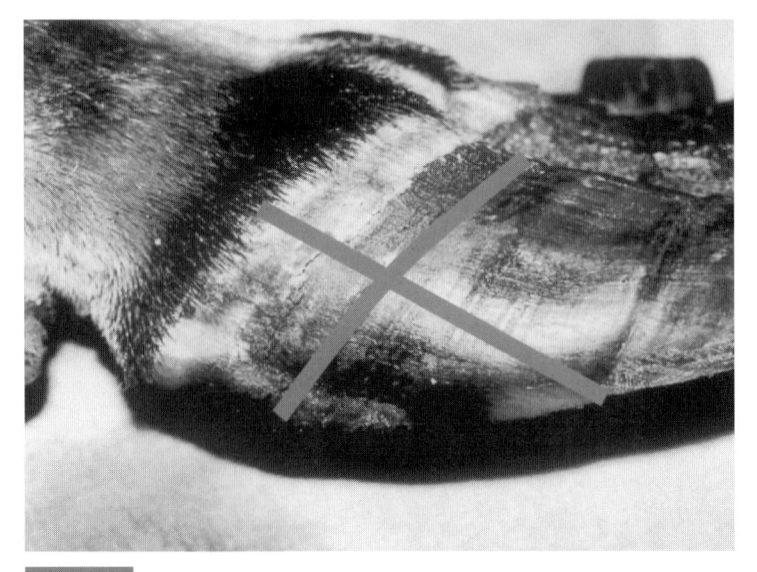

図 4.83. 反軸側アプローチによる DIP 関節強直のための穿孔入口.

に位置し過ぎないよう注意する（蹄の反軸側溝の延長線より前方でなければならない）。関節と交通する瘻管がある場合には，トレフィン（穿孔器）を用いてこの瘻管を拡大する。軟骨と壊死骨を関節切開口から搔爬する。し かし DIP 関節面の視野が十分得られないので軟骨と壊死骨をすべて搔爬するのは難しい。術後管理は上述したものと同様である。

反軸側アプローチ：このアプローチの適応症は上述した背側アプローチのものと同じであ

図4.84. 反軸側アプローチによるDIP関節強直のための穿孔出口．趾間隙背軸側の蹄冠直下の部位である．

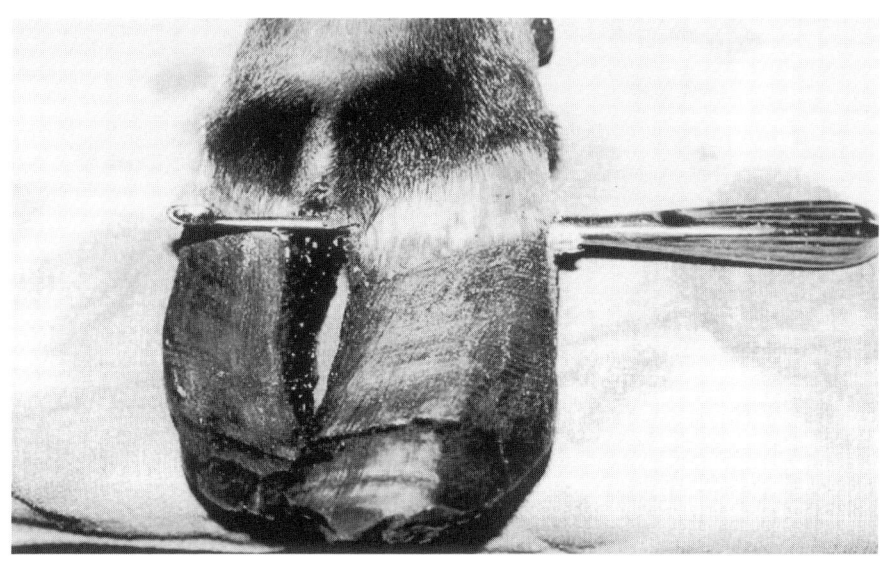

この手術は6〜12 mmのドリルを用いてDIP関節の高さで反軸側壁にトンネルをつくる方法である．トンネル口は2本の線の交点で，1本目の線は蹄背壁と蹄踵の中間の垂直な線，もう1本は蹄冠と蹄底間1/3の高さの水平線である（図4.83.）．トンネルの出口は趾間隙の背側，軸側の蹄冠直下である（図4.84.）．トンネルの入り口から関節洗浄を1週間行う必要がある．健康蹄に蹄ブロックを装着し，両蹄をワイヤーで締結する．この方法の利点は侵襲性が低く，関節の安定性が保たれることである．しかし上述した場合にだけ適応するべきである．

その他の治療法に関する考察

動物は可能な限り，乾燥して清潔な環境で管理するべきである．飼料と水に容易に接近できるようにする必要がある．

蹄ブロック：蹄ブロックを用いて免重することで疼痛が軽減し，治癒が促進される．蹄ブロックによって平らな負面が得られ，蹄踵が十分に支持されなければならない（図4.85.a）．

蹄ブロックの種類（図4.85.a）

- 木製ブロック：様々な大きさと厚さのものが市販されており，簡単に作ることもできる．木製ブロックの利点はどのような大きさの蹄にも適用できることである．松のような柔らかな材質の木では歩行面の粗さにもよるが，2〜3週間で磨耗してしまう．このようなブロックは動物を再検査できないような状況で使用するとよい．しかし硬い木できたブロックは磨耗するのに長くかかり，2〜3週間後に再検査するべきである．

一般的に木製ブロックは特に蹄尖キャップの付いたプラスティック製のものに比べると，すぐに位置が変わったり取れてしまったりしやすい．しかし早期に取れてしまうこと

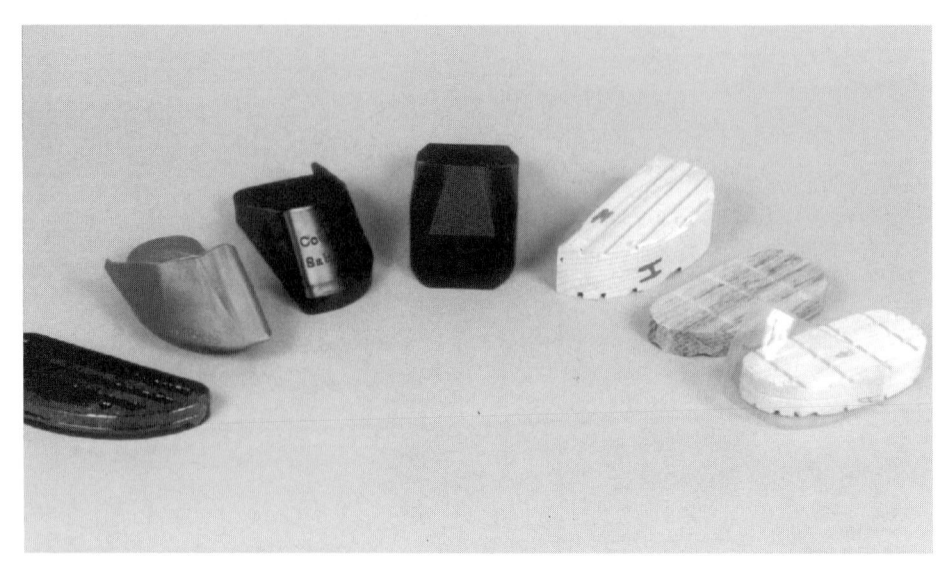

図 4.85.a　市販されている蹄ブロックのなかから選択する．

のほとんどは接着方法に原因がある．エポキシ樹脂は蹄底と軸側および反軸側壁の汚れていない乾燥した表面に適用し，蹄踵には適用するべきではない．蹄踵の角質は軟らかいので，硬化したエポキシ樹脂で傷つくことがあり，不快や跛行を呈することがある．

- プラスティックタイプのブロック：蹄尖キャップのついたものと，そうでないものがある．蹄尖キャップのあるプラスティックブロックは木製ブロックより簡単に装着できる．しかしすごく大きな蹄や蹄葉炎で変形した蹄では蹄踵を十分支持することができない．プラスティックブロックの磨耗は木製ブロックより非常に遅いので，ブロックの下に損傷が起こっていないか再検査する必要がある．
- 平らな負面：ブロックは中手/足骨軸に垂直に装着しなければならない．木製ブロックのように蹄尖キャップがないプラスティックブロックでは内側が軸側壁の線と合っているか確かめる必要がある．蹄葉炎のため幅の広がった蹄の反軸側壁線に合わせてブロックを装着すると，歩行時に趾が歪んでしまうし，起立時にさえそうなる場合もある．
- 蹄踵の支持：蹄踵を十分に支持するためには，ブロックと蹄踵の後方が一致するように装着しなければならない．大きな蹄の牛では蹄尖がブロックより前に出てしまうが，これは普通，問題にならない．ブロックを不適切に装着すると蹄尖が過度に伸長し，深趾屈腱が引き伸ばされる（図 4.85.b）．大きな蹄や蹄葉炎のため反軸側壁がフレアになっている蹄では，蹄尖キャップのない木製またはプラスティックブロックを選択して使用するべきである．

蹄ブロックはときどきチェックして，正しい位置にあるか，罹患蹄を免重させているかどう

図 4.85.b　蹄ブロックによる蹄踵の支持が不十分なために，趾の過剰な伸長がみられる．

か確かめるべきである。不規則に磨耗するブロックもあり，この場合には交換が必要である。ブロック下に潰瘍が発生することもあり，突然に罹患肢の跛行がひどくなる。このような場合には，即座にブロックを取り外さなければならない。肉眼的病変がなければ，検蹄器を用いて疼痛があるか確かめるべきである。

包帯：一般的に包帯は保護と止血のために使用し，断趾術後または趾皮膚炎の特別な治療（第8章参照）のために用いる。包帯は衛生的で乾燥した状態に維持し，負重時に包帯のために罹患蹄に荷重が加わらないように適用しなければならない。臨床研究では，舎飼いされている乳牛の真皮病変（蹄底潰瘍）の治癒速度は，包帯をしてもしなくても促進されなかった。

硫酸銅やオキシテトラサイクリンのような腐食性の薬剤/抗生物質は，露出した真皮に直接適用すると，有害で治癒を遅延させる可能性があるので，特別な理由がない限り使用するべきでない。真皮病変や趾の手術創には，スルファジアジン銀のような温和な保護性の軟膏を用いるべきである。包帯は治療経過をみながら一定間隔で交換するべきである。少なくとも週1回またはできれば4～5日に1回交換するのがよい。

鎮痛薬と抗生物質治療（第6章も参照）：蹄ブロックの使用は別として，他の鎮痛方法として全身または経口鎮痛薬のオピオイドや抗炎症物質を投与するべきである。アスピリン（15～100 mg/kgを1日2回）が一般的に使用されているが，その効能は疑わしい。モルヒネやブトルファノールなどのオピオイドはより効果があるが，長期間使用すると胃腸運動の静止などの副作用がある。モルヒネ0.25～0.5 mg/kgの4～6時間ごとの筋肉内注射

またはブトルファノール 0.05～0.01 mg/kg の術後すぐの筋肉内注射は，疼痛制御に有益であると思われる。これらの薬剤は非ステロイド性の抗炎症薬であるフルニキシン 1.1 mg/kg と併用すると鎮痛作用が増強する。蹄冠や蹄冠上に腫脹がある場合には，抗生物質の全身投与を行うべきである。別の方法として，静脈内局所抗生物質治療を数日間反復する方法を選択することもできる。セフチフォアナトリウム（1g），ベンジルペニシリンナトリウム（1000万単位）またはアンピシリン（1g）などを止血帯下の静脈内に注射し，止血帯は30分間そのままにしておく。注射部位の損傷が起こらないように，注射は30秒間かけて緩徐に実施する。この方法の利点は組織に高い抗生物質濃度が得られることである。深趾屈腱鞘の滑液には，球節の滑液より高いベンジルペニシリンナトリウム濃度が得られる。静脈内局所抗生物質治療は3～4日間続けて実施する。この方法の合併症には注射部位の膿瘍形成や静脈血栓形成がある。

それほど重度でない例では抗生物質の全身投与を7～10日間行うべきである。趾の感染性疾患の手術例にセフティフォアを用いた研究では，抗生物質を投与しない場合に比べて治癒が速く，良好であることが報告されている。

創傷治癒：創傷治癒は注意深く観察するべきである。創には7～10日で滑らかで健康な肉芽組織ができ（図4.76.a），5～6週間で完治するはずである。創内に持続性の感染がある場合には過剰な肉芽形成が起こる（図4.76.b）。瘻管が外に開口するところには肉芽組織による腫脹があり，そうでなければ肉芽組織の表面は滑らかなはずである。創内の深い裂け目は治癒を遅延させるので，可能であれば切開して開放する必要がある。そうすれば治癒が進行するはずである。腫脹が持続し，とりわけ跛行の程度が改善しないのはよくない徴候で，問題が改善されていないことを示し，さらに調べる必要がある。このような問題には次のようなものがある：（a）対側趾の深部構造に感染が波及した場合；（b）深趾屈腱の部分切除部位で，残った深趾屈腱や屈腱鞘に重度の化膿性腱滑膜炎が起こった場合（図4.86.）；（c）蹄踵内に持続性の膿瘍や瘻管がある場合；（d）DIP関節に持続性の感染がある場合，などである。

深趾屈腱の機能が喪失すると，罹患蹄への荷重は蹄踵の方に移動する。この荷重の変化は症例によって様々である。重度であれば，硬い床面を歩行すると蹄にかかる荷重によって蹄踵に外傷性損傷が起こってしまう。このような例では跛行が再発するが，それは牛の年齢や乳量にもよる。断趾術または殺処分を選択せざるをえないことになる。

断趾術

断趾術は以下の場合に適応される：

DIP関節の慢性化膿性関節炎；過剰の肉芽組織形成を伴う縦裂蹄；部分的脱蹄のような重度の外傷；過剰の肉芽形成を反復する白帯病，などである。

断趾術では回復が速く，泌乳も再開できるので，罹患牛が高齢であったり，産乳量の少ない牛であったり，盲乳のような問題牛であったり

図 4.86. 化膿性腱滑膜炎.

する場合にはよい治療選択肢である。

51例の断趾術の研究では手術後に牛が農場に残っていた期間は2〜36カ月で、平均17カ月であった。

断趾術のアプローチには、基節骨遠位での断趾術、中節骨近位での断趾術、PIP関節の関節離断術などがある。

基節骨での断趾術

この方法の欠点は以下である：（a）断趾部位が近位すぎると、残った趾が不安定になる場合がある。（b）骨髄から過剰の肉芽組織が形成されることがある（図 4.87.）。

中節骨での断趾術

この方法の欠点は以下である：（a）切断端が低すぎて外傷が反復する（図 4.88.）。（b）切断がPIP関節に近いと、虚血のために残りの中節骨に壊死が起こる。（c）PIP関節の化膿性関節炎が継発する。（d）断趾部位が低過ぎると腱鞘の排液が起こらない。

PIP関節離断術

関節離断術の欠点は、関節軟骨に肉芽形成が起こらず、滑膜シストが形成される場合があることである（図 4.89.）。

断趾法

基節骨遠位からの断趾術が好まれており、切断端を開放のままとする方法と表面を皮膚で覆う整形的な方法がある（図 4.90.）。皮膚フラップで覆う方法では皮膚が最初の2, 3週間で壊

牛の跛行マニュアル

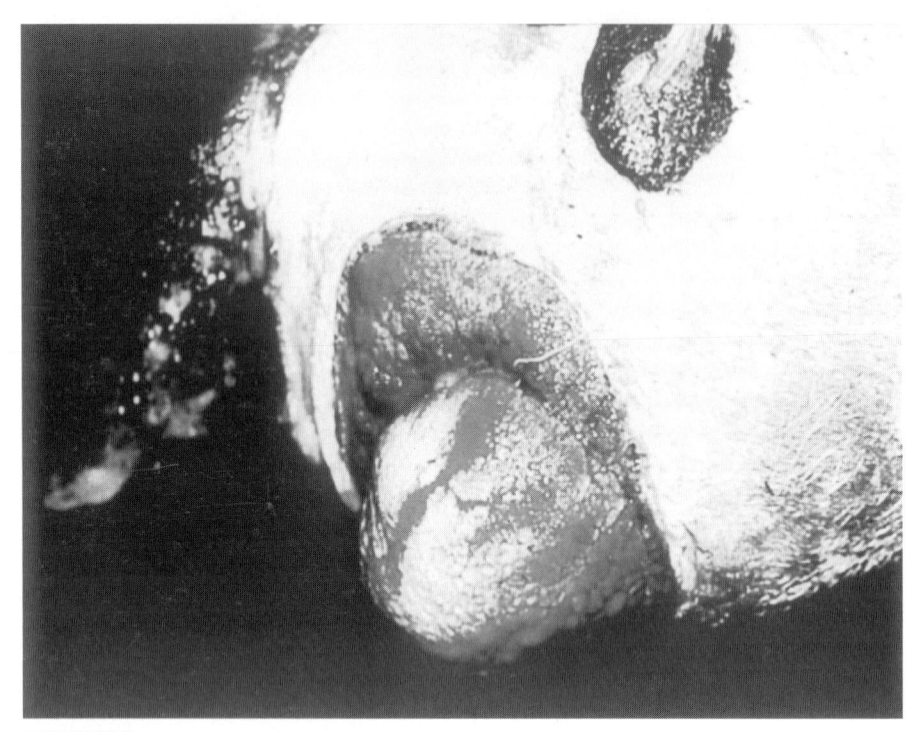

図 4.87. 断趾術後の基節骨骨髄からの過剰な肉芽組織の形成.

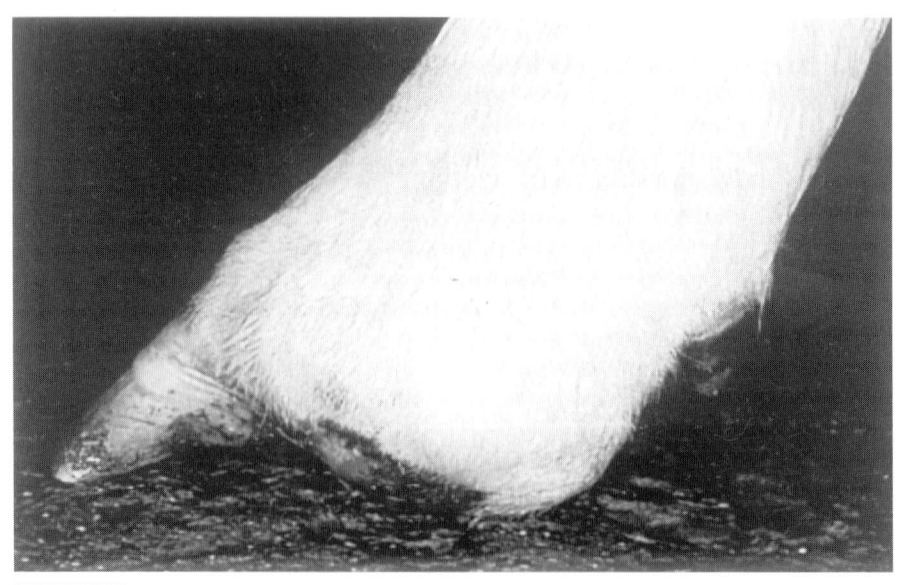

図 4.88. 低部での断趾術後の残存趾断端の損傷.

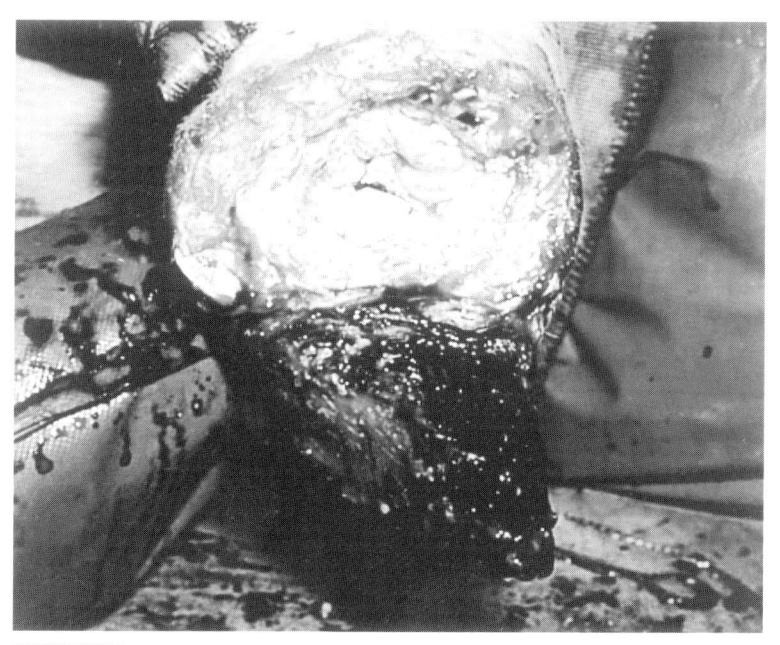

図4.89. PIP関節離断による断趾術.

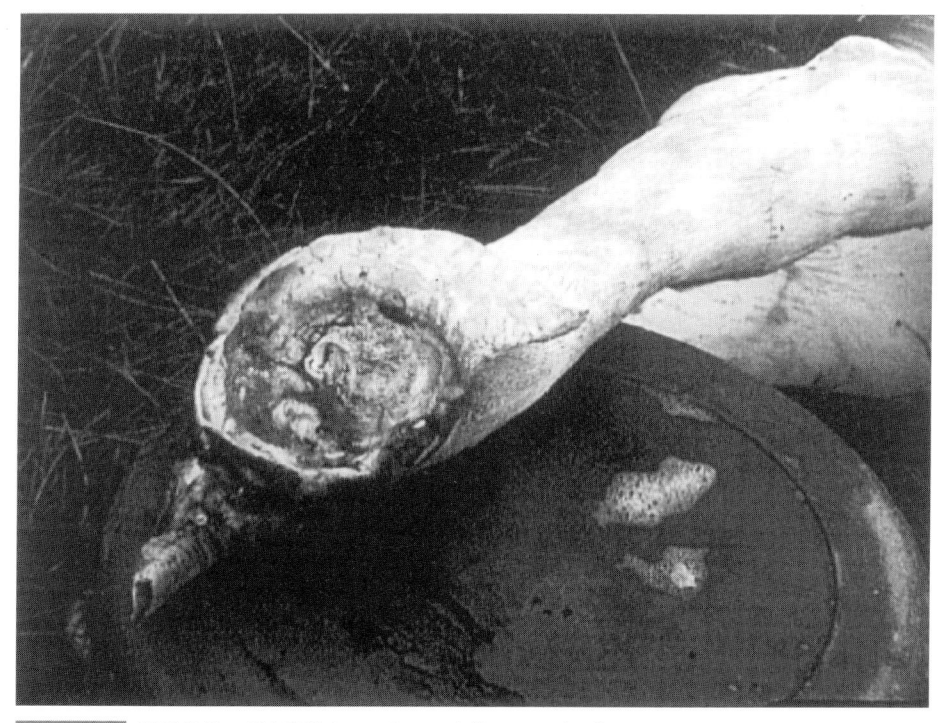

図4.90. 断趾術後の創を閉鎖させるために皮膚フラップを残している.

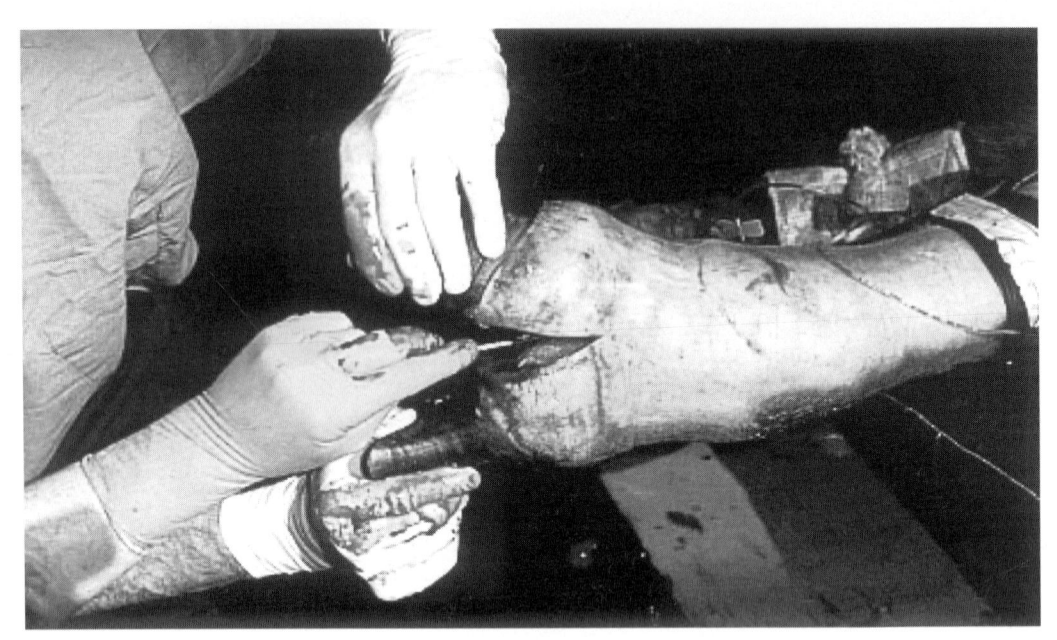

図 4.91. gigli ワイヤーで断趾するために，遠位の十字靱帯を切開しているところ．

死することが多いので，それほど大きな利点はない．欠点には創の排液が阻害され治癒が遅延することや，手術時間が長くかかることである．また皮膚フラップは皮膚が健常でなければ実施することはできない．慢性例では趾皮膚は硬く，肥厚し，下の組織と固く癒着し，あるいは瘻管が存在することもあり，フラップを作成することができない．このように整形的な方法には複数の問題があるので，切断端を開放のままとする方法が望ましい．

罹患趾に静脈内局所麻酔を行い，毛刈りして手術消毒する．趾の背面の PIP 関節の部位を触診する．切開は PIP 関節の直上から始め，趾間隙を通って，掌側面の同じ高さまで行う．趾間隙では罹患趾に近い側を通るように切開し，遠位趾間十字靱帯もいっしょに切開する（図 4.91.）．Gigli ワイヤーを趾間隙の切開の近位の高さに置いて，45 度の角度でワイヤーを引き，基節骨遠位端から断鋸する（図 4.92.）．断鋸中は骨の加熱を防ぐためにワイヤーに生理食塩液を注ぎながら行う．

断趾したら（図 4.93.），断端の大きな血管をみつけて可能であれば結紮する．止血するために圧迫包帯を施す．3 日後に包帯をはずし，表面の血液とフィブリンの凝固塊を取り除く．このとき再び出血させてしまわないように注意する．包帯は 1 週間おきに交換する．創には肉芽組織ができ，5〜6 週間で完治する（図 4.94.）．

趾間過形成
（コーン，線維腫，趾間肉芽腫，胼胝腫）

趾間過形成は趾間皮膚表皮の肥厚（表皮肥厚）

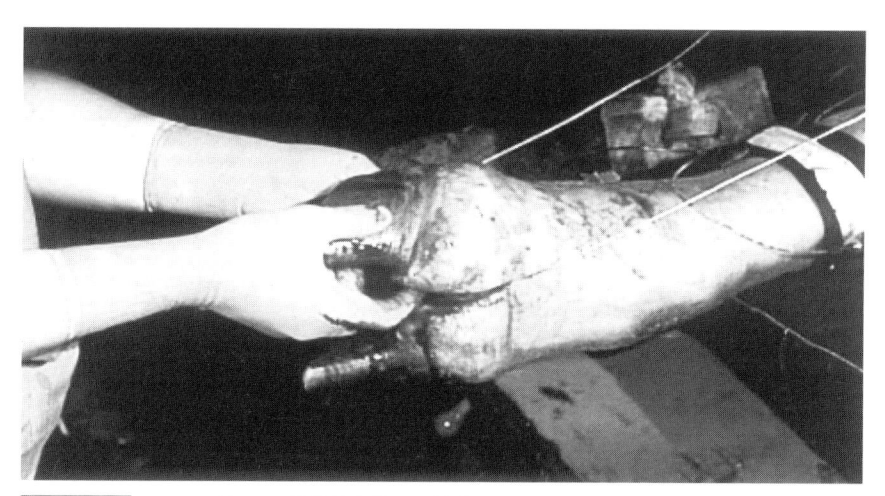

図4.92. gigli ワイヤーで基節骨遠位から断趾しているところ.

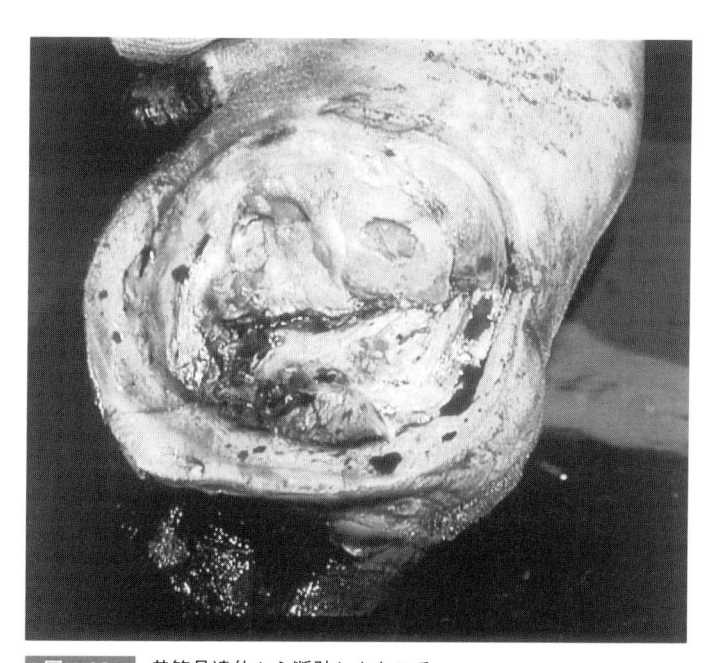

図4.93. 基節骨遠位から断趾したところ.

である（**図4.95.**）。組織学的には豊富なケラチンで覆われて，埋めつくされた多数の乳頭状の表皮の突起からなり（正常角化），表皮の顆粒層と有棘層が増高している。乳牛では後肢外蹄に最もよく起こり，外蹄軸側壁近くの，正常な皮膚の小さな襞からできはじめる。趾間過形成

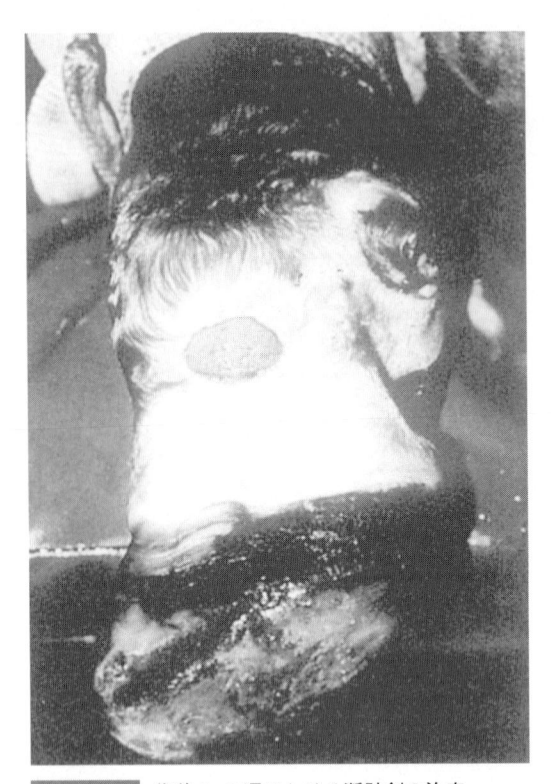

図 4.94. 術後 5 - 6 週における断趾創の治癒.

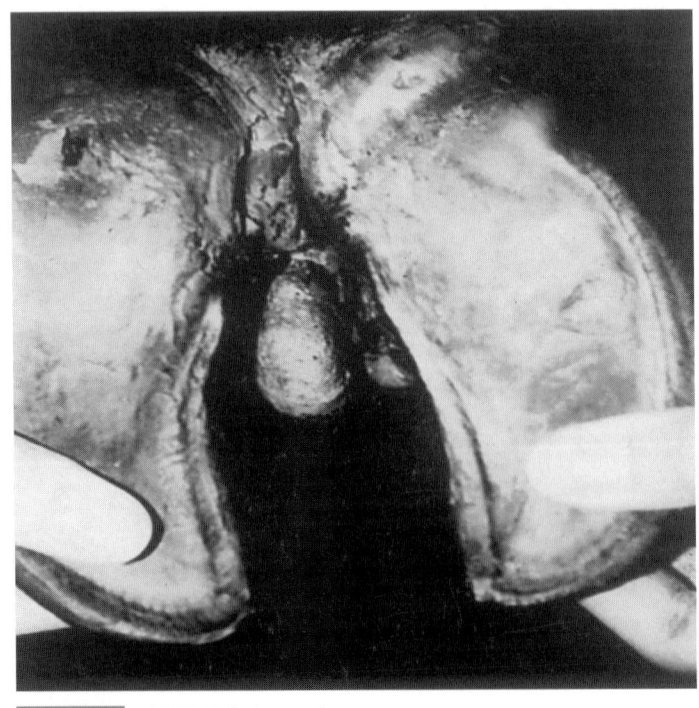

図 4.95. 趾間過形成（コーン）.

は，(a) 趾間皮膚炎，(b) 蹄踵が低かったり，蹄球びらんがあったりすることによる蹄球の慢性炎症からの波及，(c) 趾間フレグモーネ（趾間ふらん），(d) ヘレフォードやホルスタイン種では遺伝，と関連するといわれている。

　趾間皮膚炎や趾間過形成の病因には様々な細菌が関与するとされている。それらには *Dichelobacter nodosus* や *Fusobacterium necrophorum* がある。最近では趾間過形成の潰瘍病変からスピロヘータも検出されている。

　趾間過形成の発生は農場によってまちまちである。趾間過形成罹患牛は中等度の跛行を呈し，このような牛では普通，潰瘍性病変を有している。趾間過形成に典型的な趾皮膚炎病変（PDD）が合併すると，跛行は重度なものになる。

　外科的切除，冷凍手術，電気焼灼などが行われているが，外科的切除が好まれている。麻酔法には静脈内局所麻酔と趾間神経ブロックの2種類の方法がある（第6章）。外科的切除ではアリス鉗子で結節を掴み，結節の両側を楔形に切開する。このとき切開が軸側蹄壁/皮膚接合部に近すぎると，この部位に感染が生じて，軸側蹄壁と真皮の間に離開が起こってしまうので注意しなければならない。過形成した表皮全部を切除するが，真皮や皮下織まで切除すると趾間脂肪が突出し，趾間組織内に感染が上行する原因になるので，これらの切除は避けるべきである。このことは特に乳牛に必要なことで，それは乳牛では術後に糞尿による汚染が避けがたいからである。止血のためにオキシテトラサイクリン粉末を創に適用して包帯を施す。表皮の過形成が再発することはまれではない。

　品評会用の種雄牛などでは，美容上の理由で趾間過形成を除去しなければならないことがある。この場合には皮膚全層を切除する必要があり（図4.96.aとb），趾間隙背面を縫合しなければならない。また包帯適用後に蹄尖をワイヤーで締結するべきである。包帯は清潔で，乾燥した状態に保ち，5日後に交換する。

末節骨炎

　末節骨炎は末節骨の化膿性炎症である。臨床的には末節骨の3つの解剖学的部位で最もよく起こる：

1. 蹄尖潰瘍（図4.97.），軸側の白帯病，コルク栓抜き蹄では通常，末節骨尖端に末節骨炎が起こる。蹄尖潰瘍は蹄葉炎による末節骨の回転，蹄底のひ薄化，過削蹄によって起こる。コルク栓抜き蹄では軸側白帯に荷重が加わらなくなり，蹄尖には汚物や細菌が侵入して崩壊が起こる。蹄尖部では蹄骨は蹄底に近接していて，真皮と薄い皮下組織だけで境されている。末節骨尖端の骨炎は病的骨折や腐骨形成を起こす。蹄尖潰瘍の一般的治療法は，排液のために蹄尖部を除去することである。しかし遊離角質や坑道形成角質が残ってしまうと，嫌気性菌の発育に都合のよい環境をつくってしまい，さらに坑道形成を起こし，治癒が遅延する。すべての遊離角質や坑道形成角質を除去するが，これによって普通，蹄尖の蹄底や白帯はみな除去されてしまう（図4.97.）。蹄底角質の真皮からの分離は蹄踵後方と同じように起こる。遊離した角質を除去すると，蹄尖の真皮にあばた状の欠損がみられることが多い（図4.97.）。壊死した真皮を除去し，末節骨の病的骨折がないか調べる。注

牛の跛行マニュアル

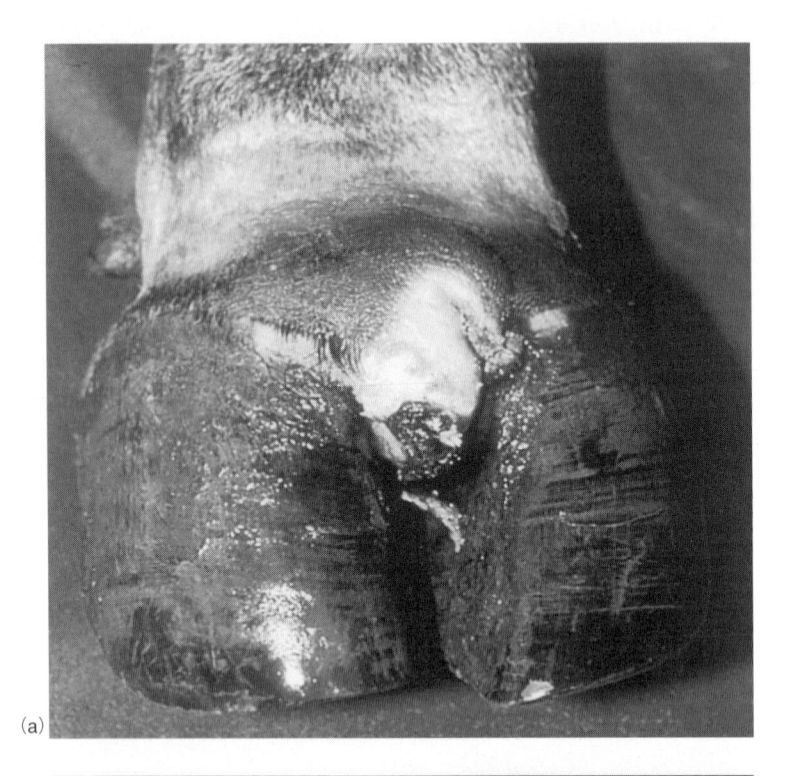

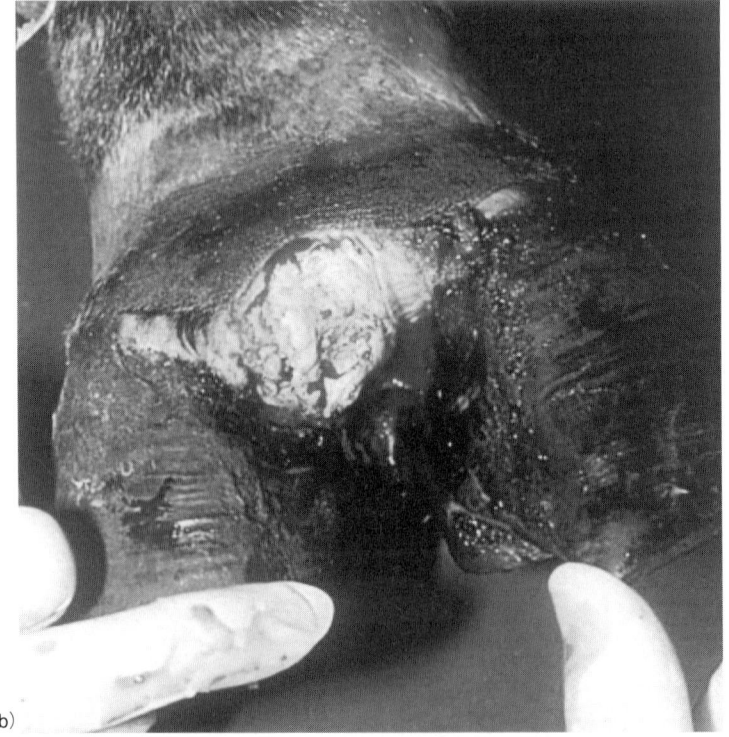

(a)

(b)

図 4.96. （a と b）趾間過形成の全層の外科的切除．南アフリカ国 Pretoria 大学獣医学部 Dr SS van der Berg 提供．

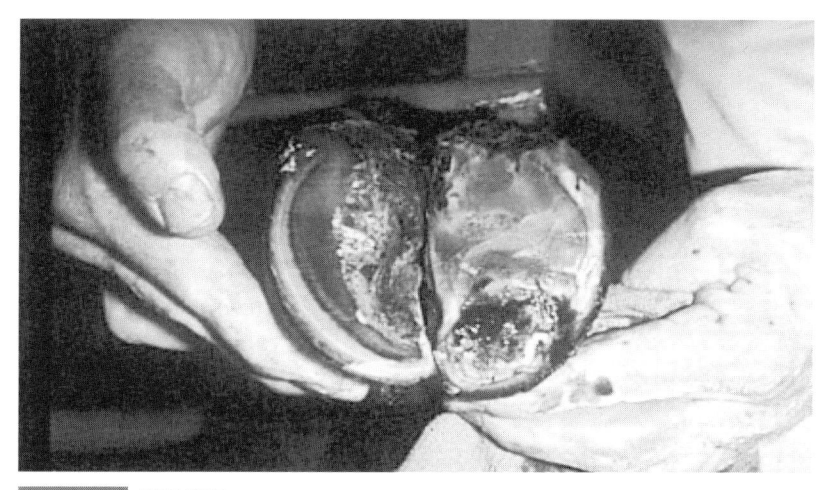

図4.97. 蹄尖潰瘍.

意深く探子を挿入すると遊離した骨があり，引き抜くことができるか，あるいは骨折線が見える。また骨折を確認するためにX線検査が必要な場合もある（図4.98.）。末節骨尖端の骨折は骨鉗子または骨膜起子を用いて除去することができる。末節骨骨折部は蹄壁内側に強く付着していることもある。腐骨を除去した後の空所はよく洗浄し，残った壊死組織を除去する。もうひとつ別の方法には，骨折上の蹄背壁を除去するアプローチ法もある。どちらのアプローチ法でもよく治癒し，最終的には骨のリモデリングが起こる。保護や止血のために包帯の適用が必要になるかもしれない。蹄ブロックを健康蹄に装着して，罹患蹄を免重するべきである。蜂巣炎のある例では抗生物質治療が必要である。蜂巣炎は一般的には趾の腫脹としてみられる。食欲不振や発熱があるものは全身性感染と関連している。

2. 末節骨炎が起こる2番目に一般的な部位は，蹄骨屈筋結節である。この部位の骨は蹄底からの上行性感染よって骨炎となり，深趾屈腱付着部からの裂離が起こることもある。この場合の手術についてはすでに記述した。

3. 末節骨炎の第3番目の部位は，骨の腹側面である。上記以外の部位の腹側面の穿孔創や深部感染によって腐骨形成が起こり（図4.99.），真皮の持続的瘻管形成によって認識される。

外傷性蹄皮炎

跛行を起こすような重大な外傷は乳牛ではあまり起こらないが，薄い蹄底は例外で，特に硬い歩行面では十分な蹄底角質の厚さが失われてしまう。とはいうものの，釘，ワイヤー，他の先鋭異物などの蹄底への穿孔は多く存在する（図4.100.）。尖った石ころも白帯や蹄底を穿孔する。

牛の跛行マニュアル

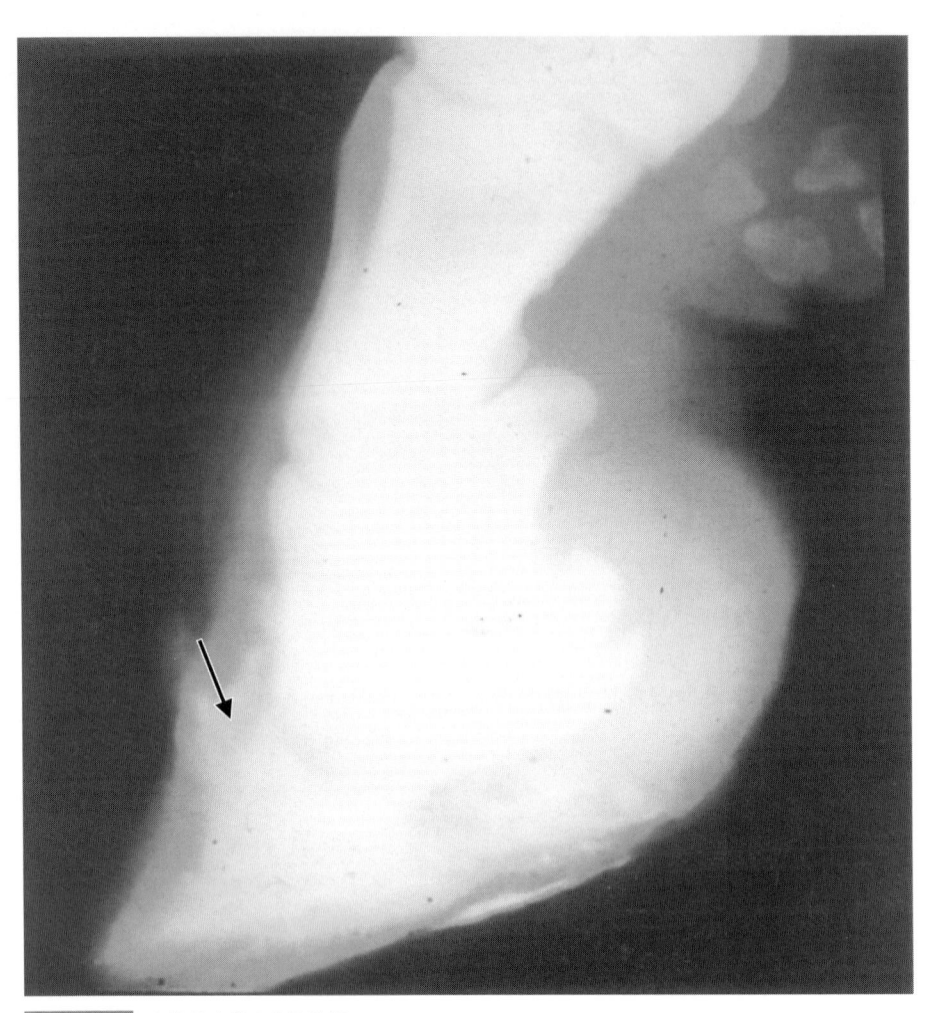

図 4.98. 末節骨尖端の病的骨折．

図 4.99. 蹄尖潰瘍による末節骨炎でできた末節骨底面の腐骨．

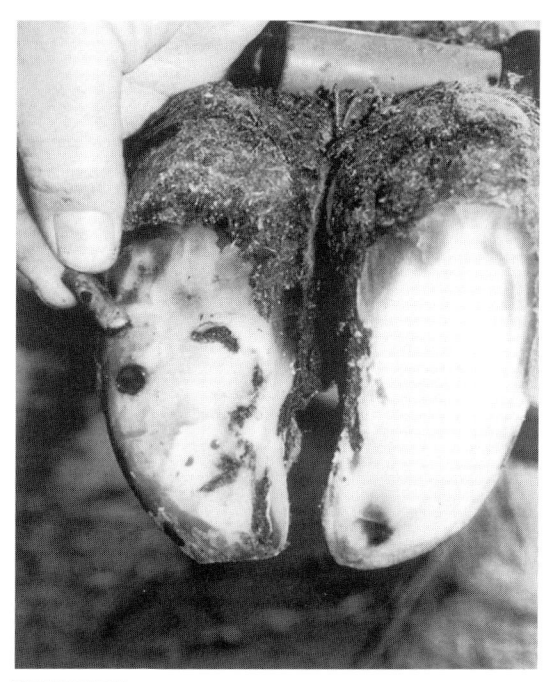

図 4.100. 異物の穿孔による外傷性蹄皮炎.

末節骨骨折,蹄底下膿瘍,末節骨の腐骨形成などの合併症が起これば,動物は重度の跛行を起こす。

治療法は外傷の深さと時間経過によって異なり,X線検査が必要な例もある。治療的削蹄法の一般原理を適用するべきである。

参考文献

Desrochers A , Anderson DE, St-Jean G . Surgical treatment of lameness. Vet Clin North Am Food Anim Pract, 2001, 17 (1) : 143-147.

Greenough PR, Ferguson JG. Alternatives to amputation. Vet Clin North Am Food Anim Pract, 1985, 1 (1) : 195-211.

Kofler J. Arthrosonography-The use of diagnostic ultrasound in septic and traumatic arthritis in cattle- A retrospective study of 25 patients. Br Vet J, 1996, 152 : 683-697.

Kofler J. Ultrasonographic imaging of pathology of the digital flexor tendon sheath in cattle. Vet Rec, 1996, 139 : 36-41.

Kofler J, Buchner A , Sendhofer A . Application of real-time ultrasonography for the detection of tarsal vein thrombosis in cattle. Vet Rec, 1996, 138 : 34-38.

Nuss K , Weaver MP. Resection of the distal interphalangeal joint in cattle: An alternative to amputation. Vet Rec. 1991, 128 : 540-543.

Stanek Ch. Basis of intravenous regional antibiosis in digital surgery in cattle. Isr J Vet Med, 1994, 49 (2) : 88-190.

Stanek Ch. Tendons and tendon sheaths. In Greenough PR (ed) : Lameness in Cattle. Philadelphia, PA : WB Saunders Co., 1997, pp. 188-191.

Toussaint Raven E.. Structure and function. In Toussaint Raven E (ed) : Cattle Foot Care and Claw Trimming. Ipswitch, UK : Farming Press, 1989, 50 pp.

van Amstel SR, Bemis D. Aspects of the microbiology of inter-digital dermatitis in dairy cows. Proceedings of the 10th International Symposium on Lameness in Ruminants, Lucerne, Switzerland, 1998, pp. 274-275.

第5章 蹄葉炎

蹄葉炎のうち，特に潜在性蹄葉炎は乳牛蹄の最も重要な蹄病である。蹄葉炎の他の病期には急性と慢性のものがある。急性蹄葉炎は散発的に発生し，分娩後60～90日の初産牛に最もよくみられる。臨床症状は疼痛と歩行を嫌うことであり，原因によっては牛はほとんど横臥して，全身症状を示すこともある。蹄冠部には発赤，軟化，腫脹および，触診による熱感が認められる。この時期には蹄角質に可視的な変化はほとんどみられない。亜急性または慢性蹄葉炎では蹄角質の変化が明らかになる。蹄底の出血，蹄底角質と白帯の黄色化が亜急性蹄葉炎の最もよくみられる所見である。慢性蹄葉炎では蹄角質の変形が起こり，蹄は幅広く扁平になる。また蹄輪が形成され，なかには深い裂溝となり，ついに蹄壁全層が破断するものもある。蹄背壁は偏向して曲がり，蹄尖が軸側方向に向き，蹄踵は浅くなる。蹄底角質は軟化し，部分的に粉末状になり，典型的には白帯が開き，黄色化するものもある。蹄踵潰瘍，蹄底潰瘍，白帯の欠損が繰り返し発生する。慢性蹄葉炎の動物は，かなりの過長蹄にならなければ跛行を呈することはないが，歩行時に不快感があり，蹄には真皮に達する病変が存在する。

■ 誘引

1. **全身性疾病**：大腸菌性乳房炎やルーメンアシドーシスなどのグラム陰性菌に起因する全身性疾病ではエンドトキシンが放出され，蹄葉炎の引き金となる。エンドトキシンはいくつかの生化学的経路に関与し，蹄内の脈管や組織に変化を引き起こす（病因の項参照）。

2. **栄養**：高炭水化物飼料は，蹄葉炎発生に重要な役割を担っていることが報告されている。リスク因子として提起されている栄養学的要因には以下のものがある。

   [炭水化物]：高レベルではルーメン内容の揮発性脂肪酸組成を変化させ，急性/亜急性ルーメンアシドーシスを起こす。ルーメンpHの低下とともに酢酸濃度が低下し，酪酸とプロピオン酸濃度が増加する。ルーメンpHが5.5未満になると乳酸の貯留がはじまる。当初は乳酸を発酵させる細菌によって乳酸レベルは抑えられているが，さらにルーメンpHが下がると乳酸が貯留してルーメンアシドーシスになる。ルーメンが酸性環境になるとグラム陰性菌の溶菌が起こり，エンドトキシンが放出される。

エンドトキシンと乳酸の両方とも蹄の脈管の変化と炎症性変化を起こすことは実験的に確かめられている。重要な因子は動物が高炭水化物飼料に馴致される時間の長さではなく，飼料中の濃厚飼料の量であることが報告されている。蹄葉炎は集中的に濃厚飼料が給与されるフィードロット牛，種雄牛試験農場，泌乳牛に多く存在している。蹄葉炎や亜急性ルーメンアシドーシス（SARA）と関連する他の疾病もまた炭水化物を一度に多量給与している酪農場で多く発生している。他では高濃厚飼料給与と蹄葉炎に相互関係がないことが報告されている。

［タンパク］：高いタンパクレベルは蹄葉炎のリスク因子として報告されている。可消化タンパク18％含有飼料およびタンパクとエネルギーの高いライグラス牧草は蹄葉炎の原因に関係があるとされている。しかしタンパクが蹄葉炎を起こす機序は明らかになっていない。

3. 粗飼料/繊維：粗飼料の量と質が，蹄葉炎発生に関わる主要な因子である。粗飼料は反芻と唾液分泌に重要な役割を演じており，唾液はルーメンpHを許容範囲に維持するための主要な緩衝源である。少なくとも総乾物摂取量の3分の1は切断長が2.5 cm以上の良質な粗飼料からなっている必要がある。

4. その他の栄養因子：オオムギ給与が蹄葉炎の高い発生と関連しており，おそらく分解産物のひとつであるヒスタミンによるものである。オオムギは急速に発酵し，ルーメン内の揮発性脂肪酸濃度と乳酸を増加させる。その他の因子には飼料や牧草中のマイコトキシンや高硝酸塩が考えられる。

5. 季節：暑熱ストレスは蹄葉炎発生の増加と関連する。環境温度と湿度の高い地域では，乳牛は体温調節のために呼吸数を増加させるので，呼吸性アルカローシスになる。牛体は尿中重炭酸排泄を増加させてこれを代償する。暑熱ストレスを受けている牛では一般的に開口呼吸を行うので唾液を喪失することになり，さらに重炭酸を喪失する。したがってルーメン緩衝能が減退することになる。さらに暑熱ストレス牛は，粗飼料よりエネルギー濃度の高い飼料を選択する傾向がある。これらの因子はルーメンアシドーシスを起こし，次には蹄葉炎を引き起こすかもしれない。舎飼い期/分娩時における高エネルギー飼料への急な変換が蹄葉炎発生を増加させるのかもしれない。

6. 牛舎管理法：通年舎飼いの酪農場ではカウコンフォートについて配慮することは重要である。蹄葉炎の誘引となるカウコンフォートと関連する因子には，コンクリート床の牛舎への突然の移動，敷き料の不足，劣悪なフリーストール構造，農場管理者の牛の取り扱い，などがある。これらの因子は起立，横臥時間や牛の行動に影響を与える（詳細は第1章と第9章の「牛にやさしい施設」を参照）。

7. 遺伝：蹄葉炎に系統や遺伝的要因が報告されている。蹄葉炎の遺伝的傾向はジャージー種で証明されている。蹄や体型の

特徴は遺伝するので，牛の品種間で蹄葉炎への感受性が違ってみえるのは，このせいなのかもしれない。

8. 分娩：分娩後2～3カ月の初産牛の蹄出血スコアが高いことが明らかにされている。このことは，周産期に起こる正常な代謝恒常性のメカニズムの変化などによって，蹄真皮の無菌性炎症や炎症性変化が起こることを示唆している（病因の項参照）。

9. 年齢：蹄葉炎の発生は分娩後60～69日の初産牛で最も高いことが報告されている。これには複数の要因があり，蹄内の構造と生化学的変化はもちろん，コンクリート床牛舎への導入，社会的因子，高エネルギー飼料への変換などがある（病因の項参照）。

10. 蹄底の厚さ：蹄底真皮を護るためには蹄底に適切な厚さが必要である。蹄底角質の摩耗が成長を上回る場合，蹄底が薄くなり，その結果，機械的な要因による蹄葉炎が起こる。蹄底が薄くなる原因は第2章で考察した。米国の酪農場では削蹄による過削が問題になりつつある。削蹄が適切に行われ，必要以上に蹄底角質を削切しないことが重要である。

11. 荷重の生体力学：正常な生体力学的荷重によって後肢外蹄の過剰成長が起こる（第4章の「荷重の生体力学」を参照）。過剰成長によって蹄内への総荷重と衝撃力が増加し，蹄底真皮に機械的損傷と炎症性変化が生じる。これは特に軸側の蹄踵/蹄底または蹄踵（蹄底潰瘍発生部位）で著しく，限局性蹄底真皮炎とみなすことができる。

■ 病因

解剖学的研究では，蹄葉炎の病因は牛蹄の3つの重要な構造単位に集中することが示されている。3つの構造単位とは脈管，懸架装置や支持装置の結合組織で蹄骨上の真皮-表皮境界面を含む構造，および増殖，分化，ケラチン化が起こる表皮細胞，である。

蹄葉炎の病因ではそのリスク因子に対する反応と相まって，以下が主要な蹄葉炎の発生経路である：

1. 炎症性経路：蹄葉炎の病因における主要な反応は真皮脈管の変化で，これに続いてケラチノサイトの増殖や分化の途絶が起こる。これらの変化は主としてエンドトキシン，ヒスタミン，乳酸あるいは機械的損傷によって開始する。

2. 非炎症性経路：ホルモン/生化学的変化によって蹄の懸架装置や支持装置内の結合組織の変化が起こる。

■ 蹄葉炎の病因：
蹄構造の構成単位の変化

脈管系

蹄への主要な動脈血供給は図5.1.に示したとおりで，軸側固有指動脈（ADA）（12）と反軸側固有指動脈（BDA）（7）からなっている。BDAは主に蹄踵に注いでいるが，ADAの方は終末弓（終動脈弓）（17）になり，3つの分枝（尖端，軸側，反軸側）（18～20）を出して蹄底周縁の動脈を形成している（23）。蹄縁，近位蹄冠，近位蹄踵真皮領域への分枝にはおびただしい動脈間吻合があるので，これらの部位の

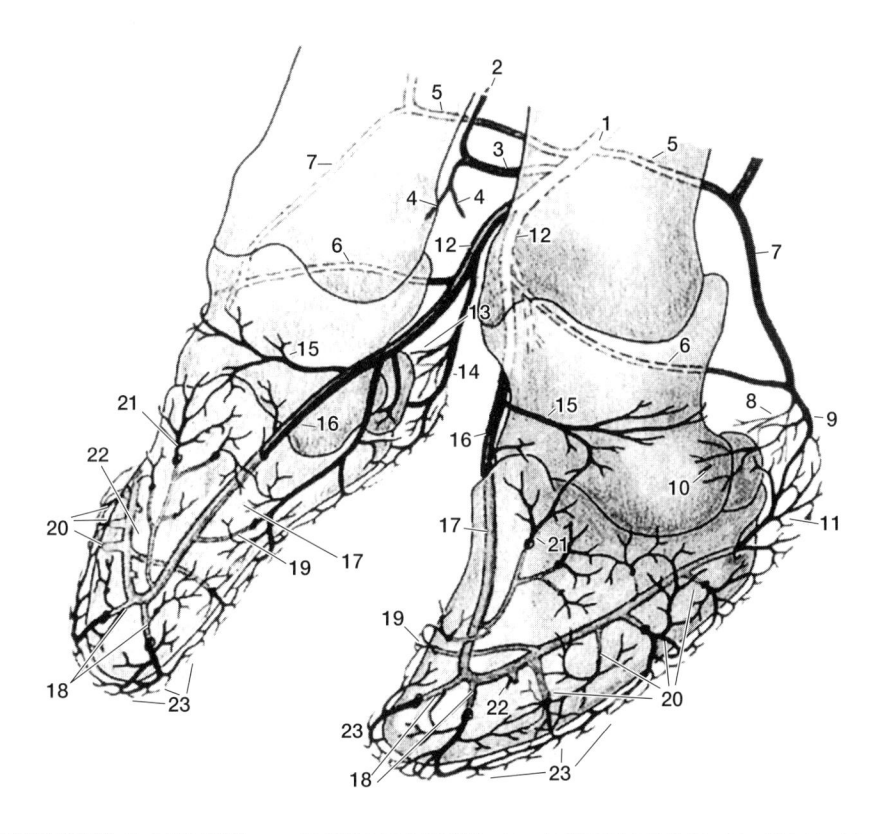

図5.1. 趾の動脈供給．7＝反軸側の固有趾動脈；12＝軸側の固有趾動脈；17＝終末弓；18～20＝一次性の動脈分枝；23＝蹄底の周縁動脈．ドイツ国ベルリン，Fréie大学獣医解剖学 Ruth M Hirschberg 提供．

循環障害は起こりにくい．反対に蹄冠真皮の軸側と反軸側の遠位部分，反軸側と特に軸側壁，蹄底と蹄踵遠位の内側では，終動脈弓から単一または一次と二次分枝数本によってしか動脈血供給を受けておらず，さらにその動脈吻合もわずかである．したがってこれらの領域は循環障害に陥りやすい．

真皮乳頭内の脈管（脈管ペッグ）（図2.3.）はその中心部に細動脈と細静脈が位置し，これらの周囲は表皮下の毛細血管網と細静脈が取り囲んでいる．真皮乳頭の尖端では細動脈は細静脈に直接流れる末端ループとなっている．健康蹄の脈管では真皮乳頭内に動静脈吻合（AVAs）はわずかしか存在しない．

蹄葉真皮における真皮襞（真皮葉）への血液供給はその中心に位置する数多くの細動脈と細静脈からなり，これらは分枝を出して，真皮襞の基部と頂上部に密な毛細血管網と細静脈のアーケイドを形成している．真皮乳頭の基部には短い鉤状の形をした真っすぐなあるいは曲がったAVAsが不規則に存在している．真皮葉上の終末乳頭に行く脈管はさらに密であり，この表皮下の毛細血管網は蹄冠の乳頭と比較して非常に入り組んでいる．終末乳頭内には非常に短い真っすぐなAVAsが不規則に存在している．

蹄底と蹄踵の真皮乳頭には短い周縁毛細血管

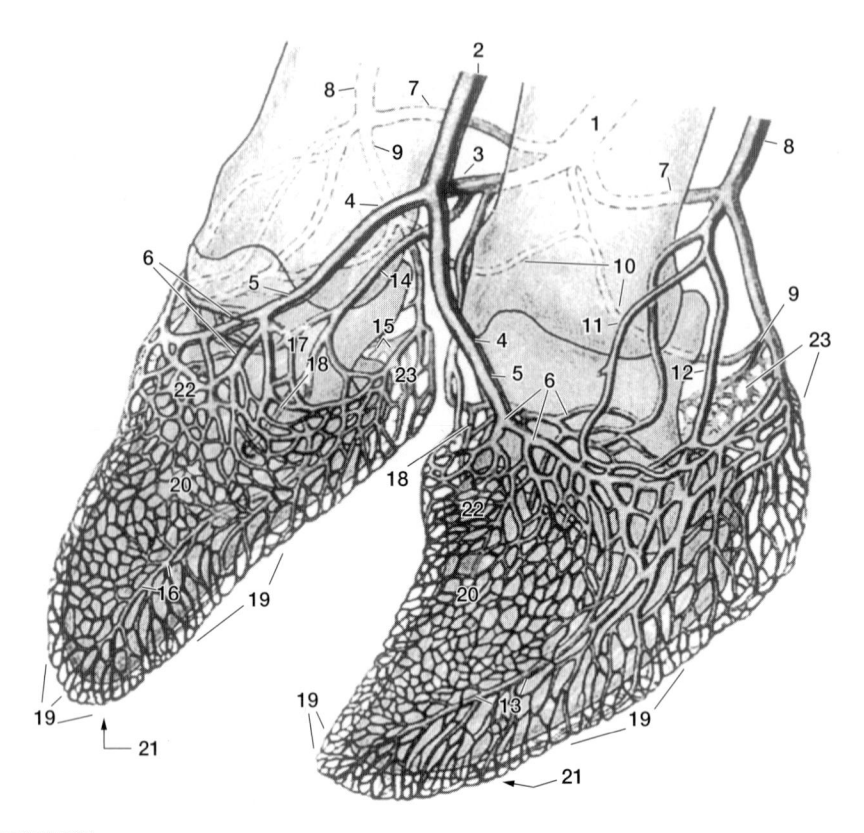

図 5.2. 蹄の静脈路．ドイツ国ベルリン，Fréie 大学獣医解剖学 Ruth M Hirschberg 提供．

ループがあり，密な毛細血管網を形成している．荷重が増加することによって発芽的血管新生が起こる．

真皮の静脈流出路は非常に広範なネットワークを形成している（図5.2.）。

蹄葉炎と関連する血管供給の変化：病蹄では血管収縮や動脈硬化などの血管の変化に対する適応として AVAs 数が増加する．蹄疾患例では蹄踵，蹄底，遠位蹄壁への動脈血供給が低下する．過剰成長蹄や蹄底潰瘍部位に出血がある蹄では，固有指動脈終末部の狭窄があり，蹄底潰瘍部位に無血管部分がみられる．固有指動脈の狭窄は重度で，終末部分は完全に欠如する場合さえある．蹄底潰瘍が完全に形成された蹄では，固有指動脈が曲がりくねったようになる．これに加えて，蹄踵では動脈吻合が顕著にみられ，多数の曲がりくねった血管が存在する．蹄底潰瘍が形成された蹄では固有指動脈は著しく細く，曲がりくねり，その分枝はわずかである．白帯病でも同様の血管の変化がみられる．

初期の研究では，真皮の静脈系は動脈系より血管作動性物質に対する感受性が高いとされている．固有指静脈を単離して使用した研究では，ヒスタミン，セロトニン，エピネフリン，$PGF_2\alpha$（Prostaglandin F$_2$ alpha）は収縮を起こした（環流圧が増加する）が，

PGE$_2$（Prostaglandin E$_2$）とブラジキニンは拡張を起こした（環流圧が減少する）。もうひとつの研究では乳酸とヒスタミンで処理すると、終末弓の背側分枝と蹄冠真皮との間の動脈吻合が拡張し、蹄壁を血液が短絡することが示唆されている。真皮の血管にはヒスタミン（H$_1$）受容体が存在することが報告されている。これらに基づけば、ヒスタミンは遠位の真皮（終末弓以下）の動脈を収縮させ、蹄冠部分の動脈を拡張させ、静脈環流を減少させて蹄の毛細管圧を上昇させると考えられる。

エンドトキシン（Lipopolisaccharide, LPS）を皮内注射するとコルチゾルとノルエピネフリンが上昇する。馬ではコルチゾルがカテコラミン（エピネフリンとノルエピネフリン）の作用を増強することが報告されている。濃厚飼料を過食させてルーメンアシドーシスを作出した去勢牛では正常の牛に比べて趾の微小血管の毛細血管圧と毛細血管後抵抗が高いことが報告されている。

別の研究では、牛にエンドトキシンを注射すると、び漫性の蹄葉炎が起こり、真皮乳頭と蹄葉の変性が起こり、その後すべての真皮部分で進行性の動脈硬化が観察されている。蹄冠真皮では完全閉塞の起きた血管（血栓症）も認められている。エンドトキシンは凝固系を活性化させることが知られているので、血栓症の一部は播種性血管内凝固症候群（DIC）の発生によるものかもしれない。エンドトキシンの皮内注射によってDICの臨床病理所見が認められている。それらは血小板減少症、血液凝固時間の延長、フィブリン分解産物の増加、病理組織検査での毛細管と細静脈の血栓形成、真皮のうっ血と出血、リンパ球と多形核白血球の浸潤、表皮基底層細胞の空胞化などである。

循環しているLPS分子は、CD14受容体とLPS結合タンパク（LBP）の2種類の可溶性タンパクとの間で相互作用する。LPS-LBP複合体は血管作動性および炎症性メディエイターを強力に誘導する。CD14は可溶性あるいは膜結合型で存在し、後者は主として単核食細胞上に存在する。可溶性のCD14はLPS-LBP複合体と相互作用し、膜上にCD14を欠いている内皮細胞や平滑筋細胞などにエンドトキシンを送り込む。これによって細胞は形を変えたり（収縮または弛緩する）、サイトカインやその他のメディエイターを発現する。

エンドトキシンはまたフォスフォリパーゼA2を活性化させて細胞障害を起こす。フォスフォリパーゼA2はアラキドン酸カケードを開始させ、シクロオキシゲナーゼ（COX）酵素（誘導性COX2）を放出する。これは細胞のプロスタノイド（prostaglandinsおよびthromboxanes）産生能を急速に変容させる。サイトカインとCOX2は血管の変化とメタロプロテナーゼ（MMPs）の強力な誘導物質である。真皮葉でCOX2の調節が促進されることが、濃厚飼料を過食させてルーメンアシドーシスを作出した牛で認められている。

ルーメン内に乳酸を注射すると、真皮葉の静脈とリンパ流のうっ滞と細胞浸潤、および表皮胚芽層の変性性変化を起こすことが報告されている。

要約：蹄葉炎では、エンドトキシン、ホルモン（エピネフリン、ノルエピネフリン）、炎症メディエイターが引き金になり、固有指動脈の

収縮が起こることによって血液が遠位蹄壁や蹄底を逸れて還流しなくなる。これらには遠位蹄壁や蹄底に動脈の分枝や動脈間の吻合が乏しいことも影響する。動脈血流の減少はDICと関連する血栓症によってさらに影響を受け，動脈硬化が発生する。また真っすぐなAVAsの数が増加し，これによってさらに真皮-表皮境界面から血流が逸れて流れなくなる。動脈硬化とAVAsは亜急性および慢性蹄葉炎に顕著な特徴である。ホルモンと炎症メディエイターまたは中毒性物質は静脈の流出や毛細血管床を拡張あるいは収縮させ，うっ血，浮腫，出血を誘発する。最近の研究では毛細血管圧と毛細血管後抵抗が増加し，これによって水の血管外への移動と組織圧の増加が促進されることがわかっている。趾の静脈の収縮が最初に起こると考えられている。拡張か収縮かはメディエイターによって左右される。プロスタノイド（prostaglandins と thromboxanes TXA$_2$）はCOX2の最終産物で，血管の拡張（PGI$_2$）も収縮（TXA$_2$）もどちらも起こす。

代償性に血流が変化し，拡張して曲がりくねった血管，動脈間吻合の増加，密で不規則な真皮毛細血管網，真皮-表皮境界面での発芽的血管新生，などがみられる。

懸架装置と支持装置の結合組織

蹄内の懸架装置は基本的に馬のそれと同じであるが，牛の蹄葉が馬よりも小さいことが異なる。牛の蹄葉では蹄踵はもちろん軸側の真皮葉は特に小さい。さらに牛では二次葉がない。すなわち真皮-表皮境界面が少なく，機械的安定性が乏しいことになる。このため付加的な支持構造として以下の2つが蹄踵に存在している：

1. 蹄球枕が蹄踵に存在する（詳細は第2章の解剖の項参照）。これによって負重時に末節骨と蹄鞘間が可動することができる。蹄球枕の変化は蹄葉炎の病因に関連しているかもしれない。育成牛の蹄球枕は主に飽和脂肪酸からなるが，経産牛ではしだいに1価の不飽和脂肪酸が増加する。1価の不飽和脂肪酸は蹄球枕のクッション効果をよくするもので，内因性に産生される。育成牛には十分な脂肪がないので荷重の衝撃力に対する抵抗力が少ない。

2. 末節骨後面と反軸側および軸側蹄壁との間を付着する結合組織は主にコラーゲンからなる。軸側ではこの付着は遠位十字靱帯とつながっている。

懸架装置の障害や機能不全は特に蹄踵においてマトリクスメタロプロテナーゼ（MMPs）の産生と関連している。MMPsはホルモンの影響ばかりでなく，炎症性または非炎症性の要因によっても産生される：

1. 炎症性起源のMMPs：
 (a) カルシトニン遺伝子関連ペプチドやサブスタンスPなどの神経ペプチドは蹄底真皮を含む真皮乳頭を覆う表皮内で，本来，知覚神経である自由終末（侵害受容器）に存在する。これらの神経ペプチドは疼痛に加え，圧にも反応し，機械受容器としても働いている。これと同時に炎症や血管拡張を促進する他のペプチドとも相互作用してケラチノサイトの増殖に影響を与える。特に後肢外蹄への生体力学的

荷重は侵害受容器を機械的受容器として活動させ，特に蹄踵部分の過剰成長を起こす。この過剰成長は蹄後方の支持構造の機能を障害することによって蹄底真皮の機械的損傷を生じ，その結果，炎症とMMPs産生が起こる。これらの作用は蹄底角質全層の欠損（潰瘍）を起こすことになる。

(b) 懸架装置の炎症起源の損傷は上述したとおり真皮循環の変化から起こる。これは組織の低酸素症，浮腫形成，MMPsの活性化を生じ，コラーゲンが様々な程度に破壊され，懸架装置が機能しなくなる。その結果，末節骨が沈下し，真皮（蹄球枕と蹄底真皮）を圧迫することになる。表皮の変化は圧迫による二次的なものである。

2. 非炎症性起源のMMPs：

ゼラチン溶解性プロテアーゼである"hoofase"の発現は初産牛で高いが，未経産牛では高くない。マトリクスメタロプロテナーゼ2（MMP-2）（コラーゲンリモデリングメディエイター）活性と"hoofase"発現との間に有意な関係があることが発見されている。"hoofase"は分娩2週間前に最も高くなる。MMP-9の関与はないことが報告されているので，炎症は周産期の蹄病の病因としては主要なものではない。これらの変化はコラーゲンのリモデリングや修復と同時に起こっている。

3. ホルモンの影響：

リラキシンなどのホルモンの影響はコラーゲン線維束の物理的変化を起こす。真皮-表皮境界面はもちろん末節骨付着部が影響を受け，蹄踵部位に懸架装置の弛緩や不安定性が生じる。

表皮の分化と増殖

正常な表皮細胞の分化と増殖は健常な基底膜と真皮へのエネルギー，ミネラル，微量栄養素，水を供給する真皮の血流量によって決まる（詳細は第2章参照）。初期の表皮基底膜の劣化は分娩前の初妊牛でみられることが報告されている。病理学的変化には胚芽層直上の細胞間への無定形の細胞外物質の浸潤が認められる。これによってケラチン線維が無秩序になり，表皮細胞配列が不規則になる。すなわち劣化した角質ができあがる。これらの変化は跛行の症状がみられるようになる前に起こる。角質の劣化した初妊牛は，分娩と泌乳に関連する管理法（カウコンフォート）や生化学的変化によって泌乳期間中に蹄葉炎に罹りやすくなる。

表皮成長因子（EGF）受容体は牛蹄角質の表皮に広く存在している。蹄角質の体外移植組織では分化表皮には広くEGF結合が起こっている。EGFはタンパク合成を刺激するが，培養液中ではタンパク組成や種類が変化することはない。EGFによるタンパク合成はプロラクチンによって拮抗されるが，プロラクチンにインスリンとコルチゾルを添加すると蹄角質体外移植組織のタンパク合成は増加する。コルチゾルそれ自体は牛蹄角質体外移植組織のタンパク総合成量を減少させるが，合成するタンパクの種類を減少させることはない。分娩後の牛はグルココルチコイド濃度が増加する。蹄葉炎発生が多い高泌乳牛群においてもコルチゾル濃度が上昇することが報告されている。インスリン受容体は表皮と真皮の両方に存在するが，角質には

ない。ガラス容器内の蹄組織の体外移植組織では生理的濃度のインスリンはタンパクとDNAの両方の合成を刺激する。分娩後の牛ではインスリンが低下することが報告されている。さらに泌乳期中の蹄角質もまた他の組織（脂肪と骨格筋）でみられるインスリン抵抗性に曝されることになる。なぜなら乾乳期中の過栄養によって高インスリン血症と高血糖が起こり，これらはインスリン抵抗性を示す古典的サインであるからである。

慢性蹄葉炎牛では鉄，カルシウム，亜鉛濃度が低く，コルチゾルと血清総タンパクが高い。

活性化したケラチノサイトは種々のケラチンを発現し，細胞骨格と表面受容体を変化させ，増殖過剰状態で遊走性があり，血管内皮成長因子（VEGF）を発現する。VEGFは低酸素症や炎症時に真皮の血管新生をつかさどる重要な役割を担っている。内因性のMMPsは頑強な真皮-表皮境界面（基底膜）を分解し，血管周囲マトリクスの劣化を制御することによって内皮細胞の発芽や遊走を可能にしている。

要約：表皮細胞の増殖と分化の障害や末節骨後面（屈筋結節）の懸架装置の障害は炎症性あるいは非炎症性の要因によって起こる。非炎症性の要因は懸架装置の不安定性や障害を起こし，育成牛と成牛の蹄球枕の構造の相違と関連する。加えて周産期のホルモンや生化学的変化はどちらの牛にも懸架装置のリモデリングと不安定性を起こす。表皮細胞の増殖と分化は非炎症性の要因によって影響される。タンパク合成は，コルチゾル，プロラクチン，インスリンの不足/抵抗性などの数種のホルモン作用によるEFGの抑制によって低下する。

炎症の引き金になる因子には生体力学的荷重の変化があり，血管と生化学的変化をもたらし，細胞の異常な増殖，分化，ケラチン形成はもちろん懸架装置や支持装置内の結合組織の障害/不全を起こす。

■ 潜在性蹄葉炎と関連する病変

蹄底出血

蹄底出血は潜在性蹄葉炎と関連して最もよくみられる病変で，5〜9カ月齢の子牛でも報告されている。反軸側の白帯，蹄尖の白帯，反軸側壁，蹄踵蹄底接合部，蹄踵に最もよくみられる。出血は後肢外蹄に最もよく起こる。成乳牛では発生割合が初産牛で94％，2産以上の牛で66％であることが報告されている。これらの出血は分娩後2〜4カ月にみられ，後肢外蹄の出血スコアは他の蹄に比べて高い。

その他の病変

その他の病変には蹄底の黄色化，白墨粉末様の蹄底角質，水平蹄輪（ハードシップ溝），二重蹄底，白帯離開と二次性の蹄底下膿瘍，蹄角質の異常な成長と過剰成長，蹄尖と蹄踵の潰瘍を含む蹄底潰瘍，典型的部位の潰瘍形成と蹄底の坑道形成などがある。白帯離開と蹄球びらんは搾乳日数（DIM）が経過するほど頻度が増すが，黄色化は30日前にピークとなり，60日後は減少することが報告されている。

■ 蹄葉炎と関連する病理学的変化

急性/亜急性蹄葉炎では真皮の顕微鏡的変化として充血，うっ血，浮腫，細胞浸潤，出血が

みられる。細胞浸潤はマクロファージと好中球が主体である。肥満細胞や好酸球の細胞浸潤は蹄縁や蹄冠以外ではみられない。また蹄の病理変化はすべての真皮における乳頭の形状や方向の変化と関連している。側方や二次乳頭の数が増加し，これと同時に毛細血管網は不規則で入り組んだものになる。変性性の変化は特に血栓によって血管が閉塞した付近の表皮でみられる。有棘層の細胞は大きくなり，空胞化，核濃縮がみられる。末節骨の下方への回転がみられる例もある。

慢性蹄葉炎では動脈硬化がよくみられるが，これは小さな細動脈ばかりではない。動脈硬化は内膜の増殖と内弾性板の損傷が特徴的所見である。真皮のすべての領域で毛細血管新生（新生された動静脈短絡）による動静脈吻合の著増がみられる。表皮葉には過角化や錯角化が存在する。爪甲形成物質の消失が共通所見として報告されており，ケラチン形成や蹄性状と関連している。蹄角質が劣化するのは角質の硬さに寄与するジスルフィド結合が少ないせいかもしれない。その他に蹄角質性状に関連するものには角細管の数があり，蹄葉炎では角細管数が有意に減少する。

蹄の懸架装置の病理学的変化についても報告されている。蹄底潰瘍では末節骨の屈筋結節が下方に変位し，掌側の真皮と皮下織は正常のものよりひ薄になっている。蹄球枕の脂肪量が減少し，コラーゲン性の結合組織で置換されている。

■ 治療

蹄葉炎の治療は，リスク因子の発見と管理に基づいて行われる。跛行牛には適切な治療を施すべきである（第4章の角質病変の治療的削蹄の項を参照）。集約的に管理されている初産乳牛では，ビオチンと微量ミネラルの飼料添加が蹄の健康に有益な効果があるかもしれない。

参考文献

Andersson L, Bergman A. Pathology of bovine laminitis especially as regards vascular lesions. Acta Vet Scand, 1980, 21 : 559-566.

Bargai U. Risk factors for subclinical laminitis (SL) : A study of 32 kibbutz herds in Isreal. Isr J Vet Med, 1998, 53 (3) : 80-82.

Belge F, Bildik A, Belge A, Kilicalp D, Atasoy N. Possible association between laminitis and some biochemical parameters in dairy cows. Aust Vet J, 2004, 82 : 556-557.

Belknap EB, Cochran A, Schwartzkopf E, Belknap JK. Digital expression of isoforms of Cyclooxygenase in a model of bovine laminitis. In Proceedings of the 36th Annual Convention of the American Association of Bovine Practitioners, September 18-20, 2003, p. 191.

Bergsten C , Frank B. Sole hemorrhages in tied primiparous cows as an indicator of periparturient laminitis : Effects on diet, flooring and season. Acta Vet Scand, 1996, 37 : 383-394.

Bergsten C, Herlin AH. Sole hemorrhages and heel erosion in dairy cows : The influence of housing system on their prevalence and severity. Acta Vet Scand, 1996, 37 (4) : 395-407.

Boosman R, Koeman J, Nap R. Histopathology of the bovine pododerma in relation to age and chronic laminitis. J Vet Med, A, 1989, 36 : 438-446.

Boosman R, Mutsaers CWAAM, Dieleman SJ. Sympathico-adrenal effects of endotoxemia in cattle. Vet Rec, 1990, 127 : 11-14.

Boosman R, Mutsaers CWAAM, Klarenbeek A. The role of endotoxin in the pathogenesis of acute bovine laminitis. Vet Q, 1991, 13 (3) : 155-162.

Boosman R, Nemeth F, Gruys E. Bovine laminitis : Clinical aspects, pathology and pathogenesis with reference to acute equine laminitis. Vet Q, 1991, 13 (3) : 163-171.

Buda S, Muelling ChKW. Innervation of dermal blood vessels provides basis for the neural control of microcirculation in the bovine claw. In Proceedings of the 12th International Symposium on Lameness in Ruminants, Orlando, FL, 2002, pp.230-231.

Christmann U , Belknap EB, Lin HC, Belknap JK. Evaluation of hemodynamics in the normal and lamanitic bovine digit. In Proceedings of the 12th International Symposium on Lameness in Ruminants, Orlando, FL, 2002, pp. 165-166.

Colam-Ainsworth P, Lunn GA, Thomas RC, Eddy RG. Behaviour of cows in cubicles and its possible relationship with laminitis in replacement dairy heifers. Vet Rec, 1889, 125 : 573-575.

Elmes PJ, Eyre P. Vascular reactivity of the bovine foot to neurohormones, antigens, and chemical mediators of anaphylaxis. Am J Vet Res, 1977, 38 (1) : 101-112.

Fontaine G, Belknap JK, Allen D, Moore Jn, Kroll DL. Expression of interleukin-1 β in the digital laminae of horses in the prodromal stage of experimentally induced laminitis. AJVR, 2001, 62 (5) : 714-719.

Frankena K , van Keulen KAS, Noordhuizen JP, Noordhuizen-Stasse EN, Gundelach J , de Jong DJ, Saedt I. A cross-sectional study into prevalence and risk indicators of digital haemorrhages in female dairy calves. Prev Vet Med, 1992, 14 : 1-12.

Greenough PR, Vermunt JJ. Evaluation of subclinical laminitis in a dairy herd and observations on associated nutritional and management factors. Vet Rec, 1991, 128 : 11-17.

Greenough PR, Vermunt JJ, McKinnon JJ, Fathy FA, Berg PA, Cohen DH. Laminitis-like changes in the claws of feedlot cattle. Can Vet J, 1990, 31 : 202-208.

Hendry KAK, Knight CH, Galbraith H, Wilde CJ. Basement membrane role in keritinization of healthy and diseased hooves. In 11th International Symposium on Disorders of the Ruminant Digit and 3rd International Conference on Bovine Lameness. Parma, Italy, 2000, pp. 128-129.

Hendry KAK, MacCullum AJ, Knight CH, Wilde CJ. Effect of endocrine and paracrine factors on protein synthesis and cell proliferation in bovine hoof tissue culture. J Dairy Res, 1999, 66 : 23-33.

Hendry KAK, MacCullum Al Knight CH, Wilde CJ. Laminitis in the diary cow : A cell biological approach. J Dairy Res, 1997, 64 : 475-486.

Higuchi H, Nagahata H. Relationship between serum biotin concentration and moisture content of sole horn in cows with clinical laminitis or sound hooves. Vet Rec. 2001, 148 : 209-210.

Hirshberg RM. Microvasculature and microcirculation of the healthy and diseased bovine claw. In Proceedings of the 11th International Symposium on Disorders of the Ruminant Digit, Parma, Italy, September 3-7, 2000, pp. 97-101.

Hirschberg RM, Mulling ChKW. Preferential pathways and haemodynamic bottlenecks in the vascular system of the healthy and diseased bovine claw. In Procedines of the 12th International Symposium on Lameness in Ruminants, Orlando, FL, 2002, pp.223-226.

Hirschberg RM, Plendl J. Pododermal angiogenesis-new aspects of development and function of the bovine claw. In 11th International Symposium on Disorders of the Ruminant Digit and 3rd International Conference on Bovine Lameness. Parma, I taly, 2000, pp.67-69.

Hoyer MJ. Hereditary laminitis in jersey calves in Zimbabwe. J S Afr Vet Med Assoc, 1991, 62 (2) : 62-64.

Knott L, WebsterA J, Thrlton JF. Biochemical and Biophysical changes to connective tissues of the bovine hoof around parturition. In 11th International Symposium on Disorders of the Ruminant Digit and 3rd International Conference on Bovine Lameness. Parma, Italy, 2000, pp. 88-89.

Maierl I Bottcher P, B ohmisch R, Hecht S, Liebich HG. A method to assess the volume of the fat pads in the bovine bulb. In Proceedings of the 12th International Symposium on Lameness in Ruminants, Orlando, FL, 2002, pp. 227- 228.

Mgasa MN, Kempson SA. Functional anatomy of the laminar region of normal bovine claws. In Proceedings of the 12th International Symposium on Lamenessin Ruminants, Orlando, FL, 2002, pp. 180-181.

Midla LT, Hoblet KH, Weiss WP, Moeschberger ML. Supplemental dietary biotin for prevention of lesions associated with aseptic subclinical laminitis （pododermatitis aseptic diffusa） in primiparous cows. AJVR, 1998, 59 (6) : 733-738.

Mochizuki M, Itoh T, Yamada Y, Kadosawa I, Nishimura R, Sasaki N, Takeuchi A. Histopathological changes in digits of dairy cows affected with sole ulcers. J Vet Med Sci, 1996, 58 (10) : 1031-1035.

Morrow LL, Turmbleson ME, Kintner LD, Pjander WH, Preston RL. Laminitis in lambs injected with lactic acid. Am J Vet Res, 1973,34 (10) : 1305-1307.

Ossent P ,Lischer C. Bovine laminitis : The lesions and their pathogenesis. In Pract, September, 1998, 20 : 415-427.

Roderson DH, Belknap JK, Moore JN, Fontaine GL. Investigation of mRNA expression of tumor necrosis factor-α, interleukin-1 β, and cyclooxygenase-2 cultured equine digital smooth muscle cells after exposure to endotoxin. Am J Vet Res, 2001, 62 (12) : 1957-1962.

Singh SS, Munay RD, Ward WR. Histopathological and morphometric studies on the hooves of dairy and beef cattle in relation to overgrown sole and laminitis. J Comp Pathol, 1992, 107 : 319-328.

Singh SS, Ward WR, Murray RD. An angiographic evaluation of vascular changes in sole lesions in the hooves of cattle. Br Vet J, 1994, 150 : 47-52.

Singh SS, Ward WR, Murray RD. Gross and histopathological study of endotoxin-induced hoof lesions in cattle.J Comp Pathol, 1994, 110 : 103-115.

Smilie RH, Hoblet KH, Eastridge ML, Weiss WP, Schnitkey GL, Moeschberger ML. Subclinical laminitis in dairy cows : Use of severity of hoof lesions to rank and evaluate herds. Vet Rec, January 2 ,1999, 144 : 17-21.

Smilie RH, Hoblet KH, Weiss WP, Eastridge ML, Rings DM, Schnitkeyl Gl. Prevalence of lesions associated with subclinical laminitis in first-lactation cows from herds with high milk production. JAVMA, 1996, 208 (9) : 1445-1451.

Tarlton JF, Webster AJF. A biochemical and biomechanical basis for the pathogenesis of claw horn lesions. In Proceedings of the 12th International Symposium on Lameness in Ruminants, Orlando, FL, 2002, pp. 395-398.

Toussaint Raven E. Structure and Functions (Chapter 1) and Tiimming (Chapter 3). In Toussaint Raven E (ed) : Cattle Foot Care and Claw Trimming. Ipswich, UK : Farming Press, 1989, pp. 19-32.

Vermunt JJ. Risk Factors of laminitis-an overview. In 11th International Symposium on Disorders of the Ruminant Digit and 3rd International Conference on Bovine Lameness, Parma, Italy, 2000, pp. 34-42.

Vermunt JJ, Greenough PR. Lesions associated with subclinical laminitis of the claws of dairy cows in two management systems. Br Vet J, 1995, 151 : 391-398.

VermuntJJ, Greenough PR. Predisposing factors of laminitis in cattle. Br VetJ, 1994, 150 : 151-160.

Vermunt JJ, Greenough PR. Sole hemorrhages in dairy heifers managed under different underfoot and environmental conditions. Br Vet J, 1996, 152 : 57-72.

Westerfield I , Mulling ChKW, Budras KD. Suspensory apparatus of the distal phalanx (Ph III) in the bovine hoof. In 11th International Symposium on Disorders of the Ruminant Digit and 3rd International Conference on Bovine Lameness, Parma, Italy, 2000, pp. 103-104.

第6章　疼痛管理

牛蹄の真皮と表皮基底層は特に密に神経が分布している構造である．炎症や腫脹と関連する蹄の病的変化は重度の疼痛を生じ，その結果，跛行，行動の変化，急速な体重減少などが起こる．動くことを嫌う，横臥するのに長く時間がかかる，放牧時の採食時間が短縮する，咀嚼回数が減る，搾乳時にじっとしていられない，などの行動の変化がみられる．

■ 生理学

侵害刺激を中枢神経系へ伝導する神経は有髄のA線維と無髄のC線維である．これらの神経線維は脊髄背角から脊髄に入り，そこから脳の様々な中枢に中継される．また脊髄腹角からは脊髄反射の経路が始まる．脳からの下行性経路は疼痛感覚を調節するゲイトメカニズムによって到達した侵害刺激に作用して調節を加えている．

■ 神経伝達物質

ナトリウムチャンネル

ナトリウムチャンネルは感覚受容器からのインパルスや知覚神経と運動神経の脱分極と伝導に必要である．局所麻酔薬はナトリウムチャンネルをブロックするので侵害情報の伝導が阻害される．

内因性オピオイド

内因性オピオイドにはエンケファリンとエンドルフィンペプチドがある．これらは中枢神経系にあり，侵害情報と関連するニューロンを抑制する．3種の主要な受容体（ミュー，カッパ，デルタ）に作用する内因性オピオイドは脊髄の下行性抑制系の一部である．オピオイドの作用は内因性神経伝達物質によく似ている．

カテコラミン（α_2アドレナリン受容体作動薬）

内因性オピオイドに似たノルエピネフリンは下行性抑制系に存在する．キシラジンやデトミジンはα_2アドレナリン作動性薬で，反芻動物の侵害認識への調節作用が非常に強い．

アミノ酸

グルタミン酸塩とガンマアミノ酪酸（GABA）は中枢神経系内で最も一般的なアミノ酸神経伝達物質で，両方とも2つ以上の受容体で働く．グルタミン酸塩はn-methyl d-aspartate（NMDA）受容体で興奮作用があるが，GABAは抑制作用を示す．ケタミンは中枢神経系のNMDA受容体を抑制する．

ペプチド

カルシトニン遺伝子関連ペプチドやサブスタンスPのような神経ペプチドは真皮乳頭を覆う蹄角質表皮内の知覚神経終末（侵害受容器）に存在する。これらの侵害受容器は疼痛と機械的受容器の両方として働き，他のペプチドと相互作用して炎症や血管拡張を促進し，それ自体でもケラチノサイトの増殖を調節する。ペプチド神経伝達物質を確実に調節して無痛を起こす方法は開発されていない。

病的反応

牛にも知覚/侵害受容系による疼痛に対する病的反応があることがわかっており，末梢性および中枢性の痛覚過敏（感作）がある。末梢性痛覚過敏は炎症反応として放出される合成物質によって生じ，サイトカイン，キニン，アラキドン酸誘導体などがそれである。これらが知覚神経終末の域値を低下させることによって刺激に対する感受性が高まる。中枢性痛覚過敏は過度の持続性の知覚入力によって生じ，おそらくNMDA受容体を介する神経伝達物質であるグルタミン酸塩によるものである。ある研究では趾間ふらんによる重度の疼痛のある羊では，機械的侵害受容刺激に対する域値が対照羊より低下していることが明らかにされている。域値の低下は趾間ふらんが治癒した3カ月後でも認められた。

無痛法

鎮痛薬
- 非ステロイド性抗炎症薬
  - アスピリン（15～100 mg/kg 1日2回）は最も使用されているが，効能は疑問視されている。
  - フルニキシンメグルミン（0.25～1.1 mg/kg 静注または筋注，8～12時間毎）は広く使用されている。
  - フェニルブタゾンは食用となる反芻動物に使用すべきでない。
  - これらの薬物はオピオイドなどの他の鎮痛薬と併用することによって無痛効果が増強する。
- オピオイド
  - オピオイドは中等度から重度の疼痛に有用である。
  - モルヒネ 0.25～0.5 mg/kg 筋注，4～6時間毎，または
  - ブトルファノール 0.01～0.05 mg/kg 静注または筋注，2～4時間毎，手術直後に投与すると疼痛管理に有用
  - 腸管のイレウスが問題となる副作用である。
  - オピオイドの高用量投与は羊で興奮と強迫咀嚼が起こる。
- α_2 作動薬
  - 無痛に伴って鎮静も起こる。起立位での処置を行うのが困難になる。
  - キシラジン 0.05 mg/kg を 5 mℓ の生理食塩液に希釈して尾椎硬膜外投与すると起立したままでよい無痛効果が得られる。尾

は注射後5分間挙上しておく。
- NMDA受容器抑制薬：ケタミン
  ― 麻酔量より少ない用量で無痛が得られる。
  ― 0.4～1.0 mg/kg/時の持続点滴することができる。
  ― ケタミンを単独またはキシラジンと併用して，持続点滴することによって鎮痛薬として使用することは牛ではあまり行われない。
- ナトリウムチャンネルブロッカー：リドカイン
  ― 術後鎮痛として使用することができる：1.5～2.0 mg/kgを5～10分で静注後，3 mg/kg/時で持続点滴するか，あるいはケタミンを併用する。

■ バランス無痛法

2種類以上の鎮痛薬を使用して最適な疼痛管理を達成することで，特定の疾病/処置のために行われるものである：たとえば蹄底潰瘍の合併症が起こった場合の腱鞘切開術と深趾屈腱切除術などの場合に使用される。
- 蹄ブロックを用いて，罹患蹄を免重する。
- フルニキシンメグルミンなどの非ステロイド性抗炎症薬を8時間毎に静注する，あるいは処置の直前に投与する。
- リドカインやブピバカインなどのナトリウムチャンネルブロッカーを止血帯下の静脈に注射して，静脈内局所麻酔を行う。
- 局所麻酔とキシラジンなどのα_2アドレナリン作動薬を併用する。
- 持続的な術後鎮痛を得るために非ステロイド性のフルニキシンとケタミンの投与とともにリドカインの持続点滴を行う。

■ 局所麻酔法

止血帯を巻いた下肢の静脈内局所麻酔法は非常に簡単な手技で実施でき，下肢の外科麻酔を得ることができる。この麻酔によって真皮の切開が必要な治療的削蹄や断趾術，腱鞘切開術，蹄関節強直術などの外科手術を行うことができる。

止血帯（ゴムチューブ）を中手/中足の中央に巻く。反軸側掌側で，副蹄のすぐ前上方にある静脈または両趾間の背面にある総背趾静脈（図6.1.）に局所麻酔薬を注射する。19gの蝶付きのカテーテルを用いて，針を静脈に垂直に刺入する。刺入後すぐに血液が戻ってこなければ針を少し引いてみる。20～35 mlの2％リドカインを針が静脈から抜けてしまわないように緩徐に注射する（図6.1.）。数分後に外科麻酔が得られる。

第2の方法はリングブロックの方法を用いて下肢を麻酔する方法である。この手技は2％リドカインを球節関節直上でリング状に複数回皮下注射するものであり，針の刺入による疼痛が強く，外科麻酔を得るのに時間を要する。局所麻酔薬の追加投与が必要な場合もある。この方法は球節上に腫脹があり，静脈がわからないときにだけ使用する。

第3の方法は趾間隙の麻酔（趾間ブロック）で，趾間過形成の切除などに最もよく使用される。この方法では18gまたは20g，1.5インチ（約3.8 cm）の針を趾掌側趾間の皮膚襞に刺入して行う（図6.2.）。趾の重度の腫脹がなければ20 mlの2％リドカインを趾間に注射すると，数分後に趾間の麻酔が得られる。

疼痛管理……第6章

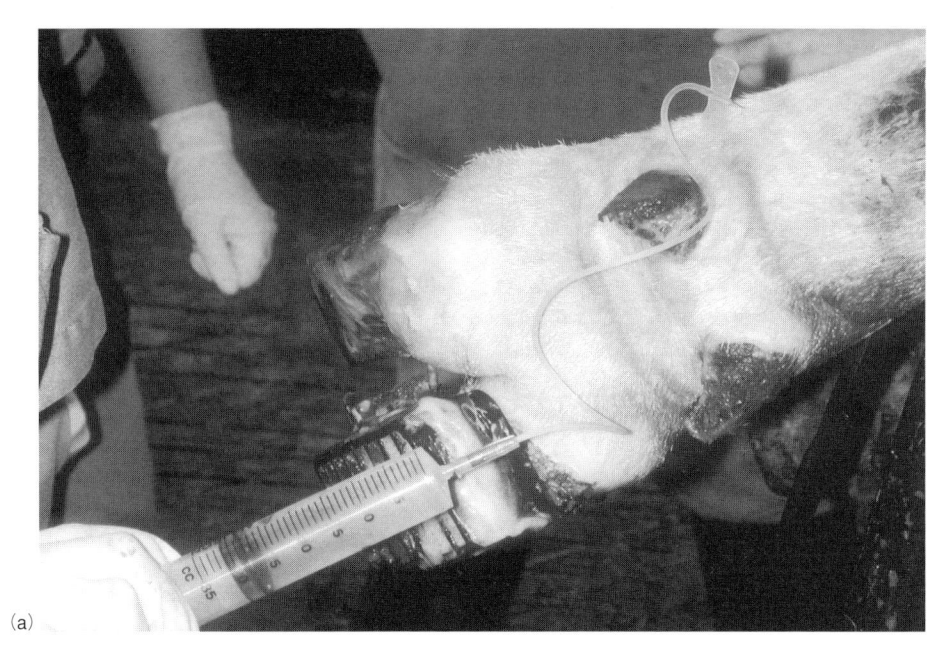

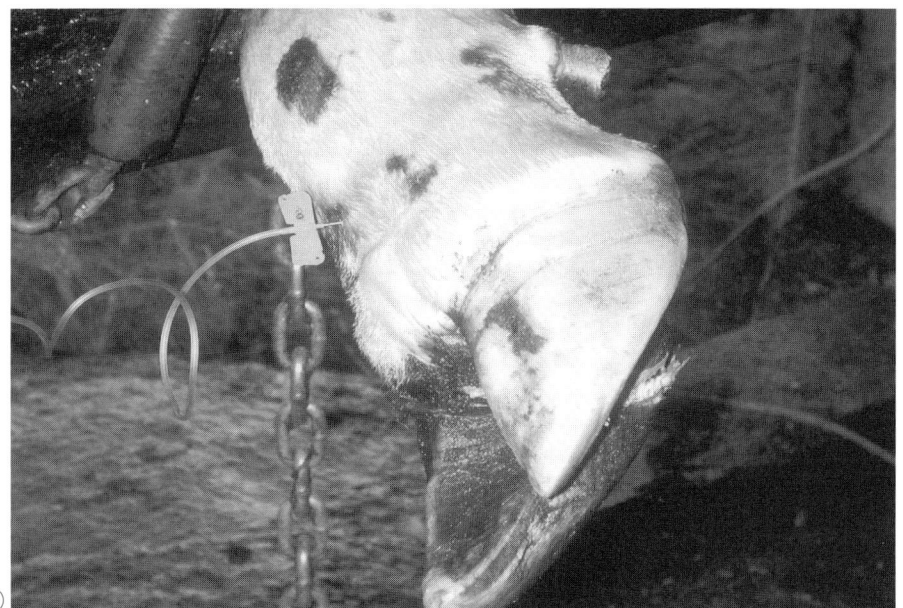

(a)

(b)

図6.1.　(aとb) 静脈内局所麻酔.

■ 付加的な治療

動物はいつでも可能なかぎり乾燥した清潔な環境におき，飼料と水に容易に近づけるようにする。蹄ブロックを用いて免重することは疼痛を減少させるひとつの方法である。罹患蹄の負重時に圧迫を受けないように包帯を巻く必要が

133

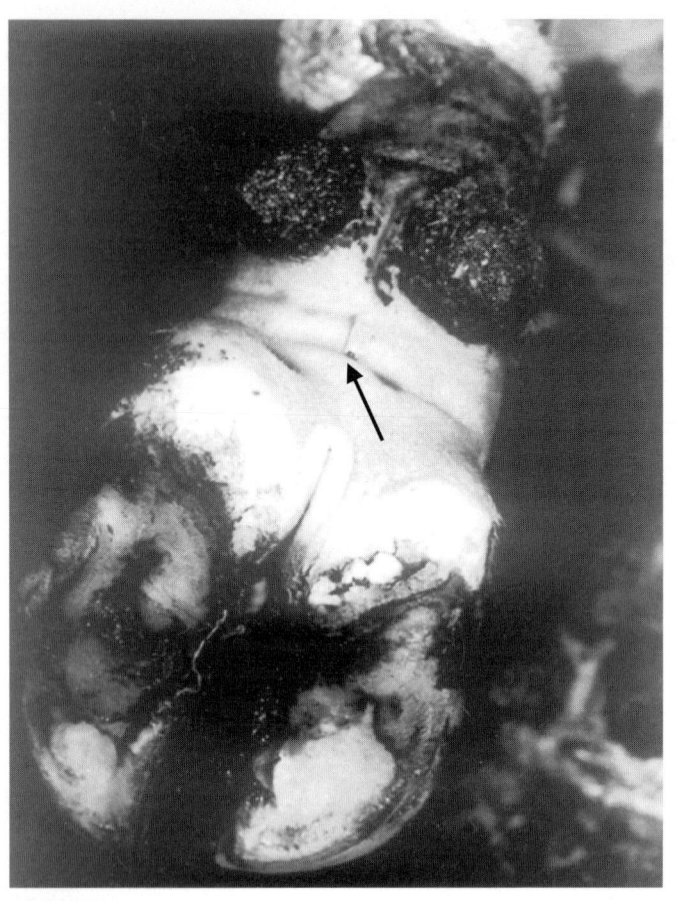

図6.2. 趾間の局所麻酔.

ある。蹄ブロックは正しい位置にあって，罹患蹄を免重しているかどうかときどき確かめるべきである。蹄ブロック下に蹄底潰瘍ができることもあり，罹患肢の跛行が突然ひどくなる。このような場合には蹄ブロックをすぐ外してみて，もし可視的な病変がわからなければ，疼痛があるかどうか検蹄器を用いて確かめるべきである。

抗生物質の全身投与は特に趾の腫脹がある場合に行う。このような例で可能ならば抗生物質の静脈内局所治療を数日間実施する。セフティフォアナトリウム（1g），1000万単位のベンジルペニシリンナトリウム，アンピシリン（1g）などを止血帯下の静脈内に投与し，止血帯を30分間巻いたままにしておく。抗生物質をリドカインで溶解することもでき，そうすればこの方法による不快感も防ぐことができる。注射は約30秒かけて緩徐に行う。この方法によって高濃度の抗生物質が組織中に得られる。深趾屈腱鞘滑液のベンジルペニシリンナトリウム濃度の方が球節関節の滑液より高いことが報告されている。静脈内局所抗生物質治療は3〜4日続けるべきだとされている。合併症として注射部位の膿瘍や静脈血栓ができることがある。

参考文献

Dobromylskyj P, Flecknell PA, Lascelles B D, Pascoe P J, Taylor P, Waterman-Pearson A. Management of postoperative and other acute pain in animals. In: Pain management in animals, edited by Paul Flecknell and Avril Waterman-Pearson. WB Saunders/Harcourt Publishers Limited: London, 2000, pp. 81-147.

Hassall SA, Ward WR, Murray RD. Effects of lameness on the behavior of cows during the summer. Veterinary Record, 1993, 132: 578-580.

Ley SJ, Waterman AE, Livingston A. A field study of the effect of lameness on mechanical nociceptive thresholds in sheep. Veterinary Record, 1995, 137: 85-87.

Livingston A, Chambers P. The physiology of pain. In: Pain Management in Animals, edited by Paul Flecknell and Avril Waterman-Pearson. WB Saunders/Harcourt Publishers Limited: London, 2000, pp. 9-19.

Whay HR, Waterman AE, Webster AJF. Associations between locomotion, Claw lesions and nociceptive threshold in dairy heifers during the peri-partum period. The Veterinary Journal, 1997, 154: 155-161.

第7章 肢近位の跛行

■ 保定による跛行

起立枠場保定に起因する跛行

　腹帯をして起立枠場保定をしている牛が突然激しく座り込んだり，体重を前方に移動させたりすることによって，前肢の腕神経叢とここから分岐する肩甲上神経と橈骨神経に損傷が起こる。たとえば，後肢を挙上しているときに座り込んで前膝をついてしまう牛がいる。このとき腹帯が後方に滑って移動し，胸部が前方に滑り出て落下してしまい，頸の付け根と肩の前方を強く打ち付けることになる。損傷の程度は神経の外傷の重症度に左右され，ヘッドゲイトを開けても前肢で立つことができないこともある。牛は起立しようとして前膝をつきながら前方に這い出る。

　ほとんどの重度例では，牛は起立できないか，負重できない。このような例は予後不良で，安楽殺処分しなければならない。重度ではない例で，特に一肢が重度に罹患している場合には，牛は這い出たあと立つことはできるが，肩をまっすぐに伸ばすことができず，肢を前方に差し出して，肘の位置が沈下する。このようなものではある程度経てば治るかもしれないが，治癒しないこともある。

　前肢を強く外側に回転させ，肘を肋から遠ざけるように引っ張って保定すると，腕神経叢が引き伸ばされて損傷を受けてしまうこともある。

傾斜台（ティルトテーブル）保定に起因する跛行

　肩下のパッドが不十分であったり，長時間横臥させておくと，下側肢の橈骨神経の遠位に損傷が生じる。体重の重い牛，特に種雄牛で起こりやすい。表層を走る橈骨神経枝が，骨の突出部位で圧迫されることにより損傷を受ける。さらに体重の重い牛では横臥中に血流が減るので，肩部分の大きな筋肉群の血流が減少することになる。罹患動物は傾斜台から解放されても横臥してしまい，起立できないかもしれない。前肢が少し曲がったままで体重をかけることができず，まったく肢を前方に進めることができない。ほとんどの例では橈骨神経の損傷または筋肉の血流障害，あるいはこの両方は一時的なもので24時間以内に回復する。しかし回復しないものも少数例ある。この場合，肢を引きずるので趾の前面に外傷が起こる。傾斜台での保定に起因する損傷は傾斜台に十分パッドを敷いておくことや肢を前方に引っ張った位置で保定することで防止することができる。

末梢神経症による跛行

肩甲上神経麻痺

　肩甲上神経麻痺では棘上筋と棘下筋も侵される。肩甲上神経は第6および第7頸神経の分枝からなる。肩甲上神経は第6，第7胸椎関節部で損傷を受けやすく，また肩甲骨頸前面の神経が通過する部位で傷害されることもある。

　このような損傷はひどくもがいて頸部が強く圧迫されるか，頸の肩甲部を打ちつけること，または傾斜台で圧迫されることなどで生じる。臨床症状はよろよろ歩くこと，重度の例では負重できないこと，肩関節をまっすぐに伸ばせないこと，歩幅が短縮して肢が外転すること，5～7日後に肩甲の筋肉が萎縮すること，肩甲上神経だけが傷んだ場合には肢の反射と痛覚は正常であること，などである。

　治療は安静と抗炎症薬の投与を行う。予後は原因にもよるが，良好である。

橈骨神経麻痺

　橈骨神経は第7，8頸神経と第1胸神経から起こり，手根および趾の伸筋を支配し，肘から手根外側皮膚の知覚神経を供給している。遠位では橈骨神経は内側前腕皮神経とともに手根から趾の背面に知覚神経枝を供給している。第8頸神経から第1胸神経を含む頸-胸接合部の病変は顕著な橈骨神経麻痺を起こし，これは肩甲上腕領域の重度の牽引や挫傷によって生じる。これが近位橈骨神経の麻痺である。臨床症状には，肘が沈下し，手根と球節はわずかだけ屈曲すること，腕神経叢の他の神経が障害されていなければ肩が少し伸長すること，肢を前方に進めたり，肘，手根，球節を伸ばすことが困難かできなくなること，肢を引きずるために球節背面に挫創ができること，中手と趾の背面皮膚が無痛になること，などがある。痛覚が消失した近位橈骨神経の完全麻痺では受傷後，最初の10～14日以内に明らかな改善がなければ予後不良である。

　遠位橈骨神経の麻痺は，神経が上腕骨の外側表面の橈骨神経溝を走行する部位で圧迫損傷を受けることによるもので，軟部組織深部の外傷に起因する。臨床症状は，三頭筋の麻痺がないので肘の位置は正常で，手根と球節の不全麻痺がみられる。橈骨神経の部分損傷では予後は良好で，多くの例では受傷後数日または2，3週で治癒する。罹患肢の球節と趾の背面に損傷が起こらないように保護するべきである。

　治療は抗炎症薬投与および安全な床と十分な敷料下で安静にすることである。物理療法または手根以下に副子を適用すれば腱や筋の拘縮を防ぐことができる。

　硬い床上で横臥させることによって発生する医原性の橈骨神経麻痺を防ぐには，肩と肢の下に適当なパッドを敷くこと，下側肢を前方に伸ばした位置に保定すること，上側肢を傾斜台に強く縛りつけないこと，が必要である。こうすると胸部にばかりでなく下肢へも圧力を分散できる。上側の肢は後方に軽く伸ばして保定するとよい。

大腿神経麻痺

　大腿神経麻痺は大腿四頭筋の麻痺と定義される。この筋の機能は体重を支えるために膝を伸ばすことである。大腿神経麻痺は第4-6腰神経から起こり，第5腰神経が主体である。大腿神

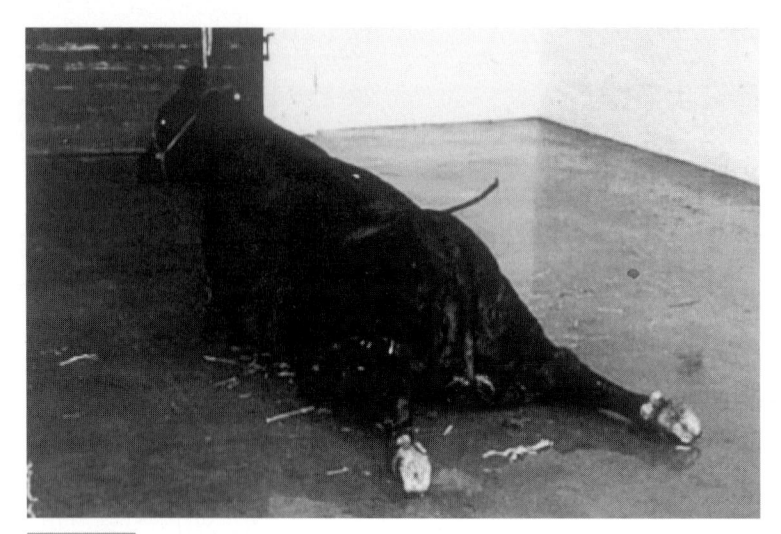

図 7.1.　坐骨神経麻痺.

経の伏在神経枝は肢内側の知覚を担っている。大腿神経麻痺は頭位の難産で子牛の腰で引っかかった場合に起こる。子牛の牽引時に後肢が過度に伸長して大腿四頭筋が重度に引き延ばされる結果，神経と血液供給の両方が障害される。大腿四頭筋の緊張が低下すると膝蓋骨が過度に緩んでしまい，生後2，3日に膝蓋骨外方脱臼が起こりうる。生後2，3日で軽度の大腿四頭筋の委縮がみられ，大腿骨が容易に触知できるまで進行する。

大腿神経麻痺自体は明確に診断されないので膝蓋骨の弛緩/脱臼の存在と大腿四頭筋の委縮をもって診断するべきである。片側性の大腿神経麻痺では動物は肢を意図的に前方に出すことが困難で，負重しようとすると膝が崩れてしまう。合併症がなければ趾を引きずることも，ナックルになることもなく，膝と肢遠位は屈曲できる。肢内側の知覚は損なわれない。

予後は損傷の程度に左右される。大腿神経が部分的に引き伸ばされた場合では適切な看護を行えば予後はよい。

坐骨神経麻痺

坐骨神経は膝を曲げ，飛節を伸ばし，趾を屈曲・伸長させる筋肉に分布する。分娩時には第6腰神経が第1，2仙神経と合流して坐骨神経となる手前の仙骨縁との間で圧迫損傷を受ける。

分娩後のダウナー牛では閉鎖神経麻痺と坐骨神経麻痺の両方に罹患することが多い。起立不能は両側性の坐骨神経の完全麻痺の症状であることもある（図7.1.）。

片側性の坐骨神経麻痺では肢を引きずる傾向があり，股関節を屈曲させて肢を前方に運び，球節と趾の背面で負重することも多い。飛節は沈下して過度に屈曲する。中足の背面，外側，掌側面と蹄冠の知覚が喪失する。したがって坐骨神経の完全麻痺ではこれらの部位を刺激しても肢を屈曲できないが，肢近位と大腿の内面を刺激した場合は別である。それはこの部位には大腿神経の伏在枝が分布しているからである。坐骨神経の部分麻痺では動物は肢を挙上してから，蹄底で着地するために肢を前方に移動さ

図7.2. （aとb）重度の腓骨神経麻痺．

るという方法で代償するようになる。

　子牛は筋肉が薄く，坐骨神経に影響を与えるかもしれないので，深部注射や刺激性薬物の殿筋，半膜様筋，半腱様筋への注射は行うべきでない。

　閉鎖神経麻痺は坐骨神経麻痺とよく合併して起こり，内転筋群の麻痺を生じる。第6腰神経は閉鎖神経と坐骨神経の両方に含まれ，分娩時に圧迫され障害されやすい。典型的な閉鎖神経麻痺では広踏肢勢をとる。重度の内転筋の損傷によって筋の部位で閉鎖神経が引き伸ばされることもある。

治療は後肢同士を縛り，肢が開いてさらに損傷が起こらないようにする。

腓骨神経麻痺

　腓骨神経は飛節を屈曲させ，趾を伸長させる。腓骨神経は大腿骨外側顆と腓骨頭上を走行するので，外部から損傷されやすい。横臥時には骨上を通過する部位が圧迫されることよって損傷がよく起こる。重度の腓骨神経損傷では球節と趾の背面で着地するナックルの状態で起立し，同時に飛節が過度に伸長する（図7.2.aおよびb）。軽度の腓骨神経麻痺では歩行時に間欠的

に球節がナックルとなる（図7.3.）。

重度の例では球節の背面の知覚が喪失する。反射試験を行えば，膝や股関節が屈曲するのに，飛節が部分的または完全に屈曲不能であることがわかる。

予後は神経損傷の程度に左右される。肢がさらに損傷を受けないように保護することが重要である。回復には数カ月を要することもある。球節がナックルになる他の疾病には脊髄のリンパ肉腫や蹄底潰瘍などの蹄病がある。

脛骨神経麻痺

脛骨神経は飛節を伸長させ，趾を屈曲させる。脛骨神経は深部に存在するので，腓骨神経のようには表層の損傷によって障害されることはない。

脛骨神経麻痺の臨床症状には 飛節が過度に屈曲（飛節が沈下）して，球節が部分的に屈曲することである（図7.4.）。球節の部分的な屈曲は飛節を伸長させる筋の緊張が低下するためである。浅趾屈腱の緊張によって趾から後方に引っ張られる。

重度の損傷では 飛節以下の肢の掌側面の知覚が喪失する。

飛節の沈下は坐骨神経麻痺や腓腹筋断裂と類症鑑別しなければならない。脛骨神経麻痺による歩行異常は重度の腓骨神経麻痺より軽度であるが，肢勢異常は永続することもある。

■ ダウナー牛症候群

ダウナー牛の重要な合併症のひとつには筋の虚血性壊死がある。牛が立てなくなってから6時間で生じ，後躯の大きな筋肉群への血液供給の障害によるものである。乳熱に罹患し，カルシウム注射で起立しなかった乳牛で最もよくみられる。他の代謝因子には低マグネシウム血症，低カリウム血症，低リン血症，脂肪肝などがある。その他のダウナー牛になる原因には湿潤して滑りやすいコンクリート床での滑走や外方への開脚があり，分娩前や分娩直後でふらふらしていたり，移動を強いられたときに最もよく起こる。これらは股関節脱臼，大腿骨頭靱帯の断裂，大腿骨骨折の誘因になる。他には過大胎子による難産も，坐骨神経麻痺を起こすことによってダウナー牛の原因になる。

長時間の横臥による圧迫は組織の酸素欠乏を起こし，筋肉群の細胞損傷と浮腫を生じる。これらの筋肉群（半膜様筋や半腱様筋）を覆う分厚い筋膜のためにさらに圧が増し，還流が減少して虚血となり，コンパートメント症候群となる。圧迫によって他の正常な神経伝導も減退する。

ダウナー牛は元気で活力があり，中等度には採食し，水を飲む。もし沈うつがみられれば中毒性乳房炎や子宮炎などの合併症がないか調べるべきである。起立意欲がない牛もいれば，起立しようとしてもがいたり，這いずりまわる牛もいる。後肢が後方に位置する異常姿勢では，両後肢は蛙状に開いて，少し屈曲した状態で後方に置く（図7.1.）。両側性の股関節脱臼や大腿骨頭靱帯の断裂では，後肢は牛の側方に伸長させて肘の傍らに置く。牛は常にこの肢勢を好み，正常な位置に肢を置いてもすぐにこの異常な位置に戻してしまう。片側性の股関節脱臼，骨折，内転筋断裂では肢をもっと外側に広げて（外転させて）置く。

筋の虚血性壊死の診断は病歴，身体検査，血

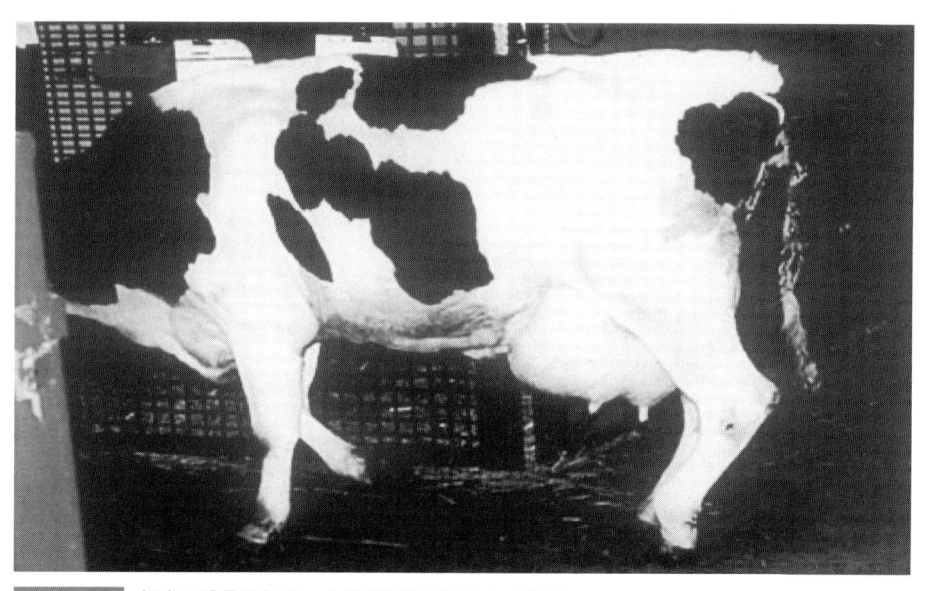

図7.3.　軽度の腓骨神経症．左後肢球節で明らかである．

図7.4.　脛骨神経症．飛節の沈下と球節のナックルがみられる．

図 7.5. ウォータータンクでの浮揚は虚血性筋損傷を防止し，肢蹄の動きと肢勢の評価を容易にする．

液検査に基づいて行う．CK（creatine kinase）やAST（asparate transaminase）値は横臥後18〜24時間で顕著に上昇する．後肢をよく触診すると，コンパートメント症候群では肢の後方の筋が硬いのが触知できる．浮腫は飛節上でみられやすい．次に動物を横臥位にして，後肢を伸長，屈曲，回転させて，特に股関節上で捻髪音がしないか確かめる．肢のピンプリックによる自発的な動きと止血の状態も評価するべきである．ヒップリフトや吊帯で吊起してみて肢の負重状態を検査する．吊帯では負重しないが，ウォータータンクに入れると負重する牛もいる．趾の背面で負重するナックルのような異常肢勢はウォータータンクで容易に診断できる（図7.5.）．

熱が無く，食欲と飲水があり，後肢を動かし，ウォータータンクでは負重するようなアラートダウナー牛の予後はよい．沈うつがあり，食欲がなくウォータータンクでも負重しない牛の予後は不良である．

筋肉の虚血性壊死の治療は，敷き料を深く敷いた上や砂の上に動物を置くことである．寝返りができないのであれば時々，反対側に寝返りをさせなければならない．95°F（約34.5℃）のウォータータブに毎日8〜12時間浮遊させるとよい効果がある．よい看護が不可欠で，飼料と水はいつでも摂取できるようにする．重度の虚血性壊死例ではビタミンE，セレニウム，抗炎症薬を投与する．この時，動物に脱水がないかどうか確かめることは重要である．

■ 感染性関節炎

成牛ではひとつの関節だけに罹患することが

多く，蹄関節が最も一般的である。飛節周囲炎や滑膜周囲炎からの直接的波及または乳房炎，子宮炎，呼吸器などの他の部位からの血行性撒布も起こる。子牛の多発性関節炎は主として受動免疫の移行不全や乳房炎乳の給与（マイコプラズマ）によって起こる。子牛の多発性関節炎では一般的細菌の他に，*Haemophilus somnus*, *Mycoplasma agalactia bovis* の変種，*Mycoplasma bovigenitalium*, *Mycoplasma mycoides*, *Burucella* spp., *Arcanobacter pyogenes* などの感染がある。

　臨床症状と関節液採取による培養によって診断される。感染性関節炎の関節液は通常，黄色で混濁しており，すぐに凝固する。また白血球数が 50,000〜150,000 あり，ほとんどが好中球である。総タンパク濃度は 3.2〜4.5 g/dℓ である。培養によって細菌またはマイコプラズマが分離されることも，されない場合もある。

感染性関節炎の治療

　治療が失敗する理由には，関節包絨毛の過形成とフィブリン沈着があるために細菌が排除されないこと，全身投与された抗生物質の吸収が乏しく，関節内濃度が低いこと，慢性になってしまって関節の変性が存在すること，一般的に治療に対する反応速度が遅いこと，などがあげられる。

　貫通洗浄法（訳者注：関節2カ所に針を刺入し，一方から洗浄液を注入し，他方から排出して関節内を洗浄する方法）による関節洗浄が推奨されている。洗浄液は乳酸リンゲルのような多イオン性の液がよい。関節洗浄には大量の液（3ℓ）を用い，1日数回繰り返すか，または隔日間隔で繰り返す。関節洗浄によって細菌や関節軟骨破壊の原因となるライソゾームが洗い流される。関節洗浄後にヒアルロン酸ナトリウムを関節内投与すれば，関節洗浄だけよりも治療効果が高い。手根，足根，膝の関節でよく関節洗浄が行われるので，以下を参照して欲しい。

手根関節：橈骨手根関節嚢は手根骨間の関節嚢とは交通していないので，これらの関節嚢は別々に洗浄しなければならない。洗浄は関節を少し屈曲して行うのがよい。橈骨手根関節嚢には橈骨と手根骨近位列の間の高さで，橈側手根伸筋腱の外側から穿刺する。副手根骨の近位縁の高さが穿刺部位の高さを示す指標である。

膝関節：外側大腿脛関節は残りの関節と交通していない可能性がある。この関節嚢には外側膝蓋靱帯の後方から針を後方に向けて刺入する。大腿膝蓋関節嚢と内側大腿脛関節嚢を穿刺するには正中膝蓋靱帯と内側膝蓋靱帯の間から針をやや下向きに滑車内側縁に向けて刺入する。

飛節関節：脛骨足根関節嚢は近位の足根骨間の関節嚢と交通しているが，遠位の足根骨間の関節嚢や足根中足関節とは交通していない。踵骨を手で覆うように握ると脛骨足根関節の後側が圧迫され，関節嚢が拡張する。関節穿刺は前面の伸腱内側で，脛骨と近位の足根骨間の高さから行う。

　関節嚢に刺入した針から生理食塩液か乳酸リンゲル液を注入して関節嚢を拡張させた後，別の針を同じ関節嚢に刺入すれば，貫通洗浄を行うことができる。

　関節より近位に止血帯をして，止血帯遠位の静脈に抗生物質を静脈内注射する静脈内局所抗

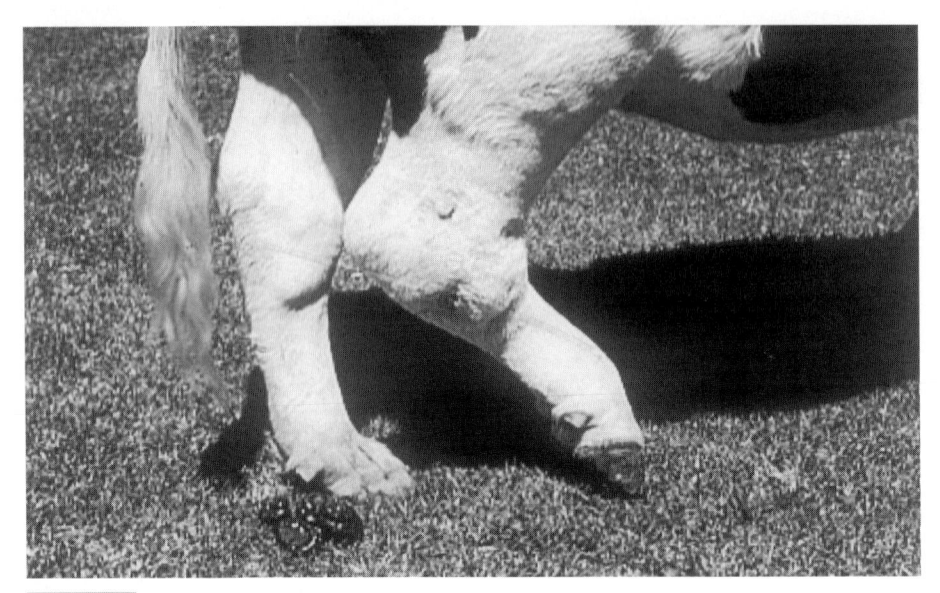

図7.6. 飛節周囲炎.

生物質治療を行うことができる。抗生物質には溶解性のペニシリンカリウム，アンピシリン，第三世代セファロスポリンがよく使用される。止血帯は30分間付けたままにしておく。

マイコプラズマによる関節炎では，アミノグリコシド，オキシテトラサイクリン，タイロシンなどのマクロライドなどの抗生物質を全身投与する。

根治的関節切開術は内固定または外固定と併用すれば，球節などの肢遠位の関節炎の治療によく奏功する。

飛節周囲炎

飛節周囲炎は飛節外側皮膚と皮下織の慢性蜂巣炎で，これらと連結するポケットと後天性の滑液嚢が形成される（図7.6.）。片側または両側の飛節に起こる。慢性の瘻管形成や飛節周囲の膿瘍形成に続いて滑液嚢の感染が合併することが多い。大きな膿瘍は排膿する必要がある。感染性の飛節関節炎に進行する場合もある。

飛節周囲炎の原因にはストールが短いことがあげられ，横臥している時に飛節が縁石で擦れるからである。敷き料の足りないストールやスノコ床も原因である。

飛節周囲炎が問題となっている酪農場では原因を除去することが正しい解決法である。飛節に疼痛性の腫脹がある場合には抗生物質や抗炎症薬を投与する。膿瘍がある場合には小切開を加えて数日間洗浄する必要がある。関節に感染がある場合には，抗生物質と抗炎症薬の全身投与とともに止血帯をして静脈内局所抗生物質治療を行うべきである。

手根前面の滑液嚢炎や浅趾屈腱下（踵骨）の滑液嚢炎の場合も同様である。後者は飛端の感染性滑液嚢炎で浅趾屈腱下に滑液嚢が存在する。疼痛が強く，瘻管が存在することもあり，二次性の骨髄炎が起こる場合もある。皮下の滑

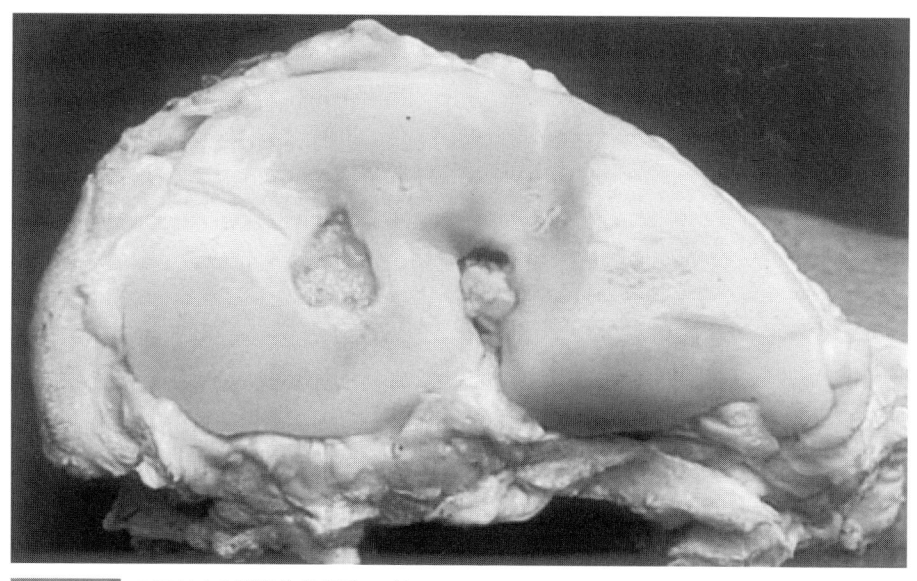

図7.7. DJDによる関節軟骨表面のびらん．

液嚢炎はこれと違って，疼痛が軽度なことで区別できる．

変性性関節疾患（DJD），関節症，骨関節炎

　DJDは進行性，非感染性で，初期は非炎症性の疾病で，関節軟骨の変性から始まるのが特徴である．

　DJDは一次性と二次性に分類される．牛の一次性DJDは遺伝性の原因による可能性がある．二次性DJDは栄養，成長，損傷などが原因である．これらの例には股関節形成不全があり，前十字靱帯断裂はよくある原因である．また過剰のリンと相対的カルシウム不足の飼料，種雄牛などの若齢動物に高栄養が給与されることによる急成長も原因である．高栄養の給与は直飛肢勢や何産にも及ぶ高泌乳歴があればさらに大きな原因となる．

　関節液は希薄で，茶色っぽく，浮遊物を含んでいる．総白血球数と赤血球数は少し増加するが，タンパク濃度は正常である．関節液の培養では細菌は常に検出されない．関節軟骨の進行性の軟化と分裂が起こり，関節のびらんのため軟骨下骨が露出する（図7.7.）．また骨端の形成不全が起こり，関節縁には骨増殖体が形成され，慢性の滑膜炎が存在する．

　通常，跛行があり，関節の腫脹がみられることもある．特に股関節や膝関節では関節の捻髪音が認められる．変形性股関節炎の牛はゆっくりとした強拘歩様を呈し，蹄を引きずって歩く傾向がある．動物を側方に押したり，歩かせたりすると直腸検査で捻髪音がよくわかる．膝の検査も同じように行うことができる（前十字断裂の項を参照）．

　DJDの治療は症状を一時的に緩和するだけのものであり，アスピリン，フルニキシン，ステロイド，フェニルブタゾンのいずれかを投与する．これらの薬物は牛を食用に供する場合に

は投与するべきでない。適切なカルシウム，リン，ビタミンD，カルシウム：リン比を確保する必要がある。骨関節炎治療薬であるグリコサミノグリカン多硫酸塩やヒアルロン酸塩の静脈内投与や関節内投与がある程度奏功する場合もある。

■ 股関節脱臼

誘因（ダウナー牛症候群の項を参照）

通常，脱臼は前上方であり，大腿骨頭は腸骨軸の側方に位置する。まれには寛骨臼の腹方または後腹方に脱臼することもある。整復は困難で，予後不良である。重度の跛行がみられ，肢は外旋することが多い。大腿骨大転子が背方に変位すれば腰部が左右不対称となる。

診断は肢の受動運動検査や直腸検査によってなされる。牛を側方横臥位にして膝または飛節をもって肢を伸長，屈曲，回転させる。このとき手を大腿骨大転子において捻髪音を確かめる。肢を外転，内転させながら直腸検査を行って，閉鎖孔内に骨性の塊が出入りするのが触知されれば後下方脱臼である。診断確定には牛を仰臥位にしてレントゲン検査が必要なこともある。股関節脱臼と類症鑑別を要する疾患には骨盤骨折，大腿骨頭骨折，大腿骨近位骨端線の離開，大腿骨頭靱帯断裂，仙腸関節脱臼などがある。

股関節脱臼の治療

48時間以上経過した関節脱臼の整復が成功する可能性はほとんどない。深い鎮静や全身麻酔が必要である。罹患肢を上にした側方横臥位に動物を保定し，後肢間から後躯上にロープをわたしてロープの両端を柱に縛り，後躯を固定する。次に罹患肢の球節をロープと滑車で保定する。飛節を下方に押し下げ，膝を上方に押し上げて肢を回転させる。大腿骨頭が寛骨臼と一列になるように牽引する。そして肢を逆方向に回転させる。うまく整復されるとかちんと音がする。捻髪音の消失によって整復されたことがわかる。整復後に再脱臼してしまうこともよくある。可能であればパッドを敷いた場所で，後肢の球節か飛節上を一緒に縛って動物を24時間，横臥させたままにしておく。前背方からのアプローチで手術が適用される例もある。

慢性の股関節脱臼では偽関節が形成され，重度の跛行が続き，体重も減少する。

■ 十字靱帯断裂

十字靱帯の部分的または完全断裂によって大腿脛関節の亜脱臼と不固定性が起こる。通常は肢の急なねじれや過度の伸長による損傷に起因する。前十字靱帯が断裂すると負重した時に脛骨高平部が大腿骨顆より前方に引き出て，それに続く非負重時には脛骨高平部は後方に戻るという動きが生じる。前十字靱帯では肢の外旋を伴う重度の跛行が起こる。膝に荷重が加わると不固定性のためにガックという音が聞かれることもある。動物を歩かせたとき，膝関節の不固定性が見てわかる場合もある。

正中膝蓋靱帯の内側には無痛性の滲出があることを触知できる。内側では大腿膝蓋関節と大腿脛関節は交通しているが，これらは外側の大腿脛関節とは交通していない。診断は臨床症状とレントゲン所見でなされる（図7.8.）。動物を起立，負重させることができれば脛骨が引き

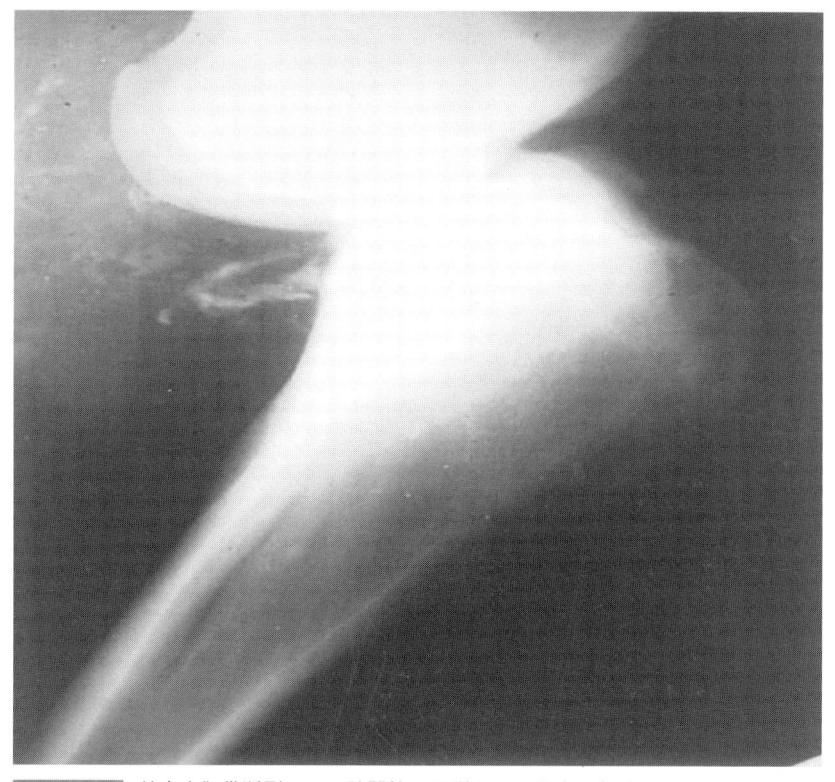

図 7.8. 前十字靱帯断裂による膝関節の亜脱臼．脛骨高平部後面の剥離骨折がみられる．南アフリカ国 Pretoria 大学獣医学部，Dr SS van der Berg 提供．

戻ることを確かめることができる。これは動物を枠場保定すれば実施できる。この検査は牛の大腿の後方で屈みながら両手を脛骨稜周囲に回して行う。脛骨以外の部分が動かないようにして脛骨稜を後方に引くと関節に過度の不固定性があることがわかる。関節に不固定性があることを確かめるもうひとつの検査法は脛骨が前方に引き出ることを確認することである。それには罹患肢を上にした側方横臥位に動物を保定し、脛骨高平部が大腿骨顆より前方に動くかどうか確かめてみることである。また一方の手を膝に置いて、肢を外転、内転、回転させ、不固定性や捻髪音がないかも確かめるべきである。不固定性や関節表面と関節半月の損傷が軽度で

ある前十字靱帯断裂の治療は、損傷部の線維化を促進して不固定性を改善することであり、ストールでの安静を保つことである。他にはDJDで記述した治療法を加えることができる。手術をしても多くは失敗に終わる。予後は、体重はもちろんのこと損傷の程度によって左右される。体重の軽い品種の予後はよりよいものの、慎重を要することには変わりない。

■ 第三腓骨筋断裂

　第三腓骨筋と前脛骨筋は飛節を曲げる主要な屈筋である。牛の第三腓骨筋断裂は筋腹の中央あるいは近位または遠位の腱接合部で起こる。

肢を後方に強く引き揚げたときや，滑走や転倒で生じる。また後肢を骨折した子牛でもみられ，それは重いキャストで後肢を固定されたために肢を引きずらなければならない場合である。

臨床所見は歩行時に膝が屈曲しているにもかかわらず飛節が異常に伸長することである。肢は歩行面をかき取るように引きずるが，アキレス腱は弛んだままである。肢を手で後方に伸長させて脛骨と中手骨を一直線にしても膝は90度に屈曲したままである。脛骨軸の前面に疼痛性の腫脹がよくみられる。長期間の安静と運動制限によって治癒する例もある。筋-腱接合部や筋付着部に断裂や分離があれば予後不良である。

■ 内転筋断裂

内転筋は腸骨，恥骨および恥骨前腱から起始し，大腿骨軸内面に停止する。

肢の急激な外転（股開き）によって，通常，両側の内転筋群の筋腹に断裂が起こる。分娩，乳熱，滑りやすい床が誘因となる。胸骨臥位では肢を著しく外方に広げた肢勢を取る。

類症鑑別を要する疾病には脊髄損傷，骨盤と大腿骨の骨折，一次性の神経損傷，仙腸および股関節脱臼，大腿骨頭骨折，股関節内の大腿骨頭靱帯の断裂などがある。

治療は主として，敷き料を十分入れて筋の虚血性壊死や褥創が起こらないように定期的に寝返りさせるなどの管理上のケアである。両後肢を一緒に縛って吊起帯を用いて吊り上げるのも一法である。吊起の目的は起立不能でいることによる虚血性筋壊死を予防することである。

■ 腓腹筋断裂

腓腹筋は2つの筋腹からなり，大腿骨後面から起始し，踵骨隆起後方部に付着する。断裂は3カ所の部位で起こる。すなわち飛節より近位の筋腹，飛節近位の筋-腱接合部，骨への付着部である。

臨床症状は脛骨神経麻痺に似ている。飛節は屈曲し，負重を減じ，特に歩行時には飛端が地面に向かって沈下する。球節が屈曲していくらかナックルになることもある。断裂が起きた部位には軟らかく熱感のある無痛性の腫脹がみられる。診断は典型的な臨床症状と肢勢に基づく。超音波検査は液の貯留（血腫/漿液腫）や筋-腱接合部の異常を診断でき有用である。踵骨滑液嚢炎，浅趾屈腱の変位，足根骨の骨折などと類症鑑別する。

治療

動物は独房に収容し，運動を制限して損傷の程度がひどくなるのを防ぐ。牛が起立できるのであれば断裂側の運動を最小限にする目的でトマススプリントを適用するのはよい方法である。最短でおよそ6週間で治癒するので，この期間はトマススプリントを適用したままにしておく。鼠径部にパッドを当てておく必要がある。

他の治療法には圧迫ネジを踵骨後面から脛骨軸遠位まで貫通させて，飛節関節を伸長した位置に固定してしまうものがある。6週間後にネジを除去し，7〜10日間運動制限後，徐々に肢を動かすようにする。腱の完全断裂や裂離では予後不良であり，筋腹の断裂でも予後は慎重でなければならない。

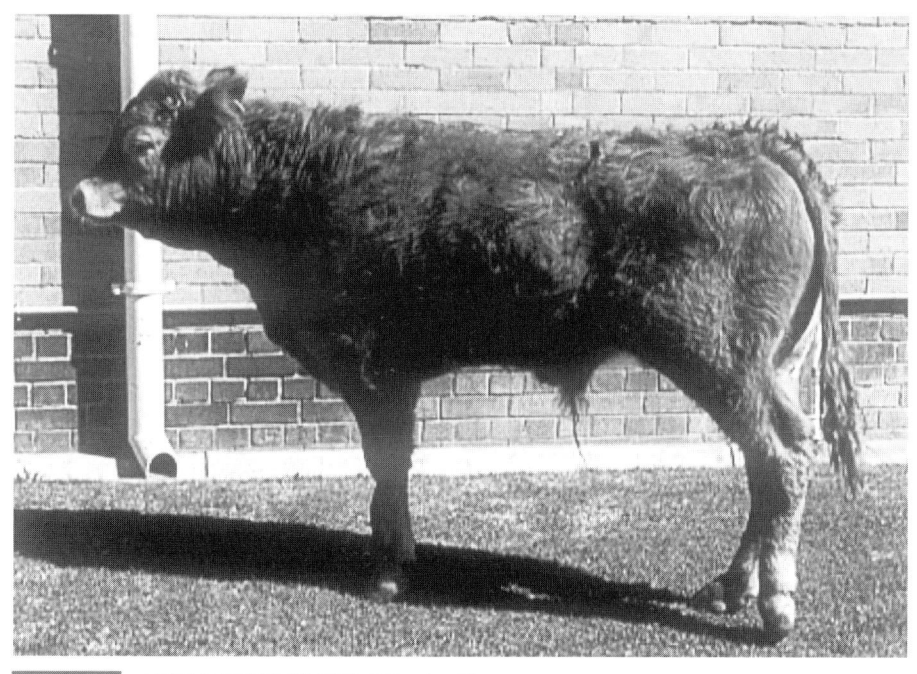

図7.9. 左後肢の痙攣性不全麻痺 "Elso heel".

腓腹筋腱を完全に切断した場合には手術が可能かどうか判断する必要がある。手術ができるのはきれいな断端で組織の欠損がないか，わずかな場合に限られる。手術は動物を全身麻酔下または硬膜外麻酔下にして行うのがよい。ステンレススチールワイヤー，単線維性ナイロン，ポリジオキサノンなどの縫合糸を用いてロッキングループ縫合する。この縫合は断端を近接して並置する保持力が強い。他にロッキングループ縫合は外部からの血液供給の阻害が最少なこと，縫合糸の露出が少ないこと，外腱膜組織の損傷が少ないこと，ギャップができないほどの適度の強度があること，などの利点がある。トマススプリントを用いてさらに不動化することができる。

創に感染がある場合には開放創とし，腱を縫合すべきでない。スプリントを使用すれば新しい線維組織ができて接合する可能性もわずかにある。しかし一般的には腓腹筋腱の完全な切断の予後は不良となる。

■ 痙攣性不全麻痺または ELSOヒール

痙攣性不全麻痺は遺伝性で，腓腹筋の収縮によって進行性に飛節が伸長する疾病である（図7.9.）。乳牛と肉牛の両方で散発性に発生する。通常，臨床症状は2週から6カ月齢でみられる。手術によって治療できる。

■ 膝蓋骨上方固定

膝蓋骨上方固定では膝蓋骨が間欠的に大腿骨滑車内側縁上で固定される。罹患動物は典型的な歩様を示し，間欠的に肢を後方または側方に

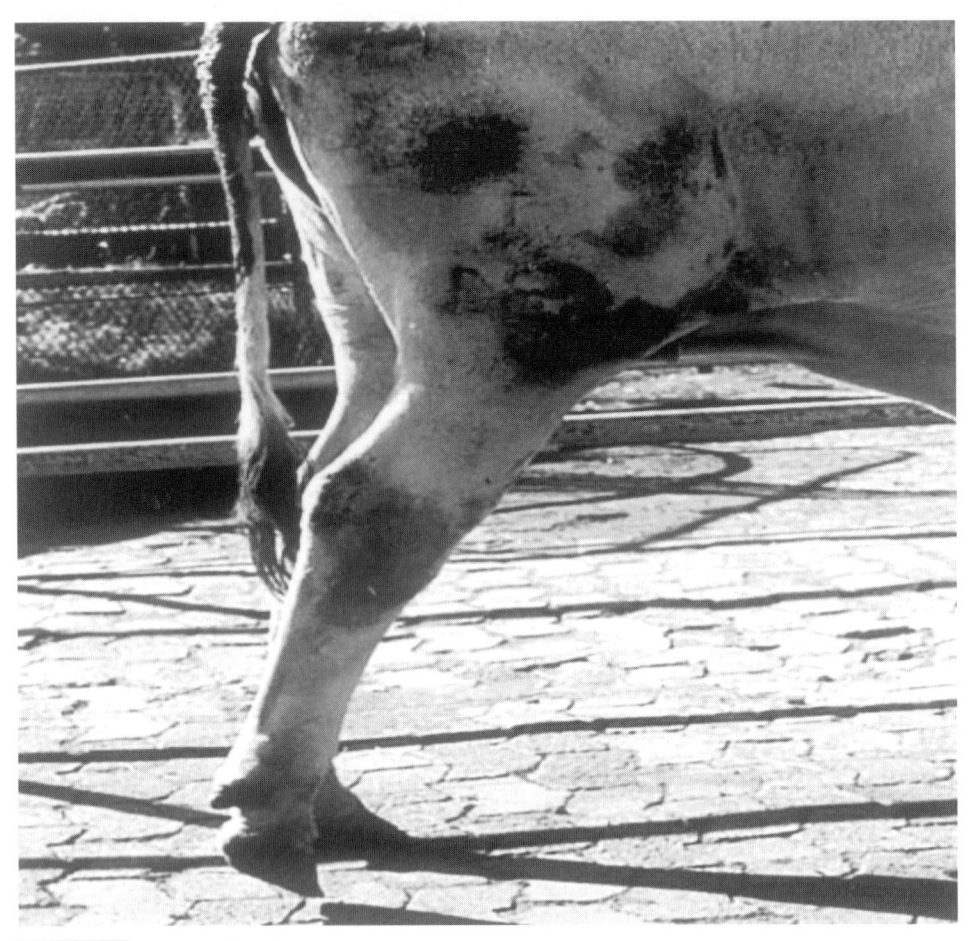

図 7.10. 膝蓋骨上方固定.

伸長させる。これは膝蓋骨が大腿骨滑車内側縁上に間欠的に固定されたり，固定されなかったりするからである。

　膝の触診では明瞭な異常は認められない。レントゲンでも特徴的所見はない。

　診断は典型的な症状によってなされる。

　治療は内側膝蓋靱帯切腱術によって行い，即座にかつ長期的な治癒が得られる。手術は牛鼻鉗子と尾の挙上による保定下の起立位で行う。

　膝の内側を手術消毒し，局所麻酔薬を皮下に浸潤させる。内側膝蓋靱帯上に2～3cmの垂直切開を加え，この靱帯の脛骨近位への付着部まで鈍性に切開を進める。湾曲した鋭利な切腱刀を内側膝蓋靱帯の内側から挿入して，この刀を回転させ，ひと引きで靱帯を切断する。

　完全に切断した後は内側膝蓋靱帯全長を触知できなくなる。靱帯の一部分が残っているならばもう一度切腱刀を挿入して完全に切断する。

　皮膚の切開創を縫合し，抗生物質の全身投与を数日間行う。手術後に歩様は完全に正常に戻る。

参考文献

Guard C. Lameness above the digit. In : Proceedings of the 2000 Hoof Health Conference, Duluth, MN, July 19-20, pp.22-23.

Mc Cracken TO, Kainer RA, Spurgeon TL. Surgeon's Color Atlas of Large Animal Anatomy : The Essentials. Lippincott Williams & Wilkins : Philadelphia, PA, 1999.

Radostits OM, Gray CC, Blood DC, Hinchcliff KW. Arthritis and synovitis. In : Veterinary Medicine. A Textbook of the Diseases of Cattle, Sheep, Pigs, Goats and Horses, eds. Radostits OM, Gray CC, Blood DC, Hinchcliff KW. WB Saunders, Philadelphia, PA, 1997, pp. 572-577.

Sisson SB, Grossman ID. The Anatomy of Domestic Animals, 4th edition,. WB Saunders : Philadelphia, PA.

Smith-Maxie L. Peripheral nerve diseases. In : Lameness in Cattle, Disease of the nervous system. Paul R Greenough ed., WB Saunders, Philadelphia, PA, 1997, Chapter 13, pp. 203-218.

Stanek CS. Lameness in Cattle, Paul R Greenough ed., WB Saunders, PA, 1997, Chapter 12, pp. 190-194.

Weaver AD. Spastic paresis and Downer cow. In : Lameness in Cattle, Disease of the nervous system. Paul R Greenough ed., WB Saunders, PA, 1997, Chapter 13, pp. 213-217.

第8章　感染性の蹄病

■ 趾間皮膚炎（蹄球びらん，スラリーヒール）

趾間皮膚炎は急性，亜急性，慢性の表皮炎で趾間皮膚の真皮まで達する。

急性の趾間皮膚炎では趾間皮膚は分泌物で覆われ，充血と表面のびらんがあり，悪臭がする。病変を触れると疼痛があり，特に蹄球間で著しい。それはこの部位に糞便がよく付着するため，他の趾間の部位より広範にびらんができるためである。急性の趾間皮膚炎は普通，臨床的跛行を示すことはないが，深い潰瘍形成，趾間フレグモーネ（趾間ふらん），趾皮膚炎（DD）（趾乳頭腫症）などが合併すれば跛行を呈する。

亜急性趾間皮膚炎は表皮が肥厚するのが特徴的で，背側と掌側の趾間隙にみられる（図8.1.）。多くの例では感染が蹄踵角質に及び，蹄球びらんを起こしている。蹄球びらんは最初はあばた状であるが，後に蹄踵角質下の坑道形成を伴う亀裂になる（図8.1.）。この時期の蹄球びらんは炎症と蹄冠真皮の血流量の増加を起こし，蹄踵の過剰成長の原因になる。蹄踵の過剰成長は蹄底潰瘍の誘因になる（第4章，荷重の生体力学と削蹄の章を参照）。さらに過剰成長に加えて，蹄踵の坑道形成によって蹄冠真皮が傷害され，さらに蹄底真皮までも侵されることになる。

慢性趾間皮膚炎は趾間過形成とよく一緒に起こる（図4.95.）。趾間過形成表面には潰瘍が形成されやすい。そして次に趾皮膚炎や趾間ふらんに罹りやすくなり，どちらの場合でも臨床的跛行が生じる。

米国中で趾間皮膚炎の発生は多く，特に通年舎飼いやほとんど舎飼いの農場ではそうである。衛生環境の劣悪な農場では80％を超えて発生する。

趾間皮膚炎の原因病理論

以下の因子が重要な役割を演じている：趾間皮膚が水分や糞尿（スラリー）に曝される；皮膚と蹄球が軟化し，剥離する；趾間隙に向かって蹄底の過剰形成が起こり，糞尿が趾間にはさまるようになる。

上記の因子は細菌の進入と発育を促進し，以下の細菌が趾間皮膚炎の発生に関与している：（1）皮膚壊死毒素を分泌する *Fusobacterium necrophorum*，（2）プロテアーゼを分泌する *Dichelobacter nodosus*，（3）Treponeme spirochete。

診断と治療

趾間皮膚炎の診断は臨床症状と細菌培養によって行う。

治療は臨床所見と合併症の有無によってなされる。個体を治療しなければならないのは合併

感染性の蹄病……第8章

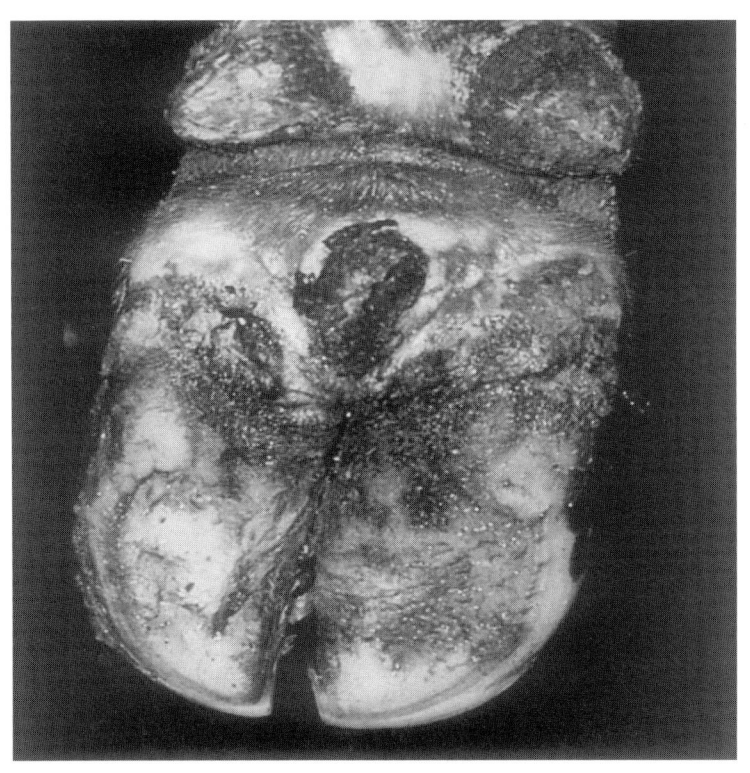

図 8.1. 趾間皮膚炎．趾間隙表皮の肥厚と蹄球びらんを示す．

症があり，跛行がある場合だけである．趾間過形成は跛行と関連していなければきまって切除することはしない（第4章参照）．病変は表皮に限られているので，局所治療だけ実施する．オキシテトラサイクリンまたはリンコスペクチン LS/50™ の局所投与が奏効する．

　牛群での疾病制御法は，糞便とスラリーの適切な管理，清浄で乾燥した環境，定期的削蹄による過剰成長の防止と蹄球びらんと関連する硬い縁や坑道形成角質の除去，などである．蹄浴は牛群の趾間皮膚炎を制御する重要な方法である．なぜなら，この疾病の病変が趾間皮膚にあること，牛群に局所投与する別のよい方法がないことが理由である．ホルマリンによる蹄浴を適切に行うことで趾間皮膚炎はよく制御できる

ことが報告されている（第10章参照）．

■ 趾間フレグモーネ（趾間ふらん）

　趾間ふらんは趾間皮膚と趾皮膚の急性壊死性炎（フレグモーネ）で，重度の跛行を生じる．趾間皮膚の軟化と外傷が先立って起こり，*Bacteroides melaninogenicus* と *Fusobacterium necrophorum* の種々の株が侵入する．その他，色素産生嫌気性細菌である *Porphyromonas* 属が二次的に侵入するが，*Porphyromona levi* が最も一般的である．さらに *Prevotella* 属，*Peptostreptococcus*，他の *Fusobacterium* も二次的細菌として検出される．臨床症状は趾の対称性の腫脹で，副蹄まで広がり，普通，発赤と

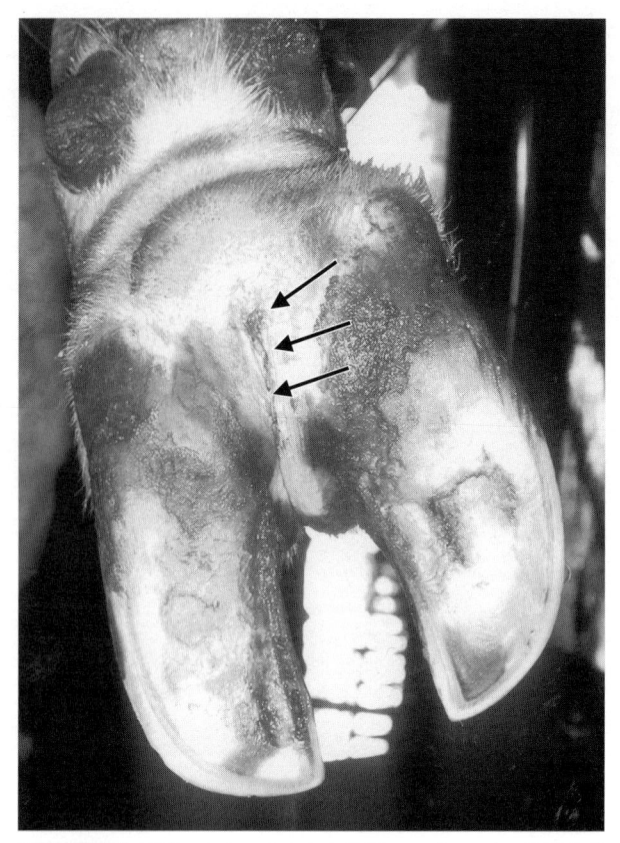

図8.2. 趾間ふらん，すなわち趾間フレグモーネ．趾間皮膚表皮の亀裂と左右対称性の腫脹を示す．

圧痛がある．趾間皮膚の破裂が起こり，壊死性組織がみられ（図8.2.），趾間脂肪が飛び出すものもある．体温，脈拍，呼吸の上昇，乳量の減少，食欲不振などの全身症状がみられるものもある．

初期治療がうまくゆかないと周囲支持組織に感染が広がり，腱，深趾屈腱鞘ばかりか蹄関節まで侵される．このような例では内科療法は奏効せず，蹄関節を強直させるか，断趾する手術を行うかあるいは淘汰するかの選択しかない．

近年ではさらに重度の趾間フレグモーネが報告されており，スーパーフットロットと呼ばれている．これは急性または甚急性で，重度の壊死が進行し，趾間組織が破壊され，死亡する場合もある．

治療

抗生物質の全身投与による治療を行うべきである．細菌は普通，幅広い抗生物質に感受性がある．米国では次の抗生剤，抗菌剤が認可されている．アモキシリン3〜5 mg/lbの5日間の筋注または皮下注，セフティフォア1.1〜2.2 mg/kgの1日3回，3〜5日間の皮下注（セフティフォアの利点は乳廃棄が不要なことである），エリスロマイシン1〜2 mg/lb，1日3回，3〜5日間の筋注，スルファジメトキシンの初

回 55 mg/kg とその後 27.5 mg/kg の静注を 1 日 3 回, 5 日間などである. 管理上の実施対策は, フリーストールの適正化, 敷き料と衛生, 趾に損傷を起こす環境の排除である. 趾に損傷を起こす環境には, 刈り株地での放牧, 石ころだらけの歩行路, 歩行路や飼槽周囲の小石の混ざった泥濘などがある. フルニキシンやアスピリンなどの抗炎症薬の治療には価値がある. ワクチンの使用には臨床的効能の研究が必要である.

■ 趾皮膚炎 (DD)
(趾乳頭腫症, フットウォルツ, 有毛疣, ヒールウォルツ, ストロベリーフット, 疣状皮膚炎, モーテルロー病)

要約

趾皮膚炎 (DD) すなわちモーテルロー病はイタリアの研究者である Cheli と Mortellaro によってはじめて報告された. 米国では 1974 年以前に最初に発見されたが, 1980 年後半から 1990 年はじめまで大きな流行にならなかった. 今日では DD は米国や世界中に蔓延している. 正確な原因はわかっていないが, スピロヘータが一次性または二次性の起因菌として感染することと関連すると考えられている. 病変は後肢に起こることが多く, 過角化した皮膚と長く伸びた毛に囲まれた限局性で潰瘍性または増殖性である. 掌側趾間隙の慢性病変は蹄球びらんを伴っている. 病変は非常に敏感であるが, 罹患牛すべてで跛行がみられるわけではなく, 病変形成部位によって異なる. すなわち牛は床と病変の接触を避けるために歩様や肢勢を変えるのである. 掌側面の慢性病変では蹄尖が摩耗して短くなり, これと相応して蹄踵の摩耗が減り, 蹄踵が長く伸びる. 治療削蹄を行って, 病変に付随するびらんによる異常はもちろんのこと蹄鞘の変形を矯正しなければならない. DD の治療は抗生物質または非抗生物質を局所スプレーすることで, 包帯を施すこともある. 別の治療には, 駐立型または通過型の蹄浴があり, 様々な抗生物質, 10％硫酸銅, 10％硫酸亜鉛, 3～5％ホルマリンが薬液として使用されている. これらは DD の制御法としても実施されている. 蹄浴の利点は趾間病変によく薬液が付着すること, 牛群全体の治療に便利なことである. 治療効果にかかわらず, 再発率が高いためにほとんどの牛群では制御のために持続的な治療が必要とされる. DD を予防する最も実際的な方法は, 通過型蹄浴を正しい方法で定期的に実施することである. ワクチン摂取という方法もあり, 米国の最近の研究ではトレポネーマのバクテリン (TrepShield HW™) は初妊牛の DD 予防に効果があった. しかし成牛には効果が乏しいか, なかった. ワクチンは現在では使用されていない. その他, DD 制御と予防には牛舎, 環境, 管理因子の制御が重要である. 水分とスラリーに持続的に曝露される牛舎環境, 水分の多い泥濘環境, 家畜市場や農場外からの後継牛の購入などはすべて DD 発生の増加と関連する. ひとたびこの病気が牛群に侵入したなら, これをすべて排除することが困難なことは過去の経験から明らかである. すなわちこの疾病は制御できるが, 撲滅できないと考えるべきである.

はじめに

DD はイタリアの研究者である Cheli と Mortellaro によって 1974 年に最初に報告された. 逸話や少なくとも 1 人の研究者の報告によると, 乳牛と肉用種雄牛の趾乳頭腫症の発生は

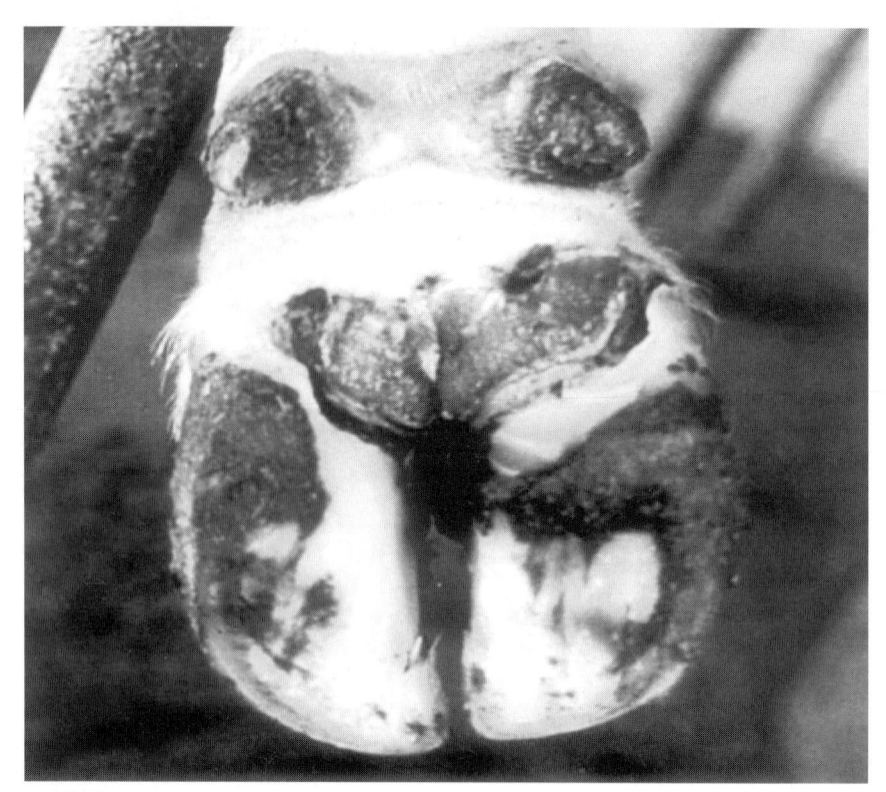

図 8.3. 趾間隙に隣接する皮膚における急性，びらん性の趾皮膚炎．

米国においても同時期に存在していたということである。これら初期の報告以来，この疾病は世界中多くの場所でみられるようになった。

　DDの起源について研究者らは論争してきた。臨床および病理組織学的には趾間皮膚炎といくつかの共通点がある（たとえば，表層の皮膚炎，蹄球びらん，スピロヘータの存在）。このことが，幾人もの研究者がこれらの疾病が実際には同じものであると主張する根拠となっている。この問題は未解決のままであるが，DDを概説するこの項では別個の独立した疾病として記述することにする。

病因論

　感染組織の染色標本では多数のスピロヘータがみられる。このことから研究者らはスピロヘータがDDの病因で，一次的な起因菌あるいは二次的な侵入菌であると考えている。子牛の実験的感染の研究報告では，感染後順次採取した組織の観察から，スピロヘータが表皮と真皮に最初に侵入して定着した細菌であるとされている。最もよく観察されるスピロヘータは*Treponema*属のものである。

臨床症状

　DD病変は後趾掌側面の趾間隙に隣接する皮膚または蹄球の皮膚-角質接合部に典型的にみられる（図8.3.）。ときには副蹄付近（図8.4.）または趾間背側縁（特に前趾）にみられることもある。また趾間過形成がある場合には趾間皮

感染性の蹄病……第8章

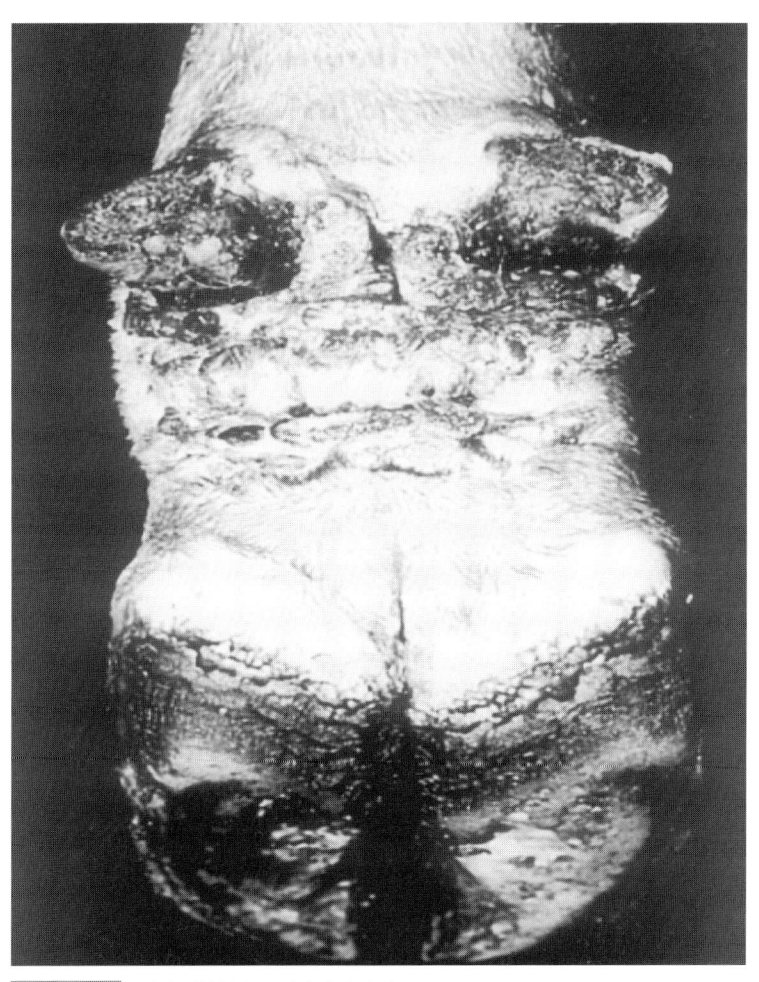

図8.4. 副蹄に隣接する趾皮膚炎病変.

膚にも病変が発生する（図8.5.）。ほとんどの病変は円形または楕円形で，明瞭な境界縁がある。病変の縁を囲む長く伸びた毛（図8.6.）があり，これは慢性病変の表面から伸びている毛状乳頭と区別するべきある（図8.7.）。DD病変は坑道を形成したり，傷んだり，あるいは壊死した角質がある場合には真皮まで広がる（図8.8.）。毛状乳頭を伴わない慢性病変は一般的に分厚く，表面が顆粒状である。組織学的には病変は潰瘍性および増殖性変化であり，真皮の潰瘍，角化不全や過角化を伴う表皮の過形成，多数のスピロヘータを伴った炎症で，スピロヘータは表皮有棘層や真皮乳頭に侵入している。

炎症組織が少しでも障害されると，強い不快感があり，出血傾向がある。牛は肢勢や歩様を変化させ，病変部と床やその他のものとの接触を避ける。この疼痛回避動作は罹患蹄負面の異常な摩耗を起こす。趾間隙掌側の病変では常に負重は蹄尖の方に移動する。このことによって蹄尖の摩耗が増加し，蹄踵の摩耗が減少し，罹患蹄の負面全体は減少する。

図8.5. 趾間皮膚の趾皮膚炎病変.

図8.6. 長く伸びた毛がみられる趾皮膚炎病変.

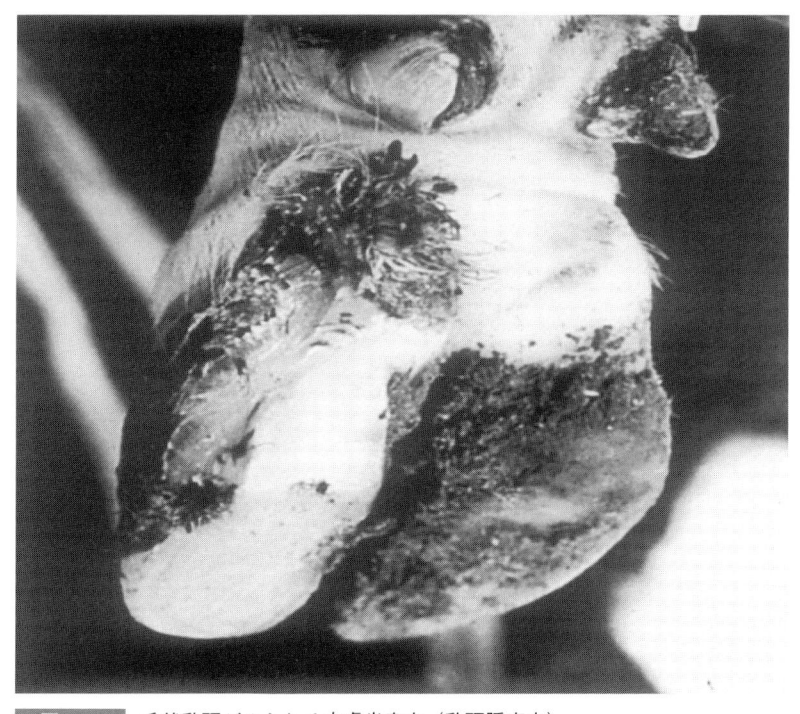

図 8.7. 毛状乳頭がみられる皮膚炎病変（乳頭腫病変）.

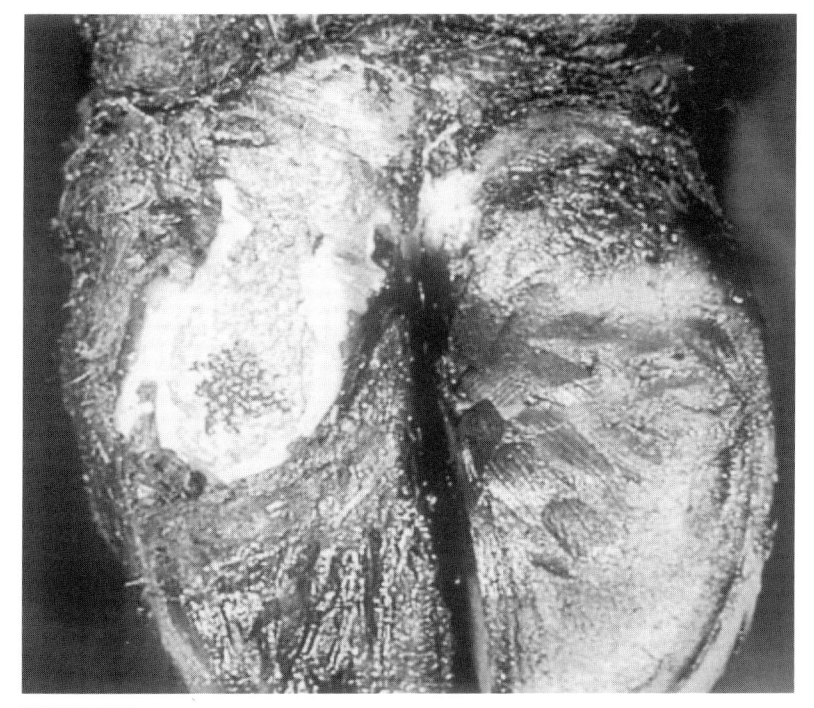

図 8.8. 蹄底真皮に波及した皮膚炎病変.

疫学

牛群のDDの有病割合は様々で，普通，畜主は過小評価している。20％から50％の有病割合が報告されている。病変部を触れられると重度の疼痛があるにもかかわらず，この疾病と関連する跛行は痛みと一致しておらず，予想より少ないことがよくある。跛行を起こす疼痛は病変が蹄角質構造に及ぶせいらしい。

DDの原因として必ずみられる牛舎，環境，管理法には，牛群規模が大きいこと，水分が多い泥濘環境があること，後継牛を購入していること，である。

米国の全国調査で認められた他のリスク因子には蹄浴の実施，溝を切ったコンクリート床での飼養，他の牧場の削蹄も行っている削蹄師が十分消毒していない道具を牛から牛へと使用すること，などが挙げられている。後者の研究では重要な疫学的関連が指摘されているけれども，原因であるか結果であるのか区別はされていない。つまりこの研究でいうような蹄浴とDDとの関連を考えるとき，このデータ解析では蹄浴がDDの原因なのか，その逆なのか確定することはできない。しかし，牛舎や環境衛生がDD制御の重要な因子であるということは結論できるだろう。さらに上述の研究から，衛生の重要性は農場で護蹄管理に携わる人々（獣医師や削蹄師）にも及ぶ問題であるといえるだろう。

通常，DDは泌乳初期の牛に最もよく発生する。これはある農場では，分娩前の自家育成初妊牛にきわめて高い発生があることに起因する。後継牛を購入する場合に，DDフリーの牛でなかったり，あるいは牛群に入れる前にDDがないかよく観察しなかったりすることはよくあることである。泌乳していない状態から泌乳状態への移行は牛の生涯のなかでも最もストレスのかかる期間のひとつである。彼女らは泌乳開始と関連する生理学的変化に適応し，牛舎，飼料，他の牛との優先関係にうまく順応しなければならない。泌乳初期にDD発生が高い理由のひとつは周産期の免疫抑制によるものであると考えられている。

DDの保菌物や伝播方法の多くはわかっていないが，臨床的および潜在的感染牛や環境表面がそうであると考えられている。実験的環境下で成牛にDDを再現させることは困難なことがわかっているが，子牛では成功している。実験的伝播は，ラップを巻いて酸素不足と湿潤状態にした当該部分にDD病変部の擦過物を置くことで達成され，数週間後に典型的な病変が観察されている。

DDのパフォーマンスに与える影響

米国の研究ではDD罹患牛は健康牛より泌乳量が少ない（153.3kg少ない）が，有意差がないことが明らかになっている。これより早い時期にメキシコで行われた600頭の牛の研究でも同様の結果が出ている。DD罹患牛は同群の非罹患牛と比べて121.6kg乳量が少なかったが，有意差はやはりなかった。しかし繁殖成績には有意な影響が認められている。DD罹患牛は分娩から受胎までの日数が93～113日遅延し，平均空胎日数は同群の非感染牛と比べておよそ14日間長かった。

DDの治療と制御

抗生物質の局所スプレー（図8.9.aとb）や包帯による治療に対する反応について多くの研究

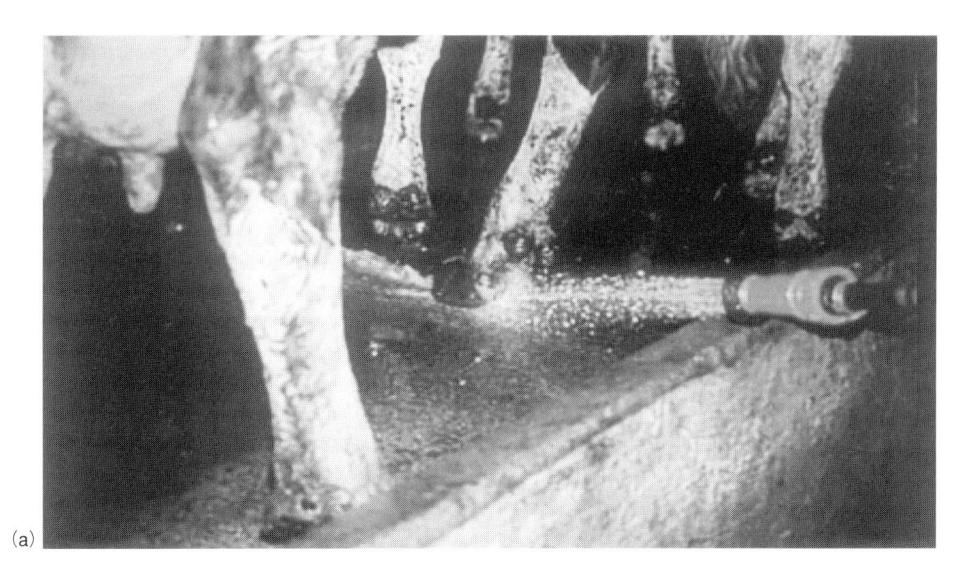

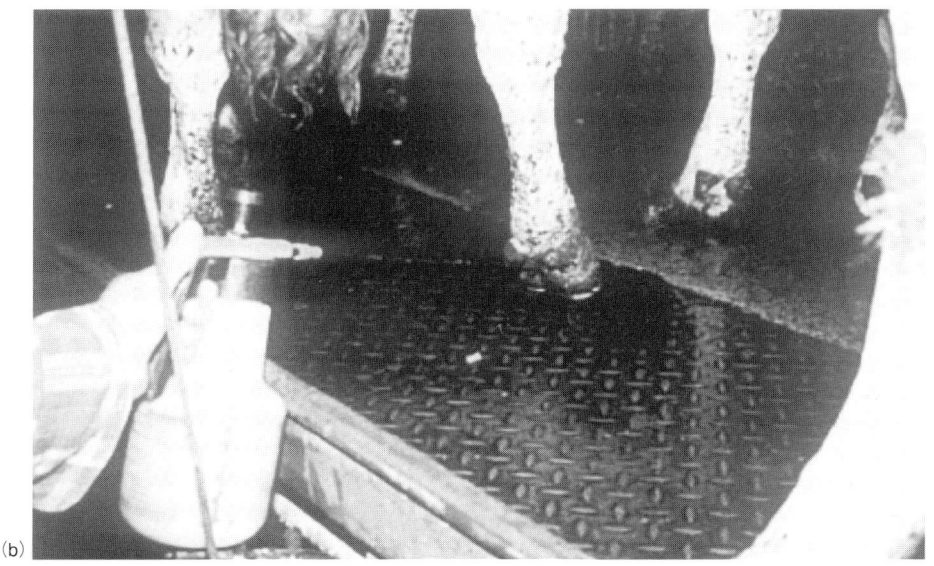

図8.9. 趾皮膚炎の治療法：(a) 圧力ホースによる蹄踵後方の洗浄，これに続く (b) オキシテトラサイクリンの局所適用．

報告がある。残留違反は常に抗生物質治療と関係しているが，局所治療では大きな問題となっていないようである。いくつかの非抗生物質製剤も評価されているが，一般的に非抗生物質製剤の効能は低いことが示されている。しかしひとつだけ例外があり，それはVictory™(Westfalia-Surge, Inc.)で，溶解銅，過酸化合物，陽イオン作用剤の3種の薬物が調合された製剤である。DDの非経口治療の研究では効果は様々である。われわれの知っている限り，飼料や水に抗生物質を添加した経口治療による効果の文献はないようである。

通過型蹄浴はDD治療によく使用されている。しかし，この方法を支持する科学論文によ

る情報はわずかである。蹄浴には硫酸銅，硫酸亜鉛，ホルマリン，種々の抗生物質などの薬液が使用されている。5％ホルマリンを用いた2つの野外での対照試験では，趾間病変の発生と蹄球びらんの程度が減少して蹄の健康が増進したことが報告されている。蹄浴の欠点にはホルマリンへの曝露による人の健康問題，硫酸銅，硫酸亜鉛使用による環境と蹄の健康問題，抗生物質の過剰使用による耐性出現の可能性の問題，などがある。どの治療法を選択したとしても，再発率は高く，適切な制御には持続的な治療が必要となる。

最終的にはDD病変と関連する疼痛によって肢勢と歩様が変化し，蹄には異常な荷重と磨耗が生じる。ほとんどの病変は掌側の趾間隙に起こるので，蹄尖の磨耗が増え，蹄踵の磨耗が減少する。治療的削蹄を実施して，蹄角質の隆起部や蹄球びらんと関連する傷んだ角質を除去し，過剰成長した蹄踵を低くして蹄角度を矯正し，負面を大きくする必要がある。

DD制御のためのワクチン投与

再発率が高いことや高リスクグループへの便利な治療法がないことから，効果的なワクチンによる制御が強く望まれている。トレポネーマバクテリンを用いた初期のDD制御研究では免疫付与によって臨床的疾病が減少したとされている。逆に，ドイツの研究者らはトレポネーマを含んだ牛群特異的な細菌のワクチンを投与し，効果がなかったことを報告している。同様な結果は最近になって米国でも報告されており，トレポネーマのバクテリンは治療効果も予防効果もなかったとしている。

結論

牛のDDには答えられない質問がたくさん残っている。トレポネーマは一次性の起因菌なのか，それとも二次性の侵入菌なのだろうか？感染牛以外に疾病の保菌者がいるのだろうか？効果的な治療と実施可能な制御法は抗生物質または非抗生物質の局所適用である。DDフリーの牛群は感染牛の購入を避ける必要があり，削蹄師や農場者以外のサービスマンや訪問者に適切なバイオセキュリティー処置を取るように強調するべきである。最後は酪農家が牛舎，環境，管理に関して衛生観念を強くもつことが必要である。きれいで乾燥した蹄は健康なはずである。DDについてもっとよくわかるまで，この病気は制御可能だが，撲滅は難しいだろう。

参考文献

Allenstein, LC. 1992. Wart-like foot lesions caused lameness. Hoard's Dairyman, 137：696-697.

Arkins S, Hannan J, Sherington J. 1986. Effects of formalin foot-bathing on foot disease and claw quality in dairy cows. Vet Rec, 118：580-583.

Bargai U. 1994. Excessive dietary protein as the cause of herd outbreaks of "Mortellaro's Disease." In：Proc Int Symp on Disorders of the Ruminant Digit, 8：183.

Basset HF, Monagham ML, Lenham P. 1990. Bovine digital dermatitis. Vet Rec, 126：164-165.

Berry SL, Ertze RA, Read DH, Hird DW. 2004. Field evaluation of prophylactic and therapeutic effects of a vaccine against (papillomatous) digital dermatitis of dairy cattle in two California dairies. In：Proc 13th Int Symp on Ruminant

Lameness, Malibor, Slovenia, 11-15 February.

Berry SL, Graham TW, Mongini A, Arana M. 1999a. The efficacy of serpense spp bacterin combined with topical administration of lincomysin hydrochloride for treatment of papillomatous digital dermatitis (foot warts) in cows on a dairy in California. Bov Pract, 33 : 6-11.

Berry SL, Mass J. 1977. Clinical treatment of papillomatous digital dermatitis (foot-warts) on dairy cattle. In : Proc 1977 Hoof Health Conf. Betavia, NY, pp. 4-7.

Berry SL, Mass J, Reed A, Schechter A. 1996. The efficacy of 5 topical spray treatments for control of papillomatous digital dermatitis in dairy herds. In : Proc Am Assoc Bov Pract, 29 : 188 (Abstract).

Berry SL, Read DH, Walker RL. 1999b. Recurrence of papillomatous digital dermatitis (foot-warts) in dairy cows after treatment of lincomycin HCl or oxytetracycline HCl. J Dairy Sci, 82 : 34 (Abstract).

Berry SL, Read DH, Walker RL. 1998. Topical treatment with oxytetracycline or lincomycin HCl for papillomatous digital dermatitis : Gross and historogical evaluation. In : Proc 10th Int Symp on Lameness in Ruminants, Lucerne, Switzerland, pp. 291-292.

Blowey RW. 1993. Cattle Lameness and Hoofcare. Farming Press, Ipwich, UK.

Blowey RW, Done SH, Cooley W. 1994. Observations on the pathogenesis of digital dermatitis in cattle. Vet Rec, 135 : 115-117.

Blowey RW, Sharp MW. 1988. Digital dermatitis in dairy cattle. Vet Rec, 122 : 505-508.

Blowey RW, Sharp MW, Done SH. 1992. Digital dermatitis. Vet Rec, 131 : 39.

Borgmann IE, Bailey J, Clark EG. 1996. Sporochete-associated bovine digitaldermatitis. Can Vet J, 37 : 35-37.

Britt JS, Carson MC, von Bredow JD, Condon RJ. 1999. Antibiotic residues in milk samples obtained from cows after treatment for papillomatous digial dermatitis. J Am Vet Med Assoc, 215 : 833-836.

Britt JS, Gaska J, Garrett EF, Konkle D, Mealy M. 1996. Comparison o topical application of 3 products for treatment of papillomatous digial dermatitis in dairy cattle. J Am Vet Med Assoc, 209 : 1134-1136.

Britt JS, McClure J. 1998. Field trials with antibiotic and non antibiotic treatment for papillomatous digial dermatitis. Bov Pract, 32 : 25-28.

Brizzi A. 1993. Bovine digial dermatitis. Bov Pract, 32 : 33-37.

Cheli R, Mortellaro C.. 1974. La dermatite digitale del bovino. In : Proc VIII Int Meeting on Diseases of Cattle, pp.208-213.

Choi B, Nattermann KH, Grund S, Haider W, Gobel UB. 1997. Spirochetes from digital dermatitis lesions in cattle are closely related to Tieponemes associated with human periodontitis. Int J Syst Bacteriol, 47 : 1755-181.

Collighan RJ, Woodward MJ. 1977. Spirochaetes and other bacterial species associated with bovine digital dermatitis. FEMS Microbiol Lett, 156 : 37-41.

Cruz C, Driemeier D, Cerva C, Corbellini LC. 2001. Bovine digital dermatitis in southern Brazil. Vet Rec, 148 : 576 -577.

Demirkan I, Carter SD, Murray RD, Blowey RW, Woodward MJ. 1998. The frequent detection of a Treponeme in bovine digital dermatitis by immunocytochemistry and polymerase-chain-reaction. Vet Microbiol, 60 : 285-292.

Demirkan IR, Murray D, Carter SD. 2000. Skin disease of the bovine digit associated with lameness. Vet Bull, 70 : 149-171.

Demirkan I., Walker RL., Murray RD, Blowey RW, Carter SD. 1999. Serological evidence of spirochaetal infections associated with digital dermatitis in dairy cattle .Vet J, 157 : 69- : 77.

Doherty ML, Bassett HF, Markey B, Healy AM, Sammin D. 1988. Severe foot lamenessin cattle associated with invasive spirochetes Irish Vet J, 51 : 195-198.

Döpfer D, Koopmans A, Meijer FA, Szakáll I, Schukken YH, Klee W, Bosma RB, Cornelisse JL, van Asten AJ,ter Huurne AAHM. 1997. Histological and bacteriological evaluation of digital dermatitis in cattle, with special reference to spirochaetes and Campylobacter faecalis. Vet Rec, 140 : 620-623.

Edwards AM., Dymock D, Jenkinson H.F. 2003a. From tooth to hoof : Treponemes in tissue_ destructive diseases, J. Appl Microbiol, 94 : 767-780.

Edwards AM., Dymock D. Woodward MJ, Jenkinson HF. 2003b. Genetic relatedness and phenotypic characteristics of Treponema associated with human periodontal tissues and ruminant foot disease. Mi crobiology, 149 : 1083-1093.

Gourreau JM., Scott DW, Rousseau JF. 1992. La dermatite digitee des bovines.. Le Point Vet, 24 : 49-57.

Graham,PD. 1994. A survey of digital dermatitis treatment regimes used by veterinarians in England and Wales. In : Proc 8th Int Symp on Disorders of Ruminant Lameness and Int Conf on Bovine Lameness, Banff, Canada , pp.205-206.

Guard C. 1995. Recognizing and managing infectious causes of lameness in cattle. .In : Proc Am Assoc Bov Pract, 27 : 80-82.

Guterbock W , Borelli C. 1995. Footwart treatment trial report. Western Dairyman, 76 : 17.

Hartog BJ, Tap SHM, Pouw, HJ, Poole DA, Laven RA. 2001. Systemic bioavailability of erythromycin in cattle when applied by footbath. Vet Rec 148 : 782- : 783.

Hernandez J, Shearer JK. 2000. Therapeutic trial of oxytetracycline in dairy cows with papillomatous digital dermatitis lesions on the interdigital cleft heels or dewclaw. JAVMA, 216 (8) : 1288-1290.

Hernandez J, Shearer JK, Elliott JB. 1999. Comparison of topical application of oxytetracycline and four nonantibiotic solutions for treatment of papillomatous digital dermatitis in dairy cows. J Am Vet Med Assoc, 214 : 688-690.

Hernandez J, Shearer JK, Webb DW. 2002. Effect of lameness on milk yield in dairy cows. J Am Vet Med Assoc, 220 : 640-644.

Hoblet K. 2002. Footbaths : Separating truth from fiction and clinical impressions In : Proc12th Int Symp on Lameness in

Ruminants, Orlando, FL, pp. 35-38.

Keil DJ, Liem A, Stine DL, Anderson GA. 2002. Serological and clinical response of cattle to farm-specific digital dermatitis bacterins. In : Proc 12th Int Symp on Lameness in Ruminants, Orlando, F L, p.385.

Kempson SA, Langridge A, Jones JA. 2000. Slurry, formalin, and copper sulphate : The effect on the claw horn. In : Proc 10th Int Symp on Lameness in Ruminants, Parma, Italy, pp. 216-217.

Laven R. 1999. The environment and digital dermatitis. Cattle Pract, 7 : 349-356.

Laven RA, Hunt H. 2001. Comparison of valnemulin and lincomycin in the treatment of digital dermatitis by individually applied topical spray. Vet Rec, 149 : 302-303.

Lindley WH. 1974. Malignant verrucae of bulls. Vet Med Agric Pract, 69 : 1547-1550.

Mortellaro CM. 1994. Digital dermatitis. In : Proc 8th Int Symp on Disorders of Ruminant Lameness and Int Conf on Bovine Lameness, Banff Canada, pp. 137-141.

Moter A, Leist G, Rudolph R, Schrank K, Choi BK, Wagner M, Gobel UB. 1998. Fluorescence in situ hybridization shows spatial distribution of as yet uncultured Treponemes in biopsies from digital dermatitis lesions. Microbiology, 144 : 2459-2467.

Nowrouzian I. 1994. Risk factors in the development of digital dermatitis in dairies in Tehran, Iran. In : Proc Int Symp on Disorders of the Ruminant Digit, 8 : 155.

Radostitts OM, Gay CC, Blood DC, Hinchcliff KW. 1994. Veterinary Medicine, 8th edition. Baillere Tendall, London.

Read DH. 1997. Pathogenesis of experimental papillomatous digital dermatitis (PDD) in cattle : Bacterial morphotypes associated with early lesion development. In : Proc 78th Conf of Research Workers in Animal Diseases, Chicago, IL, No.32 (Abstract).

Read D, Walker R. 1996. Experimental transmission of papillomatous digital dermatitis (footwarts) in cattle. Vet Pathol, 33 : 607 (Abstract).

Read DH, Walker RL. 1998a. Comparison of papillomatous digital dermatitis and digital dermatitis of cattle by histopathology and immunohistochemistry. In : Proc 10th Int Symp on Lameness in Ruminants, Lucerne, Switzerland,p p.268-269.

Read DH, Walker RL.. 1998b. Papillomatous digital dermatitis (footwarts) in California dairy cattle : Clinical and gross pathologic findings. J Vet Diagn Invest, 10 : 67-76.

Read DH, Walker RL, Castro AE, Sundberg JP, Thurmond MC. 1992. An invasive spirochaete associated with interdigital papillomatosis of dairy cattle. Vet Rec, 130 : 59-60.

Read DH, Walker RL, Hird DW, Maas JP, Berry SL. 1995a. Footwarts of cattle-papillomatous digital dermatitis. UC Davis, Ca Vet Diagn Lab (Pamphlet).

Read DH, Walker RL, Van Ranst M, Nordhausen RW. 1995b. Studies on the etiology of papillomatous digital dermatitis (footwarts) of dairy cattle. In : Proc 38th Ann Meet Am Assoc Vet Lab Diagn, Sparks, NV68 (Abstract).

Rodriguez-Lainz AD, Hird W, Carpenter TE, Read DH. 1996a. Case-control study of papillomatous digital dermatitis in southern California dairy farms. Prev Vet Med, 28 : 117-131.

Rodriguez-Lainz A, Hird DW, Walker RL, Read DH. 1966b. Papillomatous digital dermatitis in 458 dairies. J Am Vet Med Assoc, 209 : 1464-1467.

Scavia G, Sironi G, Mortellaro CM, Romussi S. 1994. Digtial dermatitis : Further contribution on clinical and pathological aspects in some herds in northern Italy. In : Proc 8th Int Conf on Bovine Lameness, Banff Canada, pp. 774-776.

Schtitz W, Metzner M, Pijl R, Klee W, Urbaneck D. 2000. Evaluation of the efficacy of herd-specific vaccines for the control of digital dermatitis (DD) in dairy cows. In : Proc XI Int Symp on Disorders of the Ruminant Digit and III Int Conf on Bovine Lameness, Parma, Italy, pp. 183-185.

Shearer JK, Elliott JB. 1994. Preliminary results from a spray application of oxytetracycline to treat control, and prevent digital dermatitis in dairy herds. In : Proc 8th Int Symp on Disorders of Ruminant Lameness and Int Conf on Bovine Lameness, Banff, Canada, p.182.

Shearer JK Elliott JB.. 1998. Papillomatous digital dermatitis : Treatment and control strategies- Part I. Compend Contin Educ Pract Vet, 20 : S158-S173.

Shearer JK,. Hernandez J. 2000. Efficacy of two modified nonantibiotic formulations (victory™) for treatment of papillomatous digital dermatitis in dairy cows. J Dairy Sci, 83 : 74I- : 745.

Shearer J.K, Hernandez J, Elliott JB. 1998. Papillomatous digital dermatitis : Treatment and control strategies- Part II. Compend Contin Educ Pract Vet, 20 : S213-S223.

Thomas ED. 2001. Foot bath solutions may cause crop problems Hoard's Dairyman, July : 458-459.

Toussaint Raven E. 1989. Cattle Footcare and Claw Trimming. Farming Press, Ipswich, UK.

van Amstel SR, van Vuuren S, Tutt CL. 1995. Digital dermatitis : Report of an outbreak. J S Afr Vet Assoc. 66 : 177-181.

Walker RL, Read DH, Loretz KJ, Nordhausen RW. 1995. Spirochetes isolated from dairy cattle with papillomatous digital dermatitis and interdigital dermatitis. Vet Microbiol, 47 : 343-355.

Walker RL, Read DH, Sawyer SJ, Loretz KJ. 1998. Phylogenetic analysis of spirochetes isolated from papillomatous digital dermatitis lesions in cattle. In : Proc Ann Meet Conf of Research Workers in Animal Diseases, 79 : 17 (Abstract).

Wells SJ, Garber LP, Wagner BA. 1999. Papillomatous digital dermatitis and associated risk factors in US dairy herds. Prev Vet Med, 38 : 11-24.

Wells SJ, Garber LP, Wagner B, Hill GW. 1997. Papillomatous digital dermatitis on U.S. dairy operations (footwarts). NAHMS, May : 1-28.

Zemljic B. 1994. Current investigations into the cause of dermatitis digitalis in cattle. In : Proc 8th Int Symp on Disorders of Ruminant Lameness and Int Conf on Bovine Lameness, Banff,Canada, pp. 164-167.

Zemljic B. 2000. Pathohystological features and possible infective reasons for papilomatous digital dermatitis on dairy farms in Slovenia. In : Proc XI Int Symp on Disorders of the Ruminant Digit and III Int Conf on Bovine Lameness, Parma, Italy, pp. 186-189.

第9章　牛の行動，牛にやさしい施設，適切な取り扱い

■ 牛の行動と知覚作用

　牛蹄を安全で効果的に検査，削蹄，治療するためには次の事柄を理解することが重要である：

　牛の行動と牛が周囲環境を認知する方法，牛のために適切に設計された施設（待機ペン，通路，保定枠場）への出入法，牛を適切に取り扱う知識と扱い方，である。

　これらに十分注意を払うことによって動物と人間の双方ともが怪我を負ってしまう危険を回避することができ，牛の移動はスムーズになり，人の労働効率も改善される。

牛の視覚

　牛はその眼の位置のために300度以上を見渡せる視野を持っている。盲点は頭のすぐ後ろ側だけである。反対に垂直方向の視野は人では140度あるが，牛は60度しかない。フィードロットではこのような牛の視覚の特性を利用して，通路わきに切れ目のないパネルを設けたり，キャットウォーク（保定枠への足場）を高くしたりして，牛を容易に取り扱ったり，移動させたりしている。

　また牛は奥行き知覚深度が浅いので，間近のものに焦点が合いにくい。そのために，ものを見てから前に進んで安全かどうかを識別するのに，しばらく時間がかかることがある。このために牛は歩くときに頭を下げるのであり，特に通路にものの影が見えたときにはそうするのである。このような牛の視覚を考慮に入れれば，牛が躊躇したり立ち止まったりしないようにするためには，歩行路や通路は明るくものを置かないように設計しなければならない。通路を明るくするだけでなく，側方に切れ目のないパネルを設ければ影ができないし，外を見て注意が散漫になることがなくなり，牛の移動はスムーズになる。最も悪い設計は暗い場所に設置され，両側の開いた直線通路が削蹄枠場に直接通じているものである。牛の流れはほとんど常に渋滞し，牛を刺激しなければ枠場に移動させることができない。牛が移動しなければ効率（検査や治療できる牛の数）は落ち，牛を枠場に入れるのに無理やり押し込まなければならない。

　最終的に牛は一列になって互いの後を追って行き，明るい方に移動する。一般的に保定施設は牛にとっては負の経験（少なくとも恐怖経験）となっているので，枠場に続く通路は直線状ではなく，枠場が見えないようになっていれば牛の移動は渋滞しない。牛が枠場まで来れば，ヘッドキャッチの方から来る光に向かって動物が枠場内に入るよう促す。側方が切れ目なく覆われている削蹄枠場では特にこうしなければなら

ない。

牛の聴覚

牛の聴覚は非常によく，人より小さな音を聴くことができる。また周波数の低い音も，高い音もよく聴くことができる。一方で牛は音源の位置を定める能力が弱い。人や食肉動物は音源を突き止める能力が非常に高い。捕食される動物は逃げるためには相対的な位置だけを知ればよいので，音源を確定する能力は生存のためにはそれほど重要でなく，その結果，牛ではあまり発達しなかったのである。食肉動物は音源を突き止める技術によって餌を見つけることができる。したがって，音源の特定の方向や場所を確定できる能力が特に発達しているのである。

ラジオの大きい音や人の大声などの，普通の音でも牛を不安にする。したがって牛を取り扱う場合には叫び声をあげたり，牛を突いたりするより，静かな環境で落ち着いたやさしい声で行うのがよい。また視覚に欠損のある動物（片目が盲目など）は聴覚に非常に頼る傾向がある。牛と人の双方の安全のためには，牛の聴覚についてよく理解しておく必要がある。

牛の嗅覚

牛の嗅覚は特によく発達しており，感情の伝達，生殖，食肉動物や他の危険の察知などに役立っている。たとえば牛は臭いで自分の子牛を識別しており，人のように視覚で行っているのではない。フェロモンはすべての体液に含まれているのではないにせよ，多くに含まれる特別な化学物質である。フェロモンは発情動物の生殖の合図と関連している。ストレスや恐怖と関連するフェロモンもある。ストレスの加わった状況で放出されるフェロモンは，危険であることを伝達し，行動にも影響して不安，防御本能あるいは攻撃性さえ示す。個々の動物や牛群が不穏になると，不快は恐怖や不安を示す行動によって伝達されるが，一部はフェロモンの放出に影響されている。

フライトゾーンおよびバランスポイント

フライトゾーンとは牛個体の空間または快適空間ということができる。この空間に人が入り込むと牛は人と反対の方向に逃避する。フライトゾーンの広さは動物が人と接触することによってかなり変化する。乳牛ではフライトゾーンは比較的狭い。

牛が前進するか，後退するかは牛と取り扱い者の位置によって決まり，その位置をバランスポイントという。牛ではバランスポイントは肩の位置にある。牛を前進させるには肩（バランスポイント）より後方に立つ。牛の前に立てば（バランスポイントの前方），牛は後退する。牛の死角（牛の真後ろ）から接近すれば動物は向きをかえる。乳牛のフライトゾーンは狭いものであるが，バランスポイントがあり，取扱者との間に快適な距離があることを理解すると牛の取扱はずいぶん容易なものになる。

一般的に乳牛は肉牛より人と接することを厭わないが，視覚，聴覚，フライトゾーン，バランスポイントなどの特性はどちらも同じである。

■ 安全性と効率を上げる牛にやさしい施設

フットケアを行う場所には以下のものが基本的に必要である：（1）フットケアを行うため

に隔離できる十分な空間があること；(2) 安全かつ効率的に削蹄枠場への出入りができること；(3) 待機場所ではいつでも飲水や採食ができること；(4) 待機ペン，追い込みペン，通路の床は軟らかく滑らないこと；(5) 待機ペン，追い込みペン，通路には冷却のために日蔭，ファン，スプリンクラー，噴霧機などが備わっていること；(6) 枠場，待機ペンなどには糞尿管理のためのフラッシュシステムやその他のシステムなどの設備があること；(7) 枠場周りに削蹄者と牛のための日蔭やファンがあること；(8) 枠場での検査や治療のために趾蹄を洗う水があること；(9) 電動器具（グラインダー，ライトなど）を使用できる電源があること；(10) 削蹄道具や物品を置くテーブルがあること；(11) フットケアに用いる製品を保管しておく棚が枠場の傍にあること；(12) 削蹄や治療が済んで，枠場を出た牛が待機できる場所があること，などである。

待機ペン

フットケアの待機場所の設計では，待機ペンの広さや収容能力が最も重要である。もし1日に30～60頭の牛の削蹄や治療を行うのであれば，待機場所は20～30頭が収容できる広さにするべきである（午前30頭，午後30頭扱う）。しかし30頭の待機ペンは大きいので1人で牛を選り分けるのは困難である。したがって，大きなペンは牛を選り分けるために2つに仕切るとよい。2つのペンであれば，少なくともひとつは追い込みペンに通じているべきで，そこから削蹄枠場に達する通路に出ることになる。待機ペンには日蔭があり（暑熱ストレスを制御するファン，スプリンクラー，噴霧装置とともに），水と飼料が摂取可能で，軟らかく滑りにくい床でなければならない。待機ペンをできるだけ快適なようにするとよい。それは，ここにいる動物に跛行があることはよくあるし，検査や治療を受ける前にある程度の時間，そこにいなければならないからである。

削蹄枠場を出た牛は待機ペンに入り，元のペンに戻るか，あるいはさらに治療を継続して受けるために治療ペンに移動する。治療ペンの設備は上述したものと同じである。

追い込みペン

追い込みペンは，待機ペンから削蹄枠場に通じる漏斗状の施設である。追い込みペンは通常8～10頭の牛を収容する。まっすぐなパネルや塀の設備であれば，片側はまっすぐなままで，もう一方を30度の角度で通路につながるようにする。壁は切れ目がない横板のスウィープゲイトがよく，牛が取り扱い者の後方に逃げることがない。適切に設計された追い込みペンでは牛を追ったりせずに1人で安全に牛を通路に移動させることができる。

枠場に通じる通路

一般的に牛は追い込みペンから削蹄枠場まで通路を移動する。通路は牛がちょうど3頭ゆったりと入れる長さの約20フィート（約6.1m）がよい。側方が切れ目なく見えなくなっている通路がよいが，動物があまり興奮しないのであればかならずしも必要ではない。一方，側方が切れ目なく見えなくなっていてカーブした通路では，牛が枠場内に数歩足を踏み入れるまで枠場が見えない。牛は暗いところから明るい方へ移動する傾向があるので，光がヘッドキャッチ

の方から側方を覆った削蹄枠場に射し込むようになっているだけで，ほとんどの牛は自分から枠場内に入る。しかしヘッドキャッチから降り注ぐ直射日光には牛が怯えることを知っておく必要がある。ゆえにヘッドキャッチと削蹄枠場がちょうどよい向きにあることが重要である。

削蹄枠場とその周辺

大規模農場では削蹄師は8時間以上も削蹄枠場で働くが，"削蹄師の快適性"が取り上げられることは少ない。夏には枠場保定されている牛はもちろんのこと，削蹄師のためにも削蹄場所には日蔭やファンが必要である。冬には風よけと，気温が低ければ暖房が必要である。また削蹄師は削蹄枠場で数時間も立ったまま仕事をするので，床は軟らかくあるべきである（ゴム敷きの床）。また削蹄場所には趾や病変の検査や治療のために洗浄する水が必要である。したがって削蹄場所には排水可能な床構造はもちろん，水道ホースとノズルも必要である。

また削蹄場所には，電動の器具や自然光が少ないところでは照明をつけるための電源が必要である。削蹄師と牛の安全のために電源から地面にアースを取って接続すれば，水（水道ホースを介して）と簡単に接触することはない。治療的削蹄のためには明るい照明が必要である。照明が暗いと誤まった削蹄治療の原因になったり，初期病変を見逃してしまう。太陽や照明の位置と枠場の方向によっては削蹄枠場内で病変がよく見えない場合もある。たとえば太陽を背にすると自分の影ができて病変がみにくいし，陽に直接向かっても（あるいは照明に向かうと），蹄や病変部らしいところより顔に陽があたってしまい，見にくくなる。

また削蹄師には，仕事中や休暇中のどちらの場合にも削蹄用具を置いておく場所が必要である。3×6フィート（91.5×183cm）の作業台かテーブルがあればグラインダー，蹄刀，研磨器，治療用品（包帯，被覆材，局所薬，蹄ブロックなど）を十分に置ける。作業台やテーブルは牛が通るところを避けて置くが，削蹄師のすぐそばにあるのがよい。グラインダー，照明などの電気のコンセントは，削蹄中すぐ手がとどくようにテーブルに組み入れてあれば便利である。寒冷時には蹄ブロックが接着しにくいので，蹄ブロックをヒートランプの囲いに入れて暖めておく削蹄師もいる。そうすれば蹄ブロックをすばやく接着することができる。鍵のかかるキャビネットがあれば，仕事が休みのときも削蹄用具を安全に保管しておくことができる。

■ 牛の取り扱い

牛を取り扱うとき，牛の行動をよく熟知していることは重要である。そうすればある場合に，われわれが好むことを，牛はなぜそうしないのかという疑問によく答えてくれる。ちょっと牛になったつもりで考えてながめてみれば説明がついたり，解決できることはよくあることである。牛は優しく扱うとよくいうことをきき，無理強いすれば反抗する。

農場のオーナーや管理者は，すべての人が"牛好きな人間"ではないことを知らなければならない。言葉を換えれば牛に接触しないか，する必要のない職に向いた人もいるのである。なおその上，人と同じように牛にも気分の良い日と悪い日がある。牛の取り扱い者がよくわからない理由で，動物は不安や不快を感じたりす

るもので，そのときにはうまく行かない。このような場合には牛の行動によく注意して，牛と人のどちらか，あるいは双方が怪我をしないようにしなければならない。

"牛の仕事を急ぐためにはゆっくりとやることだ"という言葉は，どのように牛を扱うべきかということの多くを言い当てている。牛はもともととても優しい生きものである。牛の自然の行動や牛が環境を知覚する方法をよく理解すれば，牛をもっと安全に，もっと効率的に，そしてもっと楽しく取り扱うことができる。

跛行とフットケア情報を
コンピュータ入力して記録‐保存する方法

はじめに

牛蹄問題の現状を記録して，蹄病を発見したり追跡する方法に関する情報はあまりない。その理由は以下のとおりである：

- 多くの農場のフットケアデータは削蹄師からのものであり，それらが農場の記録保存システムに都合よく合っていたり，そうでなかったりするため。
- 削蹄師が収集したデータが様々であり，入力する情報量や疾病を記述する用語がまちまちであるため。

削蹄師のデータからフットケア情報を収集したり利用したりすることは，跛行に関する酪農家の全体的な知識不足と相まって，あまり行われていない。

米国ではDairy Herd Improvement Association (DHIA)，Dairy Comp 305，あるいは他の農場の記録保存システムとの互換性が必要である。そうすれば跛行データは農場のデータベース内に組み込むことができる。

個体情報や牛群情報を検索できれば，その乳量，繁殖状況などの他の情報についても検討することができる。

Ameican Association of Bovine Practitioners (AABP) Bovine Lameness Committee（米国牛獣医師会跛行委員会）によって提案された記録様式が作成されている。これは単純に理解できるものであり，DHIA, Dairy Comp 305 あるいは他のコンピュータ記録システムと互換性を持つ。また蹄病の国際的な分類法や記録法とも一致している。

牛跛行の記録‐保存システムの記述法と使用法

病名や病変は，大文字で識別し，個別の病変に使用する用語の最初の文字とほとんど一致している：肢の近位 Upper leg（nonfoodのN），蹄葉炎 Laminitis（L），潰瘍 Ulcers（U），縦または垂直裂蹄 sand-or vertical wall cracks（verticalのV），白帯病膿瘍 White line disease abscess（abscessのA），白帯離開 White line separation（separationのS），蹄底出血 sole hemorrhage（hemorrhageのH），蹄球びらん heel erosion（erosionのE），趾間皮膚炎 interdigital dermatitis（interdigitalのI），趾間線維腫または結節 interdigital fibroma or corn（cornのk），趾皮膚炎 digital dermatitis または有毛疣 hairy heel wart（D），趾間ふらん foot rot（F），コルク栓抜き蹄 cork screw claw（C），蹄底のひ薄 thin sole（thinのT），その他 other（O），などである。これらのコード（表9.1.）は蹄，趾，肢の14疾病と一致している。"その他のO"は他に入力項目がない疾病のことで14疾病に含まれていない。

表9.1. 蹄病変記録コード．

A = *A*bscess White line disease, *A*bscess 白帯病，膿瘍	L = *L*aminitis 蹄葉炎
C = *C*orkscrew claw コルク栓抜き蹄	N = *N*onfoot（upper leg lameness）肢近位の跛行
D = *D*igital dermatitis, hairy heel wart 趾皮膚炎	O = *O*ther condition その他の病変
E = *E*rosion（heel erosion）蹄球びらん	S = *S*eparation（white line separation）白帯離開
F = *F*oot rot 趾間ふらん	T = *T*hin soles（excessive wear）蹄底のひ薄化
H = *H*emorrhage（sole hemorrhage）蹄底出血	U = *U*lcer（sole, toe, and heel）蹄底潰瘍
I = *I*nterdigital dermatitis 趾間皮膚炎	V = *V*ertical wall crack（sand crack）縦裂蹄
K = *K*orn（interdigital fibroma）趾間線維腫	

表9.2. 特定の病変記述のための病変コードとサブコード．

De = *D*igital dermatitis *e*arly lesion 趾皮膚炎初期病変	Nf = *N*onfoot lesion——*f*etlock 蹄球病変
Dm = *D*igital dermatitis *m*ature lesion 趾皮膚炎成熟病変	Ed = *E*rosion *d*iffuse-type lesion び漫性びらん
Dc = *D*igital dermatitis *c*hronic lesion 趾皮膚炎慢性病変	Ef = *E*rosion *f*issure-type lesion 亀裂状びらん
Nh = *N*onfoot lesion——*h*ip 股関節病変	Eu = *E*rosion *u*ndermining-type lesion 坑道形型成びらん
Ns = *N*onfoot lesion——*s*tifle 膝病変	Fs = *F*oot rot——*s*uper foot rot designation スーパフットロット
Nk = *N*onfoot lesion——*k* for hock 飛節病変	

この大文字は病変のあった蹄の部位の記号（後述）といっしょに使用することで病変の名称と部位を特定している．たとえば，U4（ゾーン4の潰瘍 ulcer，典型的な部位の蹄底潰瘍）は蹄底潰瘍；U5は蹄尖潰瘍；U6は蹄踵潰瘍を指定している．白帯病・膿瘍（A）または離開（S）も同じようにそれぞれA11，A12，A3，A2，A1またはS11，S12，S3，S2，S1というように識別する．趾によくみられるほとんどの疾病は，しかるべき文字と蹄の部位の記号を用いて同一のものとして扱うことができる．

もっと病変を詳しく記述することを希望したり，必要としたりする人々も存在する．たとえば趾皮膚炎病変を軽度，中等度，重度と記述したいということである．けれどもこれらの用語は主観的なので，評価者によって評価が食い違ってしまう．そこで代替案として趾皮膚炎病変を初期（表面が陥凹しているものから平滑なものまで；De），成熟期（平らか少し隆起しており，表面がタオル地様である；Dm），慢性期（病変は肥厚し，フィラメント状の表皮の過形成がある）として記述できるかもしれない．病変の性状やステージをより上手く表す用語を用いれば，主観的なことや，おそらく評価者による食い違いを減らすことができるだろう．病変の記述に小文字を使用すれば蹄病名を表す大文字と区別することができる．病変のコードとサブコードの使用例を表9.2.に示してある．

通常の使用には，サブコードを使って詳細に記録を収集する必要は普通ない．しかし詳しい記述によって治療への予期せぬ不反応の理由がわかったり，あるいは関心のある他の事項を検討する場合には役立つかもしれない．たとえば趾皮膚炎発生の解剖学的部位や成熟度によっ

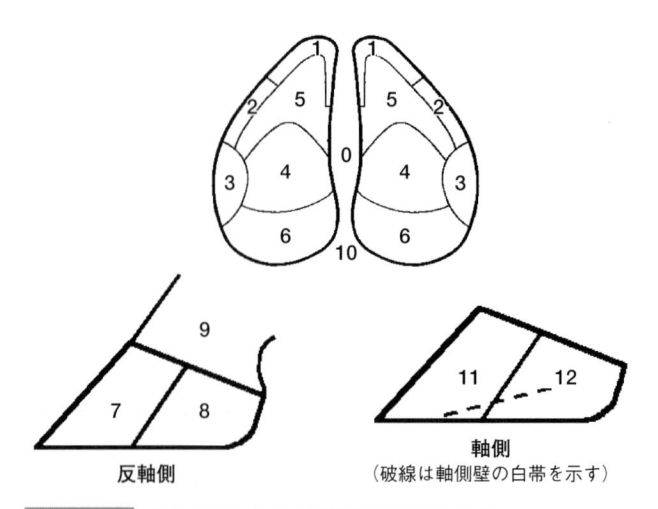

図 9.1. 病変記録のための趾蹄地図の付番方式.

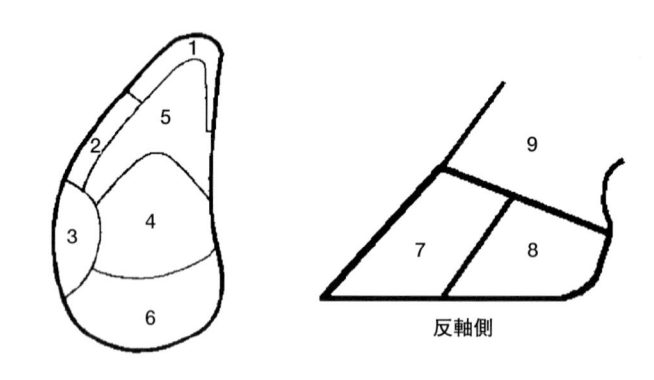

反軸側

軸側
（破線は軸側壁の白帯を示す）

図 9.2.a 蹄地図の付番方式.

反軸側

て，治療に対する反応が異なることが報告されている。一般的に認められている治療法であるにもかかわらず，再発するために治療が奏効しない牛群では，趾皮膚炎の発生部位を知ることによって，治癒しない理由が説明できるかもしれない。

蹄地図記号によって罹患部位を示す記録法

ゾーン1から12（図9.1.）までを使用して，各蹄の特定の蹄地図部位が指定されている。蹄/趾/肢の番号は図9.2.に示してあり，このシステムでは左前肢蹄を12，右前肢蹄を34，左後肢蹄を56，右後肢蹄を78，としている。すべての蹄/趾/肢に病変があれば18と記述する（蹄1-8の記号）か，あるいはA（Allすべての記号）と記述する。

治療コード

治療的削蹄，免重のための健康蹄へのブロックの装着，包帯の適用などによって酪農場でみ

られる多くの蹄病を治療することができる。これらの治療は以下のように記録する：CT―corrective trimming 治療的削蹄；BLK―foot block 蹄ブロック；WRP―wrap or bandage 包帯の適用，というようにである。抗生物質や他の治療剤は名称または番号で示す。たとえば特定の疾病治療に用いた場合にはペニシリン（1）

オキシテトラサイクリン（2）のようにである。多くの酪農場や削蹄師は，予防的に実施された維持削蹄を記録する方法を必要としている。正常な削蹄はNTと記述し，蹄底のひ薄のTと区別している。フットケア/跛行データのコンピュータ入力様式は図9.3.に示した。

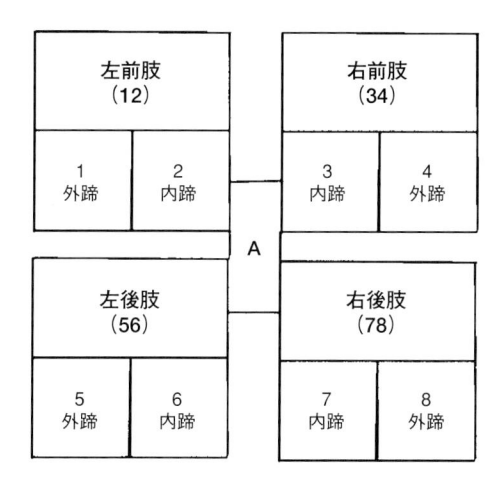

	左前肢(12)			右前肢(34)	
	1 外蹄	2 内蹄	3 内蹄	4 外蹄	
			A		
	左後肢(56)			右後肢(78)	
	5 外蹄	6 内蹄	7 内蹄	8 外蹄	

図 9.2.b　蹄/趾/肢の病変記録の付番方式．

護蹄/跛行データ記録様式

農場：AABP Dairy North America
往診日：9-17-03　　削蹄師：Mike Trimsalot　　獣医師：Dr. Hatesfeet

牛番号	病変コード	蹄地図番号	趾/蹄	ブロック	ラップ/包帯	治療/コメント	再診
1245	U	4	8	X		CT	30
318	D, E	10, 6	56		X	CT, オキテラ	
1534	A	3	6	X		CT	30
568	S	3	8			CT	
5248	L		18			アスピリン	7
624	N		78				売却
782	C		5, 8			CT	120
845	C	5	5	X		CT, 蹄尖潰瘍	7
8765	U	6	8	X		CT	7
846	F	0	78			ナクセル-3日	5

図 9.3.a　護蹄/跛行データ記録の記入例．

護蹄/跛行データ記録様式

農場：＿＿＿＿＿＿＿＿＿＿＿＿＿＿＿　　　往診日：＿＿＿＿＿＿＿＿＿＿＿＿＿＿＿
削蹄師：＿＿＿＿＿＿＿＿＿＿＿＿＿＿　　　獣医師：＿＿＿＿＿＿＿＿＿＿＿＿＿＿＿

	病変コード	蹄ゾーン	趾/蹄	ブロック	ラップ/包帯	治療/コメント	再診

©American Association of Bovine Practitioners, 2004. Permission is granted to photocopy this page for practice, farm and teaching purposes. Reproductions for other commercial purposes is not authorized without prior permission.

図 9.3.b　護蹄/跛行データ記録様式.

参考文献

Dopfer D, Willemen W : Standardization of infectious claw diseases (workshop report). In : Proc 10th Int Symp on Lameness in Ruminants, September 7-10, 1998, Lucerne, Switzerland, pp. 244-264.

Greenough PR, Vermunt J. In search of an epidemiologic approach to investigating bovine lamenessp roblems. In : Proc 8th Int Symp on Disorders of the Ruminant Digit, June 26-30, 1994, Banff, Canada, pp.186-196.

Greenough PR, Weaver AD. Lameness in Cattle, 3rd edition. Philadelphia, PA, WB Saunders Co., 1997, pp. 9-12.

Hernandez J , Shearer J K.. Therapeutic trial of oxytetracycline in dairy cows with papillomatous digital dermatitis lesions on the interdigital cleft, heels, or dewclaw. J Am Vet Med Assoc, 2000, 216 (8) : 1288-1290.

Robinson PH, Juarez ST. Locomotion scoring your cows : Use and interpretation. In : Proc Mid-South Nutrition Conf, Fort Worth, TX, May 1, 2003.

Shearer JK, Belknap E, Berry S, Guard C, Hoblet K, Hovingh E, Kirksey G, Langill A, van Amstel SR. The standardization of input codes for capture of lameness data in dairy records. In : Proc 12th Int Symp on Lameness in Ruminants, January 9 -13, 2002, Orlando, FL, pp. 346-349.

第10章 蹄浴 ―趾の感染性皮膚疾患の管理法―

■ はじめに

蹄浴は乳牛の蹄病の治療，制御，または/および予防の伝統的方法である。しかし文献を調べても対照試験はわずかしかなく，どの薬剤や製品を使用すべきか，またその量や頻度などのデータはほとんどない。実際，蹄浴管理に関する情報のほとんどは経験や臨床的な印象を集めたものである。このような情報が無意味だとはいえないが，注意して扱うべきである。

■ 蹄浴の適応

蹄浴は趾間ふらん，趾間皮膚炎（ID），趾皮膚炎（DD）などの趾皮膚の感染症の治療，制御，予防に本来使用されるものである。ほとんどの舎飼いの酪農場では蹄球びらんが蔓延しており，趾間皮膚炎や趾皮膚炎の主因と考えられているスピロヘータに起因すると信じられている。このような状況を制御するには蹄浴は最も実際的な手段である。6～8インチ（15.3～20.3 cm）の深さの薬液に趾を沈めれば趾間隙や蹄踵（蹄球びらん）などに起こる趾皮膚病変の表面に十分薬液が付着する。趾間皮膚炎や趾間ふらんは趾間隙に生じるので蹄浴は治療手段としてずっと推奨されてきた。趾皮膚炎のほとんどは後趾掌側面の蹄踵上や趾間隙付近にできるので，局所スプレーや局所治療と包帯によっても治療することができる。

■ 蹄浴槽の種類

蹄浴槽には，(1) 駐立型と (2) 通過型のものがある（図10.1.）。どちらも床に常設のものと，ファイバーグラス，ゴム，硬化プラスチック製などの携帯用のものとがある。携帯用の蹄浴槽は特に個体の治療に有用で，1本，2本または4本すべての蹄を長時間（30～60分）浸けておくことができる。大きな駐立型蹄浴槽は数頭の動物を長時間蹄浴するために用いられる。駐立型蹄浴の利点は長時間の蹄浴を行えば薬物を少なくしてよい（濃度を下げる）ことである。

通過型蹄浴は泌乳牛に最もよく使用されている。すべての泌乳牛が必ずミルキングパーラーに出入りするので，ここ（ふつう出口通路）に通過型蹄浴槽が設置される（図10.2.）。しかし乾乳牛や育成牛はこの場所を利用できない。したがって多くの農場ではこれらのグループの牛が趾皮膚の感染症の感染源となっていることが多い。趾皮膚の感染を制御するためには別の場所に駐立型あるいは通過型の蹄浴槽を設置する必要がある。

図 10.1. 通過型蹄浴槽．

図 10.2. 出口通路への蹄浴槽の設置．

■ 蹄浴液を希釈する計算法

　蹄浴に使用する薬物の正しい希釈方法を知ることは重要である．蹄浴薬液の濃度が高すぎると不必要に高価なものになるし，有害になる場合もある．逆に，薬液が薄すぎると効果がない．したがって蹄浴管理の第1段階は蹄浴槽の容積と量を測定することで，そうすれば使用する薬液を正しく希釈することができる．

　容積を測定するひとつの方法として"5ガロンバケツ法"がある．5ガロン（5ガロン＝約19リットル）バケツ何杯で蹄浴槽に十分な深さまで水が満たされるかを数える方法で，数え

間違えないかぎり時間を節約できる方法である。幸いなことにほとんどの蹄浴槽は長四角形なので容積は簡単に次の式で計算できる：

　長さ（フィート）×幅（フィート）×深さ（フィート）×7.46＝ガロン容積

　したがって長さ6フィート，幅3フィート，深さ6インチのガロン容積はこれらを乗じればよい：

　6フィート×3フィート×0.5フィート（1/2フィート）×7.46＝67ガロン

　ここまでよろしいだろうか。しかし蹄浴に使う多くの製品の単位はメートル法なので，次にガロンをリットルに変換する必要がある。3.8リットルが1ガロンなので，上記の例をリットルにするためにはガロン容積（67ガロン）に3.8を乗じることになる。

　67ガロン×3.8（リットル）＝255リットル

　次に，蹄浴液1リットルに薬物1gが含まれる濃度の蹄浴液を作成する。もし100gの薬物を255リットルの水に入れると1g/2.55ℓの濃度になるが，これは目的濃度とは異なる。しかし255gであれば1g/ℓの濃度になる（255g/255ℓ）。この理屈はいいですか？　難しいのはこれらの濃度がg/ℓではなくときどきmg/mℓと書かれていることである。

　これらの関係は次のとおりである：

　1ℓ＝1000mℓ

　1g＝1000mg

　もし1gの薬物を1ℓの液に混入すると，1g/1ℓの濃度の薬物溶液が得られる。薬物が液中に完全に溶けて分布すれば1mgの薬物が1mℓの溶液中に存在することになる。換言すれば1g/ℓは1mg/mℓと同じである。

　蹄浴液を希釈してつくるためにメートル法を使う場合には，まず蹄浴槽の容積をリットルで出して，次に可能であれば薬物（活性成分）をグラムに換算し，濃度をリットル当たりのグラム数で表すのがよい。

■ 蹄浴に使用する薬物または製品

　蹄浴で使用する活性成分濃度についての推奨値はかなりまちまちである。蹄浴に使用する方法と薬物や製品は，治療あるいは予防する疾病に関して生物学的に適合したものでなければならない。さらに動物と人の健康リスク，環境汚染リスク，抗生物質耐性発現リスクと比べて有益性が高くなければならない。

　蹄浴に一般的に使用される薬物は以下のとおりである：

硫酸銅

　5％—20ガロン（約76ℓ）の水に8ポンド（約3.63kg）の硫酸銅を混入する

　10％—20ガロン（約76ℓ）の水に16ポンド（約7.26kg）の硫酸銅を混入する

ホルマリン

　5％—19ガロン（約72.2ℓ）の水に36％ホルムアルデヒド1ガロン（約3.8ℓ）を混入する

硫酸亜鉛

　20％—20ガロン（約76ℓ）の水に34ポンド（約15.42kg）の農業用一水酸化硫酸亜鉛

を混入する

もちろんその他の蹄浴用製品が市販されている。ほとんどの製品には効能を確かめた研究データがわずかあるか，あるいはまったくない。以下に，米国とカナダで市販されている一部の蹄浴剤のリストを挙げた。このリストに載っている製品は特に保証されたものであるというわけではない。単に読者に蹄浴に使用する製品リストを示すだけのものである。

- Healthy Foot™（SSI Corporation）—pHの低い銅溶液で，活性成分は銅（0.52％）と亜鉛（0.19％）である。蹄浴の効能に関するデータはない。
- E-Z Copper™（SSI Corporation）—pHの低い銅溶液で，活性成分は銅（5.0％）である。蹄浴の効能に関するデータはない。
- Rotational Zinc™（SSI Corporation）—活性成分は亜鉛（1.56％）である。蹄浴の効能に関するデータはない。
- Hoof Pro＋™（SSI Corporation）—酸性イオン化銅溶液で，活性成分は銅（0.79％）である。蹄浴の効能に関するデータはない。
- Double Action™（WestAgro, Inc.）—第四アンモニウム化合物で，製造会社による使用データがある（これらのデータは学術専門誌には公表されていない）。
- Oxy-Step™（EcoLab, Inc.）—安定化ペルオキシ酢酸と過酸化水素である。蹄浴の効能に関するデータはない。
- Victory™（Westfalia-Surge）—溶解性の銅（＜26％），過酸化物，陽イオン剤で製造会社による使用データがある（これらのデータは学術専門誌に公表されている）。

■ 蹄浴の研究

蹄浴は広く認められ，実施されているが，その効果を支持する研究は驚くほど少ない。文献によれば蹄浴の最もよい効果が得られるのはホルマリンである。ホルマリンは有機物の存在下でも抗菌作用が維持され，蹄浴に使用するには最も好ましい薬剤である。

Petersはホルマリン蹄浴によって蹄角質の表皮角層が肥厚することを報告している。彼はこのことによって，趾間皮膚炎の起因菌である*Dichelobacter nodosus*のタンパク分解酵素による角質の変質を保護する機能があると推測している。Daviesによるもうひとつの研究では1％ホルマリン蹄浴が蹄球びらん，趾間疾病，蹄底潰瘍を減少させる効果があるとしている。

この研究では蹄浴が推奨されているものの，対照がないのでそのまま受け入れることはできない。Arkinsらはホルマリンを用いた2つの対照研究を行っている。第1の研究では週4回のホルマリン蹄浴が趾間病変の発生を減少させたとしている。第2の研究では2つに分けて設置した蹄浴槽を使用したもので，ホルマリン蹄浴をした牛では蹄球びらんの発生と重症度が低下したと報告している。彼らはまたホルマリン蹄浴した蹄角質では，水分含量が少ないことも報告している。

■ 蹄浴の潜在的問題

蹄浴液の効能に関するデータはないものの，3〜5％のホルマリン，1〜10g/ℓの抗生物質（テトラサイクリン，オキシテトラサイクリン，

リンコマイシン，リンコマイシン/スペクチノマイシン）または5％硫酸銅液の使用が推奨されている。蹄浴の効能はよく理解されていないが，これらの薬物は予防上重要である。

　抗生物質の蹄浴がよく推奨されるが，ほとんどの目的が細菌性疾病を制御することなので，それは正しいといえる。しかし後述するように，蹄浴槽内で必然的に起こる汚染によって，抗生物質の抗菌作用が減退することが実際的な問題である。効果を持続させるためには蹄浴液の頻繁な交換が必要である。さらに抗生物質の蹄浴使用は薬物の標示外使用なので，獣医師の推奨や指示下で実施しなければならないことを忘れてはならない。薬物残留が問題になることもある。たとえば牛が蹄浴槽を通過する際に，蹄浴液が乳房や乳頭に付着すると搾乳時に乳汁の直接的汚染が起こる。他の可能性のある問題は，蹄浴液を牛が飲んでしまうことである。使用した抗菌剤によっては乳質の問題はもちろんであるが，動物の健康も脅かすことになる。

　ホルマリンには有機物存在下でも作用する明らかな利点があるが，ホルマリンを使用する前に，作業者の安全に関して十分注意を払わなければならない。さらに5％以上の濃度で使用すると趾皮膚の刺激や損傷が増加する。暑く乾燥した気候では水が蒸発してホルマリン濃度が上昇するかもしれない。必要に応じて水を足さなければホルマリンによる火傷が起こることもある。ホルマリン蹄浴槽からの蒸気も，曝露された人と動物に有害な作用を及ぼす。したがってホルマリンを用いた蹄浴槽は換気の十分よい場所に設置することが重要である。ホルマリンを効果的に使用するもうひとつの因子は温度である。ホルマリンは低温環境（60°F以下，およそ15℃以下）で使用すると効果が乏しいことが報告されている。駐立型の蹄浴を使用する場合には蹄浴槽にお湯を入れてもよい。しかし皮膚に付着した蹄浴液は体温によって上昇するので通過型蹄浴ではこのようなことは不要だとされている。にもかかわらず寒冷時にわざわざ別の蹄浴薬を使用する人もいる。治療的削蹄で真皮が露出した場合，持続的に蹄浴液に接触すると治癒が著しく阻害される。可能であれば，蹄病変（蹄底潰瘍や白帯病）のある牛は，病変下部の知覚組織が十分保護されるよう治癒するまでは蹄浴槽を迂回させるべきである。

　硫酸銅はたぶん北アメリカで蹄浴に最もよく使用されている薬物である。多くの人々も趾皮膚疾患にこれを使用してきた。1998年にスイスのLucerneで開催された国際跛行シンポジウムでは，蹄角質（特に蹄踵角質）を硫酸銅に曝露すると細胞間物質が破壊されることが報告された。明らかに銅の塩は，脂質を多く含む蹄角質の細胞間セメント物質の脂肪酸と化合物を形成し，透過性を増加させた。蹄壁の構造を煉瓦の壁と同じように考えてみると，蹄壁細胞間の細胞間物質は煉瓦間のモルタルと同じで，硫酸銅は煉瓦（角質細胞）間のモルタル（細胞間物質）を破壊してついには蹄角質を壊れやすく，脆弱なものにしてしまう。興味深いことはホルマリン（蹄浴液としてホルムアルデヒドに水を加えた混合物）は蹄角質の浸透性に影響しないという事実である。この研究者らは蹄角質が糞便スラリーに曝露されたときも硫酸銅のときと同じ反応を観察している。牛趾が糞便スラリーとともに蹄浴槽の硫酸銅に曝露されるような牛舎環境では，蹄球びらんのような蹄角質疾病を助長する可能性がある，と結論している。覚え

ておくべきことは，蹄の健康増進に糞尿管理は重要な因子であり，硫酸銅にかわる蹄浴液が必要なことである。

■ **蹄浴と環境に関する考察**

汚染された蹄浴液は普通では堆肥溜めに流してしまう。これらは酪農場の他の廃液に希釈されて，最終的には作物畑に散布される。最近まではほとんどの人は蹄浴液の環境への負荷は問題になるようなことではなく，フットケアにはつきものであると考えていた。しかし2001年6月号のHoard's Dairymanでは100ポンド/日（約45.36 kg/日）の硫酸銅使用は18 t/年と等しいことを説明している。このことは800頭の牛のための典型的な作物畑では5ポンド/1エーカー（5.6 kg/1ヘクタール）の硫酸銅が散布されることを意味する。

この記事では2つの重大な問題提起をしている。それは（1）植物毒性（植物への毒性）および（2）環境保護省が定めた銅を含む重金属の土壌への累積負荷量のガイドラインである。銅は乳牛に毒性があるが，もっと重要な問題は植物への毒性である。銅濃度が高いと植物の根を障害する。ある地域では作物の収量が銅毒性によって著しく減少している。現在の銅の負荷速度では多くの酪農場では10～15年以内に許容累積負荷量に達してしまう。すべての酪農場はエーカーあたり散布している硫酸銅の量が許容累積負荷量に達する危険があるかどうかを評価するべきである。この評価法は1年間に購入している硫酸銅量に0.25を乗じて実際の銅量を算出し，これを散布するエーカー数（1エーカー＝約4047 m²）で割ることで得られる。読者は地方政府機関でその地域の土壌中の作物の許容負荷制限量を確かめるべきである。

■ **蹄浴槽の管理法に関する考察**

ほとんどの人は，ルーズハウジング牛舎のミルキングパーラーの戻り通路に設置された通過型蹄浴槽のことをよく知っている。これらは建造物として床に常設されることが多いが，携帯用の蹄浴槽を使用することもでき，必要に応じて移動させられる利点がある。パーラーの戻り通路に蹄浴槽を置くことの欠点には，牛がここを通過する際にぐずぐずしたり，あるいは遅れたりすることである。このような状態だと蹄浴槽が過度に汚れてしまい，効果がなくなってしまう。通過型蹄浴は牛が浴槽内を歩いてゆくことを前提にしており，長時間起立するように設計されているわけではない。理想的には牛が蹄浴槽を通過した後，清潔で乾燥した場所に15～30分間いるようにすれば，蹄浴液の趾への付着が最良になる。

蹄浴液を長持ちさせる方法に薬浴槽の前にもうひとつ濯ぎ槽を置く方法がある。フロリダ大学酪農研究部門で実施された試験的研究では，濯ぎ槽を薬浴槽の前に直列に置くことによって，薬浴槽の汚れがかなり減少することが明らかになった。したがって蹄浴の実施にあたっては，濯ぎ槽を薬浴槽と直列に配列して使用するのは有益な方法であるといえる。濯ぎ槽には水または水に少量の温和な洗浄剤を混入したものを用いる。濯ぎ槽への洗浄剤の添加による効果はわからないが，洗剤や洗浄剤には洗浄作用だけでなく抗菌作用もあるので，ただの水よりは効果があるかもしれない（洗剤や洗浄剤が薬液

槽の薬液を希釈したり抗菌作用を阻害したりしない前提で）。

蹄浴が必要な牛を，牛群の他の牛と分けた方がよいという人もおり，論理的には意味あることである。運用面からいって，問題はほとんどの酪農場でこれを行うことができないということである。蹄浴群に入れるべき牛を発見できないことはよくあり，後になって疾病が顕在化するような時期なってはじめて，蹄浴をしなくてよいということも明らかになる。たとえば初期の趾皮膚炎，趾間皮膚炎，趾間ふらんでは重度の跛行を呈するようになるまで発見されない。したがって，蹄浴をする牛を特別に選別するのは，論理的にいって非常に困難である。

一般的には，多くの牛が蹄浴槽を通過するほど蹄浴槽は汚れる。したがって最初に蹄浴槽を通過した牛（グループ）は汚れていない蹄浴液と接触するが，最後のグループの牛は汚れた蹄浴液に接触することになる。すべての牛（すべてのグループの牛）がきれいな蹄浴液に接触するためには蹄浴槽を通過する牛群の順序を変えるか，頃合をみて適宜に蹄浴液を足さなければならない。どちらの方法もわずかな労力ででき，蹄浴液を頻繁に交換するよりは便利で，コストのかからない方法である。

蹄浴槽が汚れる他の原因には牛舎方式（放牧vs舎飼い），管理法，天候などがある。たとえば放牧されている牛の趾は，ふつう舎飼いの牛より清浄である。フリーストール牛舎では，糞便やスラリーが趾にこびりついてしまうことが大きな問題である。これは趾の感染症を起こすばかりでなく，蹄浴槽の有機物汚染を増すことになる。過密状態のバーンでは，糞便スラリーの趾への付着が自然に多くなる。前述したよう

に，このような状態は蹄角質の健康に有害なばかりか，蹄球びらんの原因になる。また糞尿による汚染は趾間皮膚炎，趾皮膚炎，趾間ふらんなどの感染性の蹄病を増加させる。雨の多い天候や泥濘化した環境では，趾の水分含量が増加し，蹄角質が軟化する。このような環境におかれたドライロットの舎飼牛や長い距離を歩かなければならない放牧牛が，蹄浴槽を使用すると蹄浴槽が汚染することになる。したがって蹄浴槽の汚染を減少させて効果を長く持続させるためには，糞尿の適切な管理とロットや通路の状態に注意を払う必要がある。

大きな蹄浴槽を設置することによって，蹄浴槽が汚染され，薬液が中和されてしまう問題を避けようとすることが行われている。"汚染を希釈すること"は論理的に正しいだろうか？大きな蹄浴槽の維持にはコストが多くかかることが主要な問題である。蹄浴槽に液を満たしたり，排液したり，洗浄したりするのに時間がかかり，入れなおすにもコストが多くかかる。Toussaint Raven氏の本"牛のフットケアと削蹄"では通過型蹄浴槽は長さ9～15フィート（約275～458 cm），幅3フィート（約91.5 cm），深さ6インチ（約15.24 cm）の大きさが推奨されている。この大きさの蹄浴槽に入る水の量は100～170ガロン（約380～646ℓ）であり，この汚染を希釈する方法ではコストがかかる。一方，小さな蹄浴槽は有機物で急速に中和されてしまうので，その管理は難しい。

その他の疑問には何頭の牛が通過したら蹄浴液を換えればよいかというものがある。これに対するよい答えはなく，端的にいって，場合によって異なるので適宜に実施するしかない。どのくらいの頻度で蹄浴液を交換したらよいかを

決めるには，蹄浴槽の大きさによるのである。たとえばオキシテトラサイクリン蹄浴液の汚染効果に関するフロリダの研究では，50頭の牛が通過するとpHが変化することが明らかになった。抗生物質の蹄浴の研究でも50頭の牛が通過すると，活性薬剤が50％減少することがわかった。硫酸銅は蹄浴槽内で有機物によって急速に中和される。一方，ホルマリンについてGreenoughはその著書"Lamenss in Cattle"のなかで300～600頭の牛が通過してから蹄浴液を交換することを勧めている。蹄浴液の汚れによって蹄浴効果が決まるが，これは農場によってまちまちで単一の基準を設けることは難しい。しかし利用できるデータ（わずかであるが）では，ホルマリンが有機物によって中和されにくく，蹄浴に使用する他の薬剤に比べて交換頻度が最も少なくてすむ。

　蹄浴の使用頻度についても同じように難しい。一般的には，重大な感染性の蹄病を治療したり，制御したりするにはほとんど毎日蹄浴を行うものだと考えられている。予防が目的であれば週2，3回実施すれば十分のようである。Toussaint Raven氏は舎飼いでは持続的使用，放牧では定期的使用を勧めている。

　趾皮膚の感染性疾患の治療，制御，予防では蹄浴方法の問題ばかりでなく，疾病そのものの性質もこれらを難しくしている。趾皮膚炎，趾間皮膚炎，趾間ふらんのどの趾間疾病も牛群に持続して存在するのは，これらの病原菌の住処である趾をすみからすみまで消毒するのは不可能だからである。蹄踵に密集してできるポケットは，細菌には格好の環境であり，通過型蹄浴を行っても蹄浴液がよく付着しない。趾間隙では長い時間，駐立型蹄浴を行えば薬液がよく付着するよう改善できる。駐立型蹄浴は，特に重度の慢性の趾間病変のある牛に適用するとよい。最も単純な駐立型蹄浴槽は5ガロン（約19ℓ）バケツである。局所治療を奏効させる上で重要なのは薬液との接触である。薬液が病変組織の細菌と接触しなければ治療効果は乏しいだろう。

■ 要約

　蹄浴は趾皮膚の感染性疾患や蹄球びらんの治療，制御，予防に重要な役割がある。蹄浴のガイドラインは限られたものであり，臨床的経験に多く依存している。蹄浴には駐立型と通過型の2種類がある。通過型蹄浴が最も一般的であるが，駐立型蹄浴は，慢性で重度の病変のある動物の治療には非常に有用である。蹄浴を効果があるものにするためや趾皮膚の化学的損傷を防ぐためには，蹄浴液をどのように計算してつくるかを理解することが重要である。蹄浴を行うにあたって抗生物質の残留，ホルマリンの人の健康への影響，硫酸銅の環境への影響，について十分注意しなければならない。蹄浴がその目的を達成できるか否かには，多くの因子が関与しており，ひとつの基準がすべてに適合するものではない。蹄浴の効果があがるようにその方法を決めるのが難しいのは，疾病の種類と有病割合，蹄浴槽の大きさ，蹄浴の頻度，薬物の種類，牛舎や環境，蹄浴液の交換頻度，病変のある解剖学的部位，などの多くの因子が存在するからである。蹄浴は費用のかかる疾病制御法であり，もっと効果があがるように考える必要がある。

参考文献

Arkins S, Hannan J, and Sherington J. 1986. Effect of formalin footbathing on foot disease and claw quality in dairy cows Vet Rec, 118 (21) : 580-583.

David GP. 1997. Severe foul-in-the-foot in dairy cattle. Vet Rec, 133 : 567-569.

Davies RC. 1998. Effect of regular formalin footbaths on the incidence of foot lameness in dairy cattle. Vet Rec, 111 : 394.

Greenough PR and Weaver DA. 1997. Lameness in Cattle, 3rd edition. WB Saunders Co., Philadelphia, PA, pp. 134-135.

Hernandez J and Shearer JK. 2000. Efficacy of oxytetracycline for treatment of papillomatous digital dermatitis lesions on various anatomic locations in dairy cows. J Am Vet Assoc, 216 (8) : l288-1290.

Hernandez J, Shearer JK, and Elliott JB. 1999. Comparison of topical application of oxytetracycline and four non-antibiotic solutions for treatment of papillomatous digital dermatitis in dairy cows. J Am Vet Med Assoc, 214 : 688-690.

Hernandez J, Shearer JK, Webb DW. 2002. Effect of lameness on milk yield in dairy cows. J Am Vet Med Assoc, 220 (5) : 640-644.

Hoblet KH.2002. Footbaths-separating truth from fiction and clinical impressions. In : Proceedings of the 12th International Symposium on Lameness in Ruminants, January 9-13, Orlando, FL, pp. 35-38.

Kempson SA, Langridge A, and Jones JA. 1998. Slurry, formalin and copper sulfate : The effect on the claw horn. In : Proceedings of the 10th International Symposium on Lameness in Ruminants September 7-10, Lucerne, Switzerland, pp.216-221.

PeterseD J. 1985. Laminitis and interdigital dermatitis and heel horn erosion.Vet Clin North Am : Food Anim Pract, 1 : 83-89.

Raven T. 1989. Cattle Footcare and Claw Trimming. Farming Press Ipswich, UK..

Shearer JK Elliott JB. 1998. Papillomatous digital dermatitis : Treatment and control strategies-Part I. Compend Contin Educ Pract Vet, 20 : S158-S166.

Shearer JK，Hernandez J. 2000．Efficacy of two modified non-antibiotic formulations of（Victory™）for treatment of papillomatous digital dermatitis in dairy cows. J Dairy Sci, 83 : 741- : 745.

Shearer JK, Hernandez J，Elliott JB. 1998．Papillomatous digital dermatitis : Treatment and control strategies-Part II. Compend Contin Educ Pract Vet, 20 : S213-S223.

Shearer JK，van Amstel SR. 2002．Claw health management and therapy of infectious claw diseases. In : Proceedings of the XXII World Buiatrics Congress August 18-23, pp.258-267.

Socha M, Shearer J，Tomlinson D. 2005，Alternatives to copper sulfate footbaths. In : Proceedings of the Western Integrated Nutrition and Nutrient Management/Feed Management Education for the Agri-Professional Conference, in press.

Thomas ED. 2001. Foot bath solutions may cause crop problems. Hoard's Dairyman, July : 458-459.

■蹄刀の研磨法

ベルト式の研磨機（図10.3.）は，新しい蹄刀や切れなくなった蹄刀を研磨するのによい道具である。酸化アルミニウムベルトや金属に相応する樹脂ベルトが使用される。最も一般的なベルトは極細砂ベルト（～220）で幅1インチ（約2.5cm）未満，長さ30～42インチ（76.2～106.7cm）のものである。ベルト研磨機を用いて蹄刀を事前に研磨すれば，刀を非常に薄くつくれる。その後，ヤスリ（図10.4.aとb）または砥ぎ車のついた卓上グラインダー（図10.5.）を使用すれば非常に鋭利な刀刃ができる。卓上グラインダーは研いでいる人から遠ざかる方向に砥ぎ車が回転するように使用すれば（図10.6.），蹄刀をうっかり手放してしまった場合でも，研いでいる人と反対の方向に飛んでゆくことになる。刀刃縁（刃先が曲がった方または柄の方のどちらか）を鋭利にするには砥ぎ車の研磨面に対して25～30度の角度に宛がい，刀刃縁の全長を研磨面上に通過させる（図10.7.）。刃先の湾曲した部位も同様に行うが，凹面側ではなく凸面側だけを研磨する。

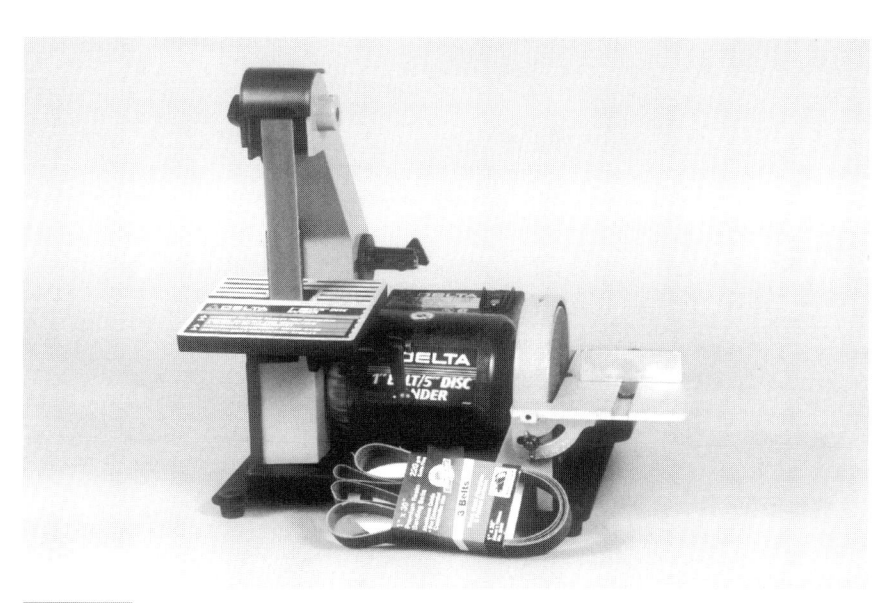

蹄浴―趾の感染性皮膚疾患の管理法―……第10章

図10.3. ベルトサンダー.

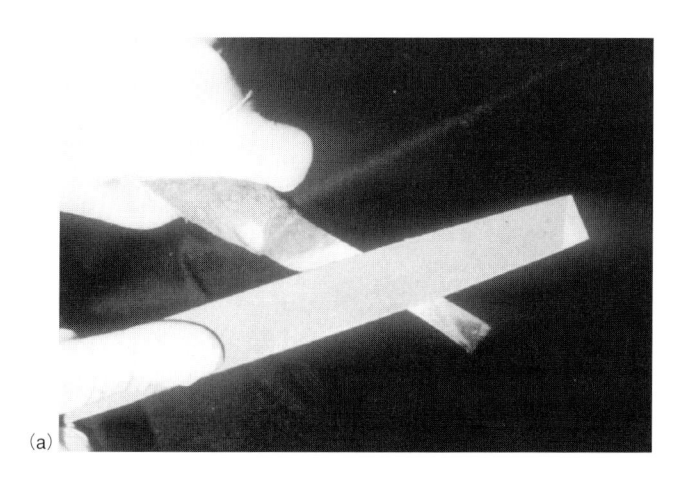

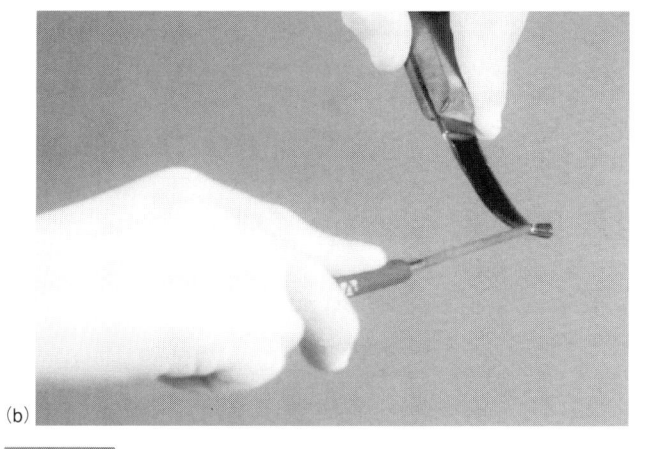

(a)

(b)

図10.4. (aとb) ヤスリによって刀刃縁を鋭利に砥ぐ.

図 10.5. 砥ぎ車と仕上げ車のついた卓上グラインダー．

図 10.6. 砥ぎ車は使用者から遠ざかるように回転させる．

蹄浴―趾の感染性皮膚疾患の管理法―……第10章

図10.7. 刀刃縁は砥ぎ車の研磨面に対して25〜30度の角度にあてがい，刀刃縁の全長を引く．

図10.8. ゴム引きおよびフェルトタイプの研磨および仕上げディスク．

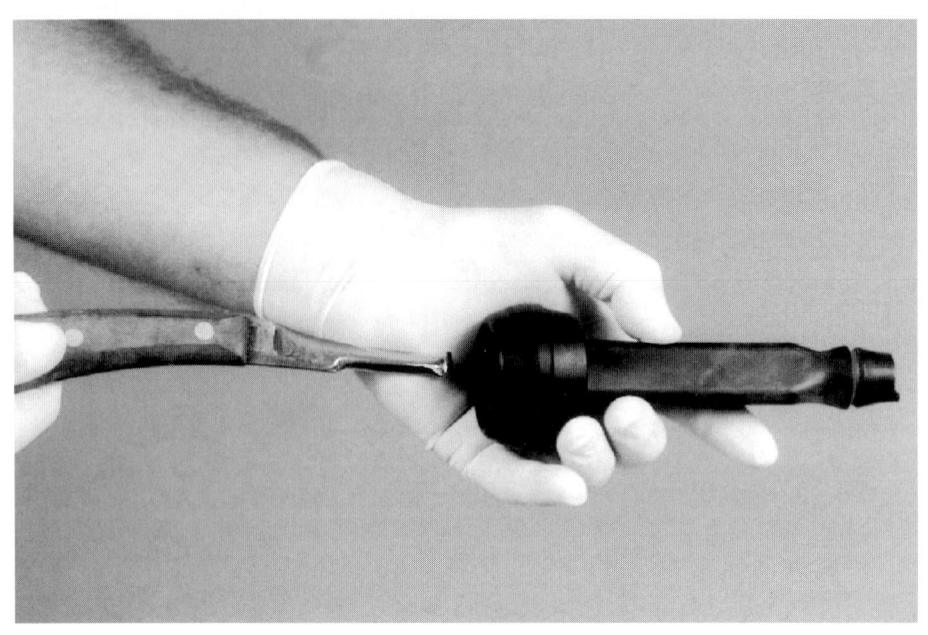

図10.9. 蹄刀はティートカップライナー内に保管する.

　特に新しい蹄刀の刀刃縁を薄くして浅い角度をつけるには6インチ（約15.24 cm）のゴム引きディスクに炭化ケイ素を含浸させた砥ぎ車（120 grit, Mats Rubber Co., Burbank, CA, model number 606-F）が使いよい（図10.8.）。鉄が焼けてしまうので，研磨時に刀刃が加熱しないよう注意する。

　刀刃縁ができたならば，研磨ルージュ（仕上げ材）をつけた仕上げ用の砥ぎ車を使ってさらに鋭利に仕上げる（Felt-type（図10.8.）medium and hard density, McMaster-Carr, Atlanta, GA）。刀刃縁にできたバリはヤスリ，砥石，砥ぎ車やバフ仕上げ車を用いて除去する。これは刀刃縁を上に向けて，蹄刀の凸面側を砥ぎ車の平らな面に宛がって行う。バリを完全に取るには通常1，2回宛がえばよい。

　蹄刀は砥石や平ら，丸い，あるいは楕円のヤスリを使用しても研磨することができる。砥石で研磨する場合には刀刃を砥石に対して25〜30度の角度でまっすぐに動かすか，円を描くように動かす。ヤスリを使用する場合には刀刃縁に対して25〜30度の角度でやすりをまっすぐに動かすと鋭利になる（図10.4.a）。丸または楕円のヤスリや砥石は凸面側を使うとやりやすい。蹄刀の先の曲がった部分の凹面側はチェーンソーヤスリで研磨することができる（図10.4.b）。

　研磨した蹄刀はティートカップライナーを使って保管する（図10.9.）。

索　引

【あ】

亜鉛 27, 41, 81, 179
亜急性ルーメンアシドーシス 39
アスピリン 105, 131, 145, 155
アミノ酸 130, 155
α₂作動薬 131

【い】

育成牛の後肢内蹄の回転 71
一次性DJD 145
遺伝因子 14
疣状皮膚炎 155
インスリン 27, 125, 126

【う】

ウォータータンク 142
牛の嗅覚 167
牛の行動 19, 166
牛の視覚 166
牛の聴覚 167
牛の取扱い 20, 169
牛跛行の記録-保存システム 170

【え】

栄養と飼料給与 14, 38, 39
X状肢勢 51, 75

X線造影検査 ..... (続き)

X線造影検査 91
エピネフリン 122, 123
遠位趾節間関節（DIP関節） 30, 65, 76, 78, 86, 89, 90, 91, 93, 94, 95, 97, 100, 101, 102, 106
エンドトキシン（Lipopolisaccharide，LPS） 40, 43, 120, 123

【お】

追い込みペン 168
横臥時間 13, 19, 20
オキシテトラサイクリン ... 77, 105, 144, 153, 179
オキシテトラサイクリン蹄浴液 183
オピオイド 105, 109, 130, 131
オリゴフルクトース 39

【か】

外傷性蹄皮炎 115
カウコンフォート 17, 18, 39, 50, 63, 119, 125
角細管 27, 29, 83
角質性状 27, 29, 63, 83
荷重の生体力学 48, 61, 120
滑液嚢炎 144
カテコラミン 130
カルシウム 27, 41, 81, 146
カルシトニン遺伝子関連ペプチド 124
関節症 145
関節洗浄 103, 143

感染性関節炎	78, 142, 143
感染性関節炎の治療	143
貫通洗浄法	143

【き】

基節骨	30, 31
基節骨での断趾術	107
基底膜（BM）	24, 34, 42, 43, 44
機能的削蹄法	55, 57, 65
急性蹄葉炎	118
起立時間	20, 63
起立枠場保定	136
近位趾節間関節（PIP関節）	30, 93, 107, 110

【く】

屈腱切除術	76, 94

【け】

脛骨神経麻痺	140
傾斜台（ティルトテーブル）	61, 136
痙攣性不全麻痺	149
ケタミン	130, 132
血管ペッグ	24, 26, 27
ケラチノサイト	24, 26, 28, 41, 42, 43, 44, 120, 124, 126, 131
ケラチン形成	27, 126, 127
ケラチンタンパク	26, 28, 41, 42
ケラチンフィラメント	27, 41
懸架装置	34, 35, 38, 43, 44, 45, 50, 124

腱滑膜炎	76, 90
限局性蹄皮炎（蹄底潰瘍）	43, 60, 74, 75, 77
肩甲上神経麻痺	137
腱鞘	32, 93, 95, 96
腱鞘切開術	76, 77, 78, 94
腱と腱鞘の超音波検査	92

【こ】

後肢蹄の荷重	48
高炭水化物飼料	40, 118
後天的コルク栓抜き蹄	71, 72
股関節脱臼	140, 146
股関節脱臼の治療	146
骨関節炎	145
コルク栓抜き蹄	49, 65, 66, 67, 68, 69, 70, 71, 113, 170, 171
コルク栓抜き蹄の治療的削蹄法	68
コンクリート	16, 17, 29, 52, 54, 57, 63, 64, 113, 114, 134, 140

【さ】

細胞間セメント物質	29
削蹄法	54, 57, 73, 83
削蹄枠場	169
坐骨神経麻痺	138, 140
サブスタンスP	124

蹄浴槽	176, 177, 180, 181, 182
蹄浴に使用する薬物または製品	178
蹄浴の効能	179
蹄浴の潜在的問題	179
テトラサイクリン	179

【と】

銅	27, 41, 81, 179
靱骨	30, 31, 32, 77, 86, 89, 91, 95, 97, 98
橈骨神経麻痺	137
動静脈吻合（AVAs）	121, 122, 124
疼痛管理	95, 130
靱嚢	30, 86, 89, 95
動物福祉	13, 14
動脈硬化	124, 127
鈍性探触子	91

【な】

内因性オピオイド	130
内側膝蓋靱帯切腱術	150
内転筋断裂	148
ナトリウムチャンネル	130
ナトリウムチャンネルブロッカー	132

【に】

| 二次性DJD | 145 |
| 二重蹄底 | 80 |

【は】

ハードシップ溝	83, 84, 85, 86, 126
白帯	16, 19, 24, 27, 30, 32, 34, 54, 55, 60, 65, 66, 67, 68, 74, 83, 85, 86, 89, 98, 115, 118, 126
白帯角質	27, 32
白帯病	12, 16, 61, 73, 79, 85, 89, 94, 95, 100, 122, 171
白帯病変	65, 83, 85, 90
白帯離開	67, 85, 126, 170, 171
跛行スコアリングシステム	51
跛行による経済損失	12
跛行の発生割合	11, 12
跛行の有病割合	10, 11
播種性血管内凝固症候群（DIC）	123
バランスポイント	167
バランス無痛法	132
反軸側固有指動脈	120
繁殖成績	10, 12, 13, 17

【ひ】

ヒアルロン酸ナトリウム	143
ビオチン	27, 38, 40, 41, 81, 127
腓骨神経麻痺	139, 140, 148
ヒスタミン	40, 43, 122, 119, 120, 122, 123
非ステロイド性抗炎症薬	131
飛節関節	143
飛節周囲炎	144
ビタミン	27, 38, 40, 44, 81

ビタミンE	40, 41, 142
ビタミンD	40, 146
ビタミンB	40
腓腹筋断裂	148
微量ミネラル	27, 38, 41, 81
表皮成長因子（EGF）	27, 125
表皮の分化と増殖	125
表皮葉（角小葉）	34, 43

【ふ】

フェニルブタゾン	131
フェロモン	167
フォスフォリパーゼA2	123
フットケア情報	170
ブトルファノール	105, 106, 131
ブピバカイン	132
フライトゾーン	167
フリーストールデザイン	18
フルニキシンメグルミン	131, 132

【へ】

閉鎖神経麻痺	138, 139
ペプチド	124, 131, 145
変性性関節疾患（DJD）	145

【ほ】

包帯	74, 97, 105, 106, 110, 113, 155
ホルマリン	153, 162, 178, 179, 180, 183
ホルマリン蹄浴	179
ホルムアルデヒド	178, 180

【ま】

末節骨	30, 31, 32, 34, 35, 38, 42, 43, 44, 45, 64, 67, 80, 89, 91, 94, 95, 98, 113, 115, 116, 117, 127
末節骨炎	113
末節骨の沈下と回転	43
マトリクスメタロプロテナーゼ（MMPs）	24, 38, 124
マトリクスメタロプロテナーゼ2（MMP-2）	125
慢性蹄葉炎	118, 126, 127

【み】

ミネラル	38, 41, 44, 125, 127

【む】

無痛法	131

【も】

モーテルロー病	155
木製ブロック	103
モルヒネ	105, 131

【や】

有毛疣	155, 170

【り】

リドカイン	132
硫酸亜鉛	162, 178
硫酸銅	29, 77, 105, 155, 162, 178
リラキシン	27, 44, 45, 125
リングブロック	132
リンコマイシン	180
リンコマイシン/スペクチノマイシン	180

【る】

ルーメンアシドーシス	15, 19, 38, 39, 40, 42, 43, 44, 118, 119, 123

【A to Z】

AST（asparate transaminase）	142
AVAs	124
Bacteroides melaninogenicus	153
CK（creatine kinase）	142
DDの治療と制御	160
Dichelobacter nodosus	113, 152, 179
DIP関節強直	76, 94, 99, 101, 102, 103
Fusobacterium necrophorum	113, 152, 153
hoofase	44, 45
NMDA受容体	130
PGE_2	123
$PGF_2\alpha$	122
PIP関節離断術	107, 109
Porphyromona levi	153
*Treponema*属	156
Treponeme spirochete	152

■訳者プロフィール

田口　清（たぐち きよし）

1954年東京生まれ。1977年日本獣医畜産大学（現・日本獣医生命科学大学）卒業後、北海道のNOSAIで臨床獣医師として約15年間働く。1993年帯広畜産大学、2000年から酪農学園大学で大動物臨床教育と研究に従事する。専門は大動物外科学。現在、酪農学園大学獣医学部 獣医学科生産動物医療部門教授。

牛の跛行マニュアル ─治療とコントロール─

2008年8月10日　第1刷発行©

著　者／Sarel R. van Amstel & Jan K. Shearer
翻　訳／田口　清
発行者／森田　猛
発　行／チクサン出版社
発　売／株式会社 緑書房
　　　　〒101-0054
　　　　東京都千代田区神田錦町3丁目21番地
　　　　TEL　03-5281-8200
　　　　http://www.pet-honpo.com

デザイン／有限会社 浪漫堂、株式会社 ブレインズ・ネットワーク
印　刷／三美印刷株式会社

ISBN 978-4-88500-426-1　Printed in Japan
落丁・乱丁本は弊社送料負担にてお取り替えいたします。

JCLS 〈㈱日本著作出版権管理システム委託出版物〉
本書の無断複写は著作権法上での例外を除き禁じられています。
複写される場合は、そのつど事前に㈱日本著作出版権管理システム
（TEL 03-3817-5670, FAX 03-3815-8199）の許諾を得てください。